21世纪高等学校规划教材│计算机科学与技术

数据结构
——Java语言描述（第2版）

朱战立　编著

清华大学出版社
北京

内 容 简 介

　　本书内容符合 2009 年公布的研究生新的入学统考大纲要求,内容主要包括线性表、堆栈、队列、串、数组、向量、集合、矩阵、树、二叉树、图、排序、查找、哈希表以及递归,对于每一种类型的数据结构,都详细阐述了基本概念、各种不同的存储结构和不同存储结构上一些主要操作的实现算法,并给出了许多设计实例帮助读者理解。面向对象方法是目前软件设计的主流方法,本书用面向对象思想组织全部材料,采用 Java 语言作为算法描述语言。

　　本书既可作为大专院校计算机等专业的教科书,也可作为从事计算机应用的工程技术人员的自学参考。

图书在版编目(CIP)数据

　数据结构:Java 语言描述/朱战立编著. —2 版. —北京:清华大学出版社,2016(2025.7重印)
　(21 世纪高等学校规划教材·计算机科学与技术)
　ISBN 978-7-302-42332-4

　Ⅰ. ①数…　Ⅱ. ①朱…　Ⅲ. ①数据结构—高等学校—教材 ②C 语言—程序设计—高等学校—教材　Ⅳ. ①TP311.12 ②TP312

　中国版本图书馆 CIP 数据核字(2015)第 287099 号

责任编辑:郑寅堃　薛　阳
封面设计:傅瑞学
责任校对:焦丽丽
责任印制:沈　露

出版发行:清华大学出版社
　　　　网　　　址:https://www.tup.com.cn,https://www.wqxuetang.com
　　　　地　　　址:北京清华大学学研大厦 A 座　　　　　邮　　编:100084
　　　　社 总 机:010-83470000　　　　　　　　　　　　邮　　购:010-62786544
　　　　投稿与读者服务:010-62776969,c-service@tup.tsinghua.edu.cn
　　　　质量反馈:010-62772015,zhiliang@tup.tsinghua.edu.cn
　　　　课件下载:https://www.tup.com.cn,010-83470236
印 装 者:三河市铭诚印务有限公司
经　　销:全国新华书店
开　　本:185mm×260mm　　印　　张:19.25　　　　　　字　　数:470 千字
版　　次:2015 年 12 月第 1 版　　2016 年 1 月第 2 版　　印　　次:2025 年 7 月第 9 次印刷
印　　数:26001~26200
定　　价:52.00 元

产品编号:061703-02

第2版前言

"数据结构"是计算机学科各专业中重要的专业基础课,也是其他计算机相关专业的一门必修课或选修课。本书讨论的内容主要包括线性表、堆栈、队列、串、数组、向量、集合、矩阵、树、二叉树、图、排序、查找、哈希表以及递归。其中,线性表、堆栈、队列、串、数组、向量、集合和矩阵属于线性结构,树和二叉树属于树状结构,图属于图结构,排序和查找是两个应用广泛的算法设计问题,哈希表是一种特殊类型的存储结构。树、二叉树和图的算法设计问题经常需要使用递归算法,考虑到有些读者对递归的概念和设计方法不太了解,因此专设一章讨论了递归。在讨论上述课程内容时,本书结合理论讨论,给出了十多个类的设计代码,并详细讨论了这些类的设计方法。另外,本书还给出了许多简单应用系统的完整程序设计实例。本书的所有程序代码都在 JCreator 4.50LE 中调试通过。

2005 年出版的本教材第 1 版,经过十年的使用,以及 2009 年公布的研究生新的入学统考大纲,作者认为有必要进行修订。

本次修订的内容主要包括以下几个。

(1) 根据新的研究生入学统考大纲,在树和二叉树一章中增加了等价问题一节,在图一章中增加了拓扑排序和关键路径两节,从而使本教材完全符合 2009 年公布的研究生统考大纲。

(2) 重写了原书中作者认为不够准确或完善的内容,改正了新发现的原书中的错误。

(3) 删除了原书第 0 章的 Java 语言基础一章。

本书具有如下特点。

(1) 内容丰富,难度适中,文字简洁准确,图文并茂。

(2) 本书的所有类设计和应用举例都调试通过。

(3) 习题全面,覆盖面广,并在附录 C 中给出了部分习题解答。

本书作者二十多年来一直从事数据结构课程的教学工作,曾编著过若干本采用不同算法描述语言的数据结构教材。本书是在经过长期使用的以前出版的教材基础上,参照新的研究生入学统考大纲,通过进一步修改、补充和完善完成的。

根据作者的经验,使用本教材授课约需 54～80 课时,其中包括约 10 课时的课内上机实习。

尽管作者在写作过程中非常认真和努力,但是错误和不足之处仍在所难免,敬请读者批评指正。作者的 E-mail 地址是：zhlzhu@xsyu.edu.cn。

朱战立

2015.8

"数据结构"是计算机专业以及其他一些和计算机技术关系密切专业的一门核心课程。"数据结构"课程主要讨论现实世界中数据的各种逻辑结构、在计算机中的存储结构以及各种算法的设计问题。"数据结构"课程的教学目的,是使学生掌握如何组织数据、如何存储数据和如何处理数据的基本概念和软件设计的基本方法,从而为进一步学习后续专业课程打下坚实的基础。

计算机软件开发方法是不断发展的,"数据结构"课程内容也应随着软件开发方法的不断发展而发展。目前,面向对象的软件分析和设计技术已发展成为软件开发的主流方法。因此,用面向对象的思想组织数据结构课程的材料,用面向对象的程序设计语言描述数据结构问题,就成为"数据结构"课程内容改革的必然。

用面向对象的程序设计语言描述算法时,首先涉及选用什么样的高级程序设计语言问题。Java语言是一种以对象为核心的纯粹面向对象的高级程序设计语言。和C++语言相比,Java语言取消了指针,也不允许多重继承。但用对象引用的方法不仅完全可以实现指针的功能,而且更具安全性;在单重继承基础上的接口方法,不仅可以实现多重继承,而且效率更高。另外,Java语言具有的类库丰富、网络编程方便快捷、兼容多种应用环境等特点,是其他高级程序设计语言无法相比的。目前,国外大学的"数据结构"课程大部分都采用Java语言作为算法描述语言,国内大学虽然在这门课程的教学内容改革和教材建设方面起步较晚,但预计改革速度将会很快。因此,本书采用Java语言作为描述语言。

"数据结构"课程是一门理论和实践结合密切的课程。本书采用理论叙述简洁明了、实践应用例子丰富完整的方法编写,希望达到理论和实践密切结合的教学目的。

本书讨论的内容主要包括线性表、堆栈、队列、串、数组、向量、集合、矩阵、树、二叉树、图、排序、查找、哈希表以及递归。其中,线性表、堆栈、队列、串、数组、向量、集合和矩阵属于线性结构,树和二叉树属于树状结构,图属于图结构,排序和查找是两个应用广泛的算法设计问题,哈希表是一种特殊类型的存储结构。树、二叉树和图的算法设计问题经常需要使用递归算法,考虑到有些读者对递归的概念和设计方法不太了解,因此专设一章讨论了递归。

本书给出了十多个类的设计代码,并详细讨论了这些类的设计方法。另外,本书还给出了许多简单应用系统的完整程序设计实例。本书的所有程序代码都在JCreator 3.50LE中调试通过。

为了帮助教师使用本书作为教材,以及帮助读者学习理解本书讨论的内容,本书出版后,所有类的设计代码和所有应用实例的设计代码都可在清华大学出版社网站相关网页的资料下载区中得到。

习题的选择和设计是教材编写的一个重要方面。作者在习题选择和设计上考虑了习题的完整性、系统性和典型性,并把所有习题按类型分成基本概念题、复杂概念题、算法设计题和上机实习题4大类。基本概念题是每章基本内容的要点,读者学习完各章后,应以这部分习题为提纲,透彻理解各章的基本内容以及相关的基本概念;复杂概念题和算法设计题既是教材内容的延伸,也是对读者学习理解程度的检查,读者要花时间认真完成这部分习题;"数据结构"课程要安排一定课时的上机实习,上机实习题是专为此目的设计的习题。习题中前面标有＊号的,表示难度较大的习题。考虑到学生学习和教师教学的方便,作者在附录B中给出了上机实习报告书写规范和一个上机实习报告书写实例,在附录C中给出了部分典型习题的解答。

本书作者近年来一直从事"数据结构"课程的教学工作,讲授的"数据结构"课程被学校评为一类课程,编写的C++语言的数据结构教材被教育部定为普通高等教育"十五"国家级规划教材。本书是作者多年教学实践的结晶。

根据作者的经验,使用本教材授课约需54～70课时,其中包括10个左右课时的课内上机实习。前面标有＊号的小节在课时少时可不讲授。

本书的最后成书得到了许多人的帮助。韩家新和作者多次讨论了书中的一些重要概念问题,杨锦锋、李红雷、杨明、杨萌、秦金祥协助作者做了许多程序设计和调试,以及电子图稿的制作工作。在本书完成之际,在此表示诚挚的感谢。另外,感谢在"数据结构"课程教学和教材编写方面富有经验的叶核亚不辞辛劳,认真审阅了全书,指出了书中的一些不妥之处,并提出了许多建设性的意见。

尽管作者在写作过程中非常认真和努力,但是疏漏和不足之处仍在所难免,敬请读者批评指正。

朱战立

2005.3

目　录

第 1 章　绪论 …………………………………………………………………………………… 1

1.1　数据结构的基本概念 ……………………………………………………………… 1

1.2　抽象数据类型 ……………………………………………………………………… 4

1.3　算法和算法的时间复杂度 ………………………………………………………… 5

　　1.3.1　算法 ………………………………………………………………………… 5

　　1.3.2　算法设计目标 ……………………………………………………………… 6

　　1.3.3　算法的时间复杂度分析 …………………………………………………… 7

1.4　算法的空间复杂度分析 …………………………………………………………… 11

1.5　Java 语言的工具包 ………………………………………………………………… 11

习题 ………………………………………………………………………………………… 12

第 2 章　线性表 ………………………………………………………………………………… 14

2.1　线性表概述 ………………………………………………………………………… 14

　　2.1.1　线性表的定义 ……………………………………………………………… 14

　　2.1.2　线性表抽象数据类型 ……………………………………………………… 15

2.2　顺序表 ……………………………………………………………………………… 16

　　2.2.1　顺序表存储结构 …………………………………………………………… 16

　　2.2.2　顺序表类 …………………………………………………………………… 16

　　2.2.3　顺序表的效率分析 ………………………………………………………… 20

　　2.2.4　顺序表类应用举例 ………………………………………………………… 21

2.3　单链表 ……………………………………………………………………………… 24

　　2.3.1　单链表的结构 ……………………………………………………………… 24

　　2.3.2　结点类 ……………………………………………………………………… 26

　　2.3.3　单链表类 …………………………………………………………………… 26

　　2.3.4　单链表的效率分析 ………………………………………………………… 30

　　2.3.5　顺序表和单链表的比较 …………………………………………………… 30

　　2.3.6　单链表应用举例 …………………………………………………………… 30

2.4　循环单链表 ………………………………………………………………………… 31

2.5　双向链表 …………………………………………………………………………… 32

2.6　仿真链表 …………………………………………………………………………… 33

2.7　面向对象的软件设计方法 ………………………………………………………… 34

2.8　设计举例 …………………………………………………………………………… 34

2.8.1 顺序表算法设计举例 ································ 34

2.8.2 单链表算法设计举例 ································ 35

习题 ·· 39

第 3 章 堆栈和队列 ································ 42

3.1 堆栈 ·· 42

3.1.1 堆栈的基本概念 ································ 42

3.1.2 堆栈抽象数据类型 ···························· 44

3.1.3 顺序堆栈 ·· 44

3.1.4 链式堆栈 ·· 46

3.2 堆栈应用 ·· 48

3.2.1 括号匹配问题 ·································· 48

3.2.2 表达式计算问题 ································ 50

3.3 队列 ·· 55

3.3.1 队列的基本概念 ································ 55

3.3.2 队列抽象数据类型 ···························· 55

3.3.3 顺序队列 ·· 56

3.3.4 顺序循环队列类 ································ 58

3.3.5 链式队列 ·· 59

3.3.6 队列的应用 ······································ 61

3.4 优先级队列 ·· 62

3.4.1 顺序优先级队列类 ···························· 62

3.4.2 优先级队列的应用 ···························· 64

习题 ·· 66

第 4 章 串 ·· 68

4.1 串概述 ·· 68

4.1.1 串的基本概念 ·································· 68

4.1.2 串的抽象数据类型 ···························· 69

4.2 串的存储结构 ·· 70

4.3 串类 ·· 71

4.3.1 MyString 类 ···································· 71

4.3.2 MyString 类的测试 ···························· 75

4.3.3 MyStringBuffer 类 ······························ 76

4.3.4 MyStringBuffer 类的测试 ······················ 77

4.4 串的模式匹配算法 ·· 78

4.4.1 Brute-Force 算法 ······························ 78

4.4.2 KMP 算法 ·· 80

4.4.3 Brute-Force 算法和 KMP 算法的运行效率比较 ········ 85

　　　习题 ……………………………………………………………………………… 87

第 5 章　数组、集合和矩阵 …………………………………………………………… 89

　5.1　数组 ………………………………………………………………………… 89
　　　5.1.1　数组的定义 ………………………………………………………… 89
　　　5.1.2　数组的实现机制 …………………………………………………… 90
　　　5.1.3　数组抽象数据类型 ………………………………………………… 91
　　　5.1.4　Java 语言支持的数组功能 ……………………………………… 91
　5.2　向量类 ……………………………………………………………………… 93
　5.3　集合 ………………………………………………………………………… 96
　　　5.3.1　集合的概念 ………………………………………………………… 96
　　　5.3.2　集合抽象数据类型 ………………………………………………… 97
　　　5.3.3　集合类 ……………………………………………………………… 97
　5.4　矩阵类 ……………………………………………………………………… 101
　5.5　特殊矩阵 …………………………………………………………………… 104
　　　5.5.1　特殊矩阵的压缩存储 ……………………………………………… 104
　　　5.5.2　n 阶对称矩阵类 ………………………………………………… 106
　5.6　稀疏矩阵 …………………………………………………………………… 108
　　　5.6.1　稀疏矩阵的压缩存储 ……………………………………………… 108
　　　5.6.2　数组结构的稀疏矩阵类 …………………………………………… 108
　　　5.6.3　三元组链表 ………………………………………………………… 112
　　　习题 …………………………………………………………………………… 113

第 6 章　递归算法 …………………………………………………………………… 116

　6.1　递归的概念 ………………………………………………………………… 116
　6.2　递归算法的执行过程 ……………………………………………………… 117
　6.3　递归算法的设计方法 ……………………………………………………… 120
　6.4　递归过程和运行时栈 ……………………………………………………… 122
　6.5　递归算法的效率分析 ……………………………………………………… 124
　6.6　递归算法到非递归算法的转换 …………………………………………… 126
　6.7　设计举例 …………………………………………………………………… 127
　　　6.7.1　一般递归函数设计举例 …………………………………………… 127
　　　6.7.2　回溯法及设计举例 ………………………………………………… 129
　　　习题 …………………………………………………………………………… 133

第 7 章　树和二叉树 ………………………………………………………………… 135

　7.1　树 …………………………………………………………………………… 135
　　　7.1.1　树的定义 …………………………………………………………… 135
　　　7.1.2　树的表示方法 ……………………………………………………… 137

　　　　7.1.3　树的抽象数据类型 ·· 137

　　　　7.1.4　树的存储结构 ·· 138

　　7.2　二叉树 ··· 140

　　　　7.2.1　二叉树的定义 ·· 140

　　　　7.2.2　二叉树抽象数据类型 ·· 141

　　　　7.2.3　二叉树的性质 ·· 142

　　　　7.2.4　二叉树的存储结构 ··· 143

　　7.3　以结点类为基础的二叉树设计 ··· 146

　　　　7.3.1　二叉树结点类 ·· 146

　　　　7.3.2　二叉树的遍历 ·· 147

　　　　7.3.3　二叉树遍历的应用 ··· 150

　　　　7.3.4　应用举例 ··· 151

　　　　7.3.5　非递归的二叉树遍历算法 ·· 154

　　7.4　二叉树类 ··· 155

　　7.5　二叉树的分步遍历 ·· 157

　　　　7.5.1　二叉树游标类 ·· 158

　　　　7.5.2　二叉树中序游标类 ··· 159

　　　　7.5.3　二叉树层序游标类 ··· 162

　　7.6　线索二叉树 ·· 164

　　7.7　哈夫曼树 ··· 166

　　　　7.7.1　哈夫曼树的基本概念 ·· 166

　　　　7.7.2　哈夫曼编码问题 ·· 167

　　　　7.7.3　哈夫曼编码的软件设计 ·· 168

　　7.8　等价问题 ··· 173

　　7.9　树与二叉树的转换 ·· 177

　　7.10　树的遍历 ·· 178

　　习题 ··· 179

第8章　图 ·· 182

　　8.1　图概述 ·· 182

　　　　8.1.1　图的基本概念 ·· 182

　　　　8.1.2　图的抽象数据类型 ··· 185

　　8.2　图的存储结构 ··· 185

　　　　8.2.1　图的邻接矩阵存储结构 ·· 185

　　　　8.2.2　图的邻接表存储结构 ·· 187

　　8.3　邻接矩阵图类 ··· 188

　　8.4　图的遍历 ··· 191

　　　　8.4.1　图的深度和广度优先遍历算法 ··· 191

　　　　8.4.2　图的深度和广度优先遍历成员函数设计 ···································· 193

8.5　最小生成树 ·· 196
　　8.5.1　最小生成树的基本概念 ································· 196
　　8.5.2　普里姆算法 ·· 197
　　8.5.3　克鲁斯卡尔算法 ··· 202
8.6　最短路径 ·· 203
　　8.6.1　最短路径的基本概念 ····································· 203
　　8.6.2　从一个结点到其余各结点的最短路径 ··········· 203
　　8.6.3　每对结点之间的最短路径 ······························ 208
8.7　拓扑排序 ·· 208
8.8　关键路径 ·· 211
习题 ··· 216

第9章　排序 ··· 218
9.1　排序的基本概念 ·· 218
9.2　插入排序 ·· 220
　　9.2.1　直接插入排序 ··· 220
　　9.2.2　希尔排序 ··· 222
9.3　选择排序 ·· 224
　　9.3.1　直接选择排序 ··· 224
　　9.3.2　堆排序 ··· 225
9.4　交换排序 ·· 230
　　9.4.1　冒泡排序 ··· 230
　　9.4.2　快速排序 ··· 231
9.5　归并排序 ·· 234
9.6　基数排序 ·· 236
9.7　各种排序算法的性能比较 ··· 239
习题 ··· 239

第10章　查找 ··· 241
10.1　查找的基本概念 ··· 241
10.2　静态查找 ·· 242
　　10.2.1　在无序序列中查找 ······································ 242
　　10.2.2　在有序序列中查找 ······································ 243
　　10.2.3　索引 ·· 244
10.3　动态查找 ·· 247
　　10.3.1　二叉排序树 ··· 247
　　10.3.2　B_树 ··· 258
习题 ··· 262

第11章　哈希表 ………………………………………………………………… 264

　11.1　哈希表的基本概念 …………………………………………………… 264

　　11.1.1　哈希表的基本构造方法 …………………………………… 265

　　11.1.2　建立哈希表的关键问题 …………………………………… 266

　11.2　哈希函数构造方法 …………………………………………………… 267

　11.3　哈希冲突解决方法 …………………………………………………… 268

　　11.3.1　开放定址法 ………………………………………………… 268

　　11.3.2　链表法 ……………………………………………………… 269

　11.4　哈希表类设计 ………………………………………………………… 270

　　11.4.1　哈希表项类 ………………………………………………… 270

　　11.4.2　哈希表类 …………………………………………………… 271

　　11.4.3　应用程序设计举例 ………………………………………… 273

　习题 …………………………………………………………………………… 274

附录A　Java语言工具包实现的常用数据结构 ………………………… 275

附录B　上机实习内容规范和实习报告范例 …………………………… 278

　B.1　上机实习内容规范 …………………………………………………… 278

　B.2　上机实习报告范例——约瑟夫环问题 …………………………… 278

附录C　部分习题解答 …………………………………………………… 283

参考文献 ……………………………………………………………………… 296

第1章

绪论

计算机是对各种各样数据进行处理的机器。要对数据进行处理,首先就要对数据进行组织。因此,在计算机中如何有效地组织数据和处理数据,既是计算机科学研究的基本内容,也是学生继续深入学习后续课程的基础。本章主要对"数据结构"课程学习中将遇到的基本概念进行概括性的叙述,这些内容将贯穿数据结构课程的整个学习过程中。

本章主要知识点

- 数据结构的基本概念,包括数据、数据元素、抽象数据元素、数据的逻辑结构、数据的存储结构、数据的操作;
- 类型、数据类型和抽象数据类型的概念;
- 算法的基本概念,包括算法的定义、性质和算法的设计目标;
- 算法的时间复杂度分析,包括 $O(\ )$ 函数的定义,几种典型算法的时间复杂度分析方法。

1.1 数据结构的基本概念

1. 数据和数据元素

数据是人们利用文字符号、数字符号以及其他规定的符号对现实世界的事物及其活动所做的抽象描述。

例如,今天天气最高温度为 $4℃$,最低温度为 $-4℃$ 就是关于今天天气情况的描述数据。又例如,班上甲同学叫张三,乙同学叫李四就是关于班上同学姓名的描述数据。

表示一个事物的一组数据称作一个**数据元素**;构成数据元素的数据称作该数据元素的**数据项**。

例如,要设计学生类,学生的数据元素一般应包括:学号、姓名、性别、年龄等数据。学生的学号、姓名、性别、年龄等数据就构成学生情况描述的数据项;包括学号、姓名、性别、年龄等数据项的一组数据就构成学生信息的一个数据元素。表 1-1 是一个有三个数据元素的学生信息表。

表 1-1   学生信息表

学号	姓名	性别	年龄
2000001	张三	男	20
2000002	李四	男	21
2000003	王五	女	22

在讨论数据结构时,关于数据元素、数据项的描述都使用某种高级程序设计语言来描述,本书采用 Java 语言描述。Java 语言表示数据元素时,是把数据元素表示成类的成员变量。类的成员变量的访问权限通常设计成私有访问权限。这样,学生类 Student 的成员变量部分就是:

```
public class Student
{
    private long number;
    private char name[10];
    private char sex[3];
    private int age;
    …
};
```

有了 Student 类,就可以定义和创建 Student 类的对象。

上述学生情况数据元素是给出了具体数据元素类型的例子。但是,像数学一样,数据结构课程在讨论一种类型的数据结构问题时,通常说的是抽象意义上的数据元素,是没有实际含义的。没有实际含义的数据元素称作**抽象数据元素**。

2．数据的逻辑结构

数据元素之间的相互联系方式称为**数据的逻辑结构**。

按照数据元素之间的相互联系方式,数据的逻辑结构可分为线性结构、树状结构和图结构。

线性结构的一般定义是:除第一个和最后一个数据元素外每个数据元素只有一个前驱数据元素和一个后继数据元素。表 1-1 中的数据元素就是一个线性结构的例子。又例如,对于数据元素 A、B、C、D,若数据的逻辑结构符合如图 1-1(a)所示的线性形式,则称这样的数据结构为线性结构。

树状结构的一般定义是:除根结点外每个数据元素只有一个前驱数据元素,可有零个或若干个后继数据元素。图 1-1(b)是一个树状结构的例子。对于数据元素 A、B、C、D、E、F、G,数据元素 A 没有前驱数据元素,有 B、C 两个后继数据元素;数据元素 B 的前驱数据元素为 A,后继数据元素为 D 和 E;数据元素 C 的前驱数据元素为 A,没有后继数据元素;如此等等。

图结构的一般定义是:每个数据元素可有零个或若干个前驱数据元素和零个或若干个后继数据元素。图 1-1(c)是一个图结构的例子。对于数据元素 A、B、C、D、E、F、G,数据元素 E 有 B 和 C 两个前驱数据元素,有 F 和 G 两个后继数据元素。

(a) 线性结构　　　　　　　(b) 树状结构　　　　　　　(c) 图结构

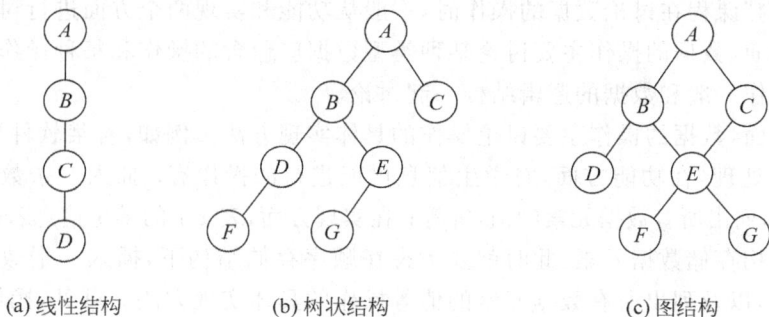

图 1-1　基本的数据逻辑结构形式

3．数据的存储结构

任何需要计算机进行管理和处理的数据元素都必须首先按某种方式存储在计算机中。数据元素在计算机中的存储方式称为**数据的存储结构**。

数据存储结构的基本形式有两种：一种是顺序存储结构，另一种是链式存储结构。

顺序存储结构是把数据元素存储在一块连续地址空间的内存中，程序设计方法是使用数组。顺序存储结构的特点是，逻辑上相邻的数据元素在物理上也相邻，数据间的逻辑关系表现在数据元素的存储位置关系上。图 1-2(a)是包含数据元素 $a_0, a_1, \cdots, a_{n-1}$ 的数组 a 内存存储结构示意图。其中，$0, 1, 2, \cdots, n-1$ 为数据元素 $a_0, a_1, \cdots, a_{n-1}$ 在数组中的下标。

指针是指向一个内存单元的地址。一个数据元素和一个指针称为一个**结点**。

链式存储结构是用指针把相互直接关联的结点(即直接前驱结点或直接后继结点)链接起来。链式存储结构的特点是，逻辑上相邻的数据元素在物理上(即内存存储位置上)不一定相邻，数据间的逻辑关系表现在结点的链接关系上。图 1-2(b)是包含数据元素 $a_0, a_1, \cdots, a_{n-1}$ 的线性结构的链式存储结构示意图。其中，上一个结点到下一个结点的箭头表示上一个结点中指针域所指向的下一个结点对象。指针 head 指向链式存储结构中的第一个结点对象。对象引用是一个对象的标识。Java 语言用表示一个对象的对象引用来实现指针。

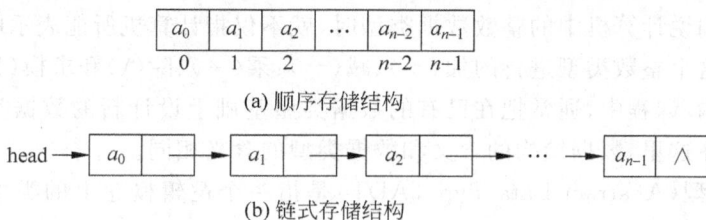

(a) 顺序存储结构

(b) 链式存储结构

图 1-2　基本存储结构形式

顺序存储结构和链式存储结构是两种最基本、最常用的存储结构。除此之外，利用顺序存储结构和链式存储结构进行组合，还可以有一些更复杂的存储结构。

4．数据的操作

对一种类型的数据进行的某种方法的处理称作**数据的操作**，一种类型的数据所有的操作集合称作**数据的操作集合**。

"数据结构"课程在讨论数据的操作时,一般从功能和实现两个方面进行讨论。

在功能方面,数据的操作主要讨论某种类型数据应包含的操作和每种操作的逻辑功能。功能方面的操作一般和数据的逻辑结构一起讨论。

在实现方面,数据的操作主要讨论操作的具体实现方法。例如,若某软件要对表 1-1 的学生信息进行处理,在功能方面,对学生信息可能进行的操作有:插入一条数据元素,删除一条数据元素,列出所有数据元素的值,等等;在实现方面,表 1-1 的学生信息若采用图 1-2(a) 的顺序存储结构存储数据元素,此时就要考虑在顺序存储结构下,插入一个数据元素、删除一个数据元素,以及列出所有数据元素的值等操作的具体实现方法。可见,操作的实现必须在数据的存储结构确定后才能进行。面向对象程序设计方法(包括 Java 语言)实现具体操作的方法是把操作设计为相应类的成员函数。

5. 数据结构课程讨论的内容

数据结构课程主要讨论线性表、堆栈、队列、串、数组、树、二叉树、图等典型的常用数据结构,在讨论这些典型的常用数据结构时,主要从它们的逻辑结构、存储结构和数据操作三个方面进行分析讨论。例如,在第 2 章讨论线性表时,2.1 节讨论线性表的抽象数据类型(即线性表的逻辑结构和逻辑结构意义下的操作功能),2.2 节讨论线性表的顺序存储结构和顺序存储结构下顺序表类的定义和各成员函数的具体实现方法,2.3 节讨论线性表的链式存储结构和单链表类的定义和各成员函数的具体实现方法。其他各章中对堆栈、队列、串、数组、树、二叉树、图等进行讨论的章节安排次序和第 2 章的类同。

1.2   抽象数据类型

类型是一组值的集合。

例如,整数类型就是具体计算机所能表示的整数数值的集合,通常整数类型的范围是 $-32\,767 \sim 32\,768$。又例如,布尔类型就是数值 true 和 false 组成的集合。

数据类型是指一个类型和定义在这个类型上的操作集合。

例如,当我们说计算机中的整数数据类型时,就不仅指计算机所能表示的整数数值的集合,而且指能对这个整数类型进行的加(+)、减(—)、乘(*)、除(\)和求模(%)操作。

在"数据结构"课程中,通常把在已有的数据类型基础上设计新的数据类型的过程称作数据结构设计,在这里,数据结构的含义和数据类型的含义相同。

抽象数据类型(Abstract Data Type,ADT)是指一个逻辑概念上的类型和这个类型上的操作集合。

从定义看,数据类型和抽象数据类型的定义基本相同。数据类型和抽象数据类型的不同之处仅仅在于:数据类型指的是高级程序设计语言支持的基本数据类型,而抽象数据类型指的是在基本数据类型支持下用户新设计的数据类型。"数据结构"课程主要讨论线性表、堆栈、队列、串、数组、树、二叉树、图等典型的常用数据结构,这些典型的常用数据结构就是一个个不同的抽象数据类型。

抽象数据类型是软件设计的初期使用的概念,也可以把它看作软件模块(教材中讨论的都是可重复使用的通用软件模块)开发时的用户需求。在用 Java 语言具体进行软件开发时,抽象数据类型通常用接口或抽象类表示。

1.3 算法和算法的时间复杂度

1.3.1 算法

1. 算法的定义和算法的表示方法

算法是描述求解问题方法的操作步骤集合。

算法要用某种语言来描述。描述算法的语言主要有三种形式:文字形式、伪码形式和程序设计语言形式。文字形式是用中文或英文这样的文字来描述算法。伪码形式是用一种仿程序设计语言的语言(因这样的描述语言不是真正的程序设计语言,所以称作伪码)来描述算法。程序设计语言形式是用某种程序设计语言描述算法。用程序设计语言描述算法的优点是,这样的算法不用修改就可直接在计算机上运行。本书采用 Java 语言描述算法。

下面给出算法设计的两个例子。从这两个例子,读者可体味到用高级程序设计语言描述算法的基本方法。

例 1-1 设计一个把存储在数组 a 中的一组整数类型数据元素逆置后保存在数组 b 的算法。所谓逆置是指数据元素排列次序相反。

设计:为方便起见,这里把算法设计成独立于类的 static 属性的函数,下面类同。该算法设计问题要求有两个参数,一个是原数组 a,另一个是逆置后的数组 b。

算法设计如下。

```
static void reverse1(int[] a, int[] b)
{
    int n = a.length;              //取数组 a 的长度值

    for(int i = 0; i < n; i++)
        b[i] = a[n - 1 - i];
}
```

该算法的实现方法图示见图 1-3。图中的 a_0 表示数组 a 中下标为 0 的数据元素,b_0 表示数组 b 中下标为 0 的数据元素,其余类推。

例 1-2 设计一个把数组 a 中的整数类型数据元素就地逆置的算法,所谓就地逆置是指数组 a 中的数据元素反序存放。

设计:这是一个不同于例 1-1 的算法设计问题。该算法要求只有一个参数,即数组 a。

算法设计如下。

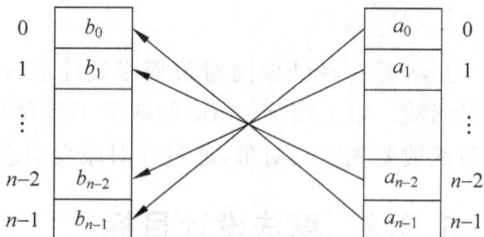

图 1-3 例 1-1 算法实现方法图示

```
static void reverse2(int[] a)
{
    int n = a.length;
    int m = n/2;
```

```
    int temp;

    for(int i = 0; i < m; i++)
    {
        temp = a[i];
        a[i] = a[n - 1 - i];
        a[n - 1 - i] = temp;
    }
}
```

说明：在Java语言中,当除数和被除数都是整数时,运算符/表示整数相除,即商只取整数部分。例如,对于表达式$m=n/2$,当$n=10$时,$n/2$的运算结果为5,即变量m得到赋值5；当$n=11$时,$n/2$的运算结果仍为5,即变量m仍得到赋值5。

该算法的实现方法图示见图1-4。

2. 算法的性质

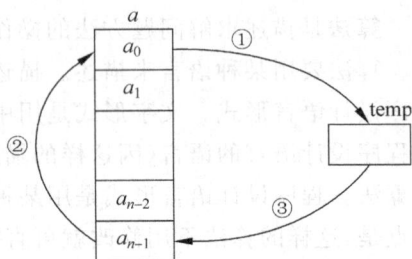

图1-4　例1-2算法实现方法图示

算法满足以下性质。

(1) 输入性：具有零个或若干个输入量。

(2) 输出性：至少产生一个输出或执行一个有意义操作。

(3) 有限性：执行语句的序列是有限的。

(4) 确定性：每一条语句的含义明确,无二义性。

(5) 可执行性：每一条语句都应在有限的时间内完成。

由于高级程序设计语言都规范了语句格式,不允许二义性语句,因此用高级程序设计语言语句设计的算法中只要没有无限循环必然满足算法的有限性、确定性和可执行性的性质。

程序和算法的唯一区别是程序允许无限循环,而算法不允许无限循环。构成无限循环的一组语句可以如下：

```
while(true)                          //循环条件永真
{
    ⋮                              //任意语句序列
}
```

Java是一种纯面向对象程序设计语言,在Java中,一个具体的算法表示为类中的一个成员函数。带关键字static的成员函数是可以直接调用的成员函数；不带关键字static的成员函数要先定义对象,通过向对象发消息来调用成员函数。

1.3.2　算法设计目标

算法设计应满足以下5条目标。

(1) 正确性：算法应确切地满足具体问题的需求,这是算法设计的基本目标。

(2) 可读性：算法的可读性有利于人们对算法的理解,这既有利于程序的调试和维护,也有利于算法的交流和移植。算法的可读性主要体现在两方面：一是变量名、类名、成员变量名、成员函数名等的命名要见名知意;二是要有足够多的注释语句。

(3) 健壮性:当输入非法数据时算法要能做出适当的处理,而不应产生不可预料的结果。

(4) 高时间效率:算法的时间效率反映了算法执行时间的长短。对于同一个问题,如果有多个算法可供选择,应尽可能选择执行时间短的算法。执行时间短的算法称作高时间效率的算法。算法的时间效率也称作算法的时间复杂度。

(5) 高空间效率:算法在运行时一般要求分配内存空间保存数据。对于同一个问题如果有多个算法可供选择,应尽可能选择要求内存空间少的算法。要求内存空间少的算法称作高空间效率的算法。算法的空间效率也称作算法的空间复杂度。

算法的高时间效率和高空间效率通常是矛盾的。如有些问题,若算法采用了较多的内存空间,则算法只需较少次循环就能实现,因而时间效率会提高;若算法采用了较少的内存空间,则算法需要较多次循环才能实现,因而时间效率会降低。

1.3.3 算法的时间复杂度分析

1. 算法的时间效率度量方法

算法的时间效率反映了算法执行时间的长短。度量一个算法在计算机上的执行时间通常有如下两种方法。

(1) 事后统计方法。计算机内部均设有计时功能,可设计一组或若干组测试数据,然后分别运行根据不同的算法编制的程序,并比较这些程序的实际运行时间,从而确定算法时间效率的优劣。但这种方法有两个缺陷:一是必须编写调用该算法处理不同数据的程序,而这通常是比较麻烦的;二是有些算法的测试数据设计困难,因为不同的算法对不同的测试数据反应不同,要设计出能客观、全面反映算法时间效率的测试数据有时很困难。

(2) 事前分析方法。用数学方法直接对算法的时间效率进行分析。因为这种分析方法是在计算机上实际运行该算法之前进行的,所以称为事前分析方法。

根据算法编制的程序在计算机上运行时所消耗的时间与下列因素有关。

① 书写算法的程序设计语言;

② 编译产生的机器语言代码质量;

③ 机器执行指令的速度;

④ 问题的规模,即算法的时间效率与算法所处理的数据元素个数 n 的函数关系。

在这 4 个因素中,前三个都与具体的机器有关,我们分析算法的时间效率应抛开具体的机器,仅考虑算法本身的因素。因此,事前分析方法主要分析算法的时间效率与算法所处理的数据元素个数 n 的函数关系。这种方法在实际中比较常用。

2. $O(\ )$ 函数

表示算法的时间效率与算法所处理的数据元素个数 n 函数关系的最常用函数是 $O(\ )$ 函数($O(\ )$读做大 O)。

定义 算法的时间复杂度 $T(n) = O(f(n))$ 当且仅当存在正常数 c 和 n_0,对所有的 $n(n \geqslant n_0)$ 满足 $T(n) \leqslant c \times f(n)$。

上述定义表示,算法的时间复杂度 $T(n)$ 随数据元素个数 n 的增长率和函数 $f(n)$ 的增长率在数量级上相同。

由于上述定义中对所有的 $n(n{\geqslant}n_0)$ 条件,只要 n 比较大一般均成立,而我们考虑的算法的时间复杂度也主要是在数据元素个数 n 相当大时的情况,所以具体分析一个算法的时间复杂度 $T(n)$ 时,一般不考虑 n 为一个较小的数时 $T(n){\leqslant}c{\times}f(n)$ 不成立的情况。

当算法的时间复杂度 $T(n)$ 和数据元素个数 n 无关系时,$T(n){\leqslant}c{\times}1$,所以此时算法的时间复杂度 $T(n)=O(1)$;当算法的时间复杂度 $T(n)$ 和数据元素个数 n 为线性关系时,$T(n){\leqslant}c{\times}n$,所以此时算法的时间复杂度 $T(n)=O(n)$;当算法的时间复杂度 $T(n)$ 和数据元素个数 n 为二次方关系时,$T(n){\leqslant}c{\times}n^2$,所以此时算法的时间复杂度 $T(n)=O(n^2)$;以此类推,还有 $O(n^3)$、$O(\text{lb}n)$[①]、$O(\lg n)$[②]、$O(2^n)$,等等。

3. 算法的时间复杂度分析

分析一个算法中基本语句执行次数和数据元素个数 n 的函数关系,就可得出该算法的时间复杂度 $T(n)$。

下面的 4 个例题是算法的时间复杂度分析的 4 种典型情况。

例 1-3 设数组 a 和 b 在前边部分已赋值,求如下两个 n 阶矩阵相乘运算算法的时间复杂度。

```
for(i = 0; i < n; i++)
    for(j = 0; j < n; j++)
    {
        c[i][j] = 0;                              //基本语句1
        for(k = 0; k < n; k++)
            c[i][j] = c[i][j] + a[i][k] * b[k][j];  //基本语句2
    }
```

解:设基本语句的执行次数为 $f(n)$,有
$$f(n) = c_1 \times n^2 + c_2 \times n^3$$
因 $T(n)=f(n)=c_1{\times}n^2+c_2{\times}n^3{\leqslant}c{\times}n^3$,其中 c_1,c_2,c 均为常数,所以该算法的时间复杂度为 $T(n)=O(n^3)$。

例 1-4 设 n 为如下算法处理的数据元素个数,求如下算法的时间复杂度。

```
for(i = 1; i <= n; i = 2 * i)
    cout << "i = " << i;              //基本语句
```

解:设基本语句的执行次数为 $f(n)$,有 $2^{f(n)}{\leqslant}n$,即有 $f(n){\leqslant}\text{lb}n$。
因 $T(n)=f(n){\leqslant}\text{lb}n{\leqslant}c{\times}\text{lb}n$,其中 $c=1$,所以该算法的时间复杂度为 $T(n)=O(\text{lb}n)$。

在很多情况中,算法中数据元素的取值情况不同则算法的时间复杂度也会不同。此时算法的时间复杂度应是数据元素最坏情况下取值的时间复杂度(称为最坏时间复杂度),或

---

① $\text{lb}n$ 为求 n 的以 2 为底的对数。
② $\lg n$ 为求 n 的以 10 为底的对数。

数据元素等概率取值情况下的平均时间复杂度(称为等概率平均时间复杂度)。

例 1-5 本算法是用冒泡排序法对数组 a 中的 n 个整数类型的数据元素从小到大进行排序,求该算法的时间复杂度。

```
static void bubbleSort(int a[])
{
    int n = a.length;
    int i, j, temp, flag = 1;

    for(i = 1; i < n && flag == 1; i++)
    {
        flag = 0;
        for(j = 0; j < n - i; j++)
        {
            if(a[j] > a[j + 1])
            {
                flag = 1;
                temp = a[j];
                a[j] = a[j + 1];
                a[j + 1] = temp;
            }
        }
    }
}
```

解：这个算法的时间复杂度随待排序数据的不同而不同。当某次排序过程中没有任何两个数组元素交换位置,则表明数组元素已排序完毕,此时算法将因标记 flag＝0 不满足循环条件而结束。但是,在最坏情况下,每次排序过程中都至少有两个数组元素互相交换,因此,最坏情况下该算法的时间复杂度分析如下。

设基本语句的执行次数为 $f(n)$,最坏情况下有:
$$f(n) \approx n + 4 \times n^2/2$$

因 $T(n) = f(n) \approx n + 2 \times n^2 \leqslant c \times n^2$,其中 c 为常数,所以该算法的最坏时间复杂度为 $T(n) = O(n^2)$。

例 1-6 本算法是在一个有 n 个数据元素的数组 a 中删除第 pos 个位置的数组元素,求该算法的时间复杂度。

```
static boolean delete(int a[], int pos)
{
    int n = a.length;

    if(pos < 0 || pos >= n) return false;       //删除失败返回
    for(int j = pos + 1; j < n; j++)
        a[j - 1] = a[j];                        //顺次移位填补
    return true;                                //删除成功返回
}
```

解：这个算法的时间复杂度随删除数据的位置不同而不同。当删除最后一个位置的数组元素时有 $i = n - 1$, $j = i + 1 = n$,此时因不需移位填补而循环次数为 0,当删除倒数最后一

个位置的数组元素时有 $i=n-2$,$j=i+1=n-1$,此时因只需移位填补一次而循环次数为
1,以此类推,当删除第一个位置的数组元素时有 $i=0$,$j=i+1=1$,此时因需移位填补 $n-1$
次而循环次数为 $n-1$。此时算法的时间复杂度应是删除数据位置等概率取值情况下的平
均时间复杂度。

假设删除任何位置上的数据元素都是等概率的(一般情况下均可做等概率假设),设 P_i 为
删除第 i 个位置上数据元素的概率,则有 $P_i=1/n$,设 E 为删除数组元素的平均次数,则有

$$E = \frac{1}{n}\sum_{i=0}^{n-1}(n-1-i) = \frac{1}{n}\left[(n-1)+(n-2)+\cdots+2+1+0\right] = \frac{1}{n}\cdot\frac{n(n-1)}{2} = \frac{n-1}{2}$$

因 $T(n) = E \leqslant (n+1)/2 \leqslant c\times n$,其中 c 为常数,所以该算法的等概率平均时间复杂度
为 $T(n)=O(n)$。

总结上述例子可以发现,算法的时间复杂度主要和两个因素有关:

① 算法中的最大嵌套循环数;

② 最大嵌套循环结构中每重循环的循环次数。

4. 指数级时间复杂度的问题

算法的时间复杂度是衡量一个算法好坏的重要指标。一般来说,具有多项式时间复杂
度的算法,是可接受、可实际使用的算法;具有指数时间复杂度的算法,是只有当 n 足够小
时才可使用的算法。表 1-2 给出了函数的多项式增长和函数的指数增长的比较。从表 1-2
可以看出,当 $n=50$ 时,多项式函数 $n^3=125\,000$,而指数函数 $2^n=1.0\times10^{15}$,$n!=3.0\times
10^{64}$,$n^n=8.9\times10^{84}$。

表 1-2   多项式增长和指数增长的比较

大小		多项式		指数		
i	n	n^2	n^3	2^n	$n!$	n^n
1	1	1	1	2	1	1
2	2	4	8	4	2	4
3	3	9	27	8	6	27
4	4	16	64	16	24	256
5	5	25	125	32	120	3125
6	6	36	216	64	720	46 656
7	7	49	343	128	5040	823 543
8	8	64	512	256	40 320	16 777 216
9	9	81	729	512	362 800	3.9E08
10	10	100	1000	1024	3 628 800	1.9E10
⋮	⋮	⋮	⋮	⋮	⋮	⋮
20	20	400	8000	1 048 376	2.4E18	1.0E25
30	30	900	27 000	1.0E09	2.7E32	2.1E44
40	40	1600	64 000	1.0E12	8.2E47	1.2E64
50	50	2500	125 000	1.0E15	3.0E64	8.9E84
⋮	⋮	⋮	⋮	⋮	⋮	⋮
100	100	10 000	1.0E06	1.3E30	9.3E157	1.0E200

通常,当基本语句的计算次数超过 1.0×10^{14} 时,该算法的计算机执行时间将相当长。可以计算如下,设计算机每秒可执行一亿(1.0×10^8)条基本语句,则执行一个需 1.0×10^{14} 次基本操作的算法需时为:

$$T = 1.0\times10^{14}/1.0\times10^8 = 1.0\times10^6 (秒)$$
$$= 1.0\times10^6/3600 = 277.8 (小时)$$
$$= 277.8/24 = 11.6 (天)$$

1.4 算法的空间复杂度分析

算法的空间复杂度分析主要是分析算法在运行时所需要的内存空间的数量级。算法的空间复杂度通常也采用 $O()$ 函数。

例 1-7 分析例 1-1 算法的空间复杂度。

算法重写如下:

```
static void reverse1(int[] a, int[] b)
{
    int n = a.length;

    for(int i = 0; i < n; i++)
        b[i] = a[n - 1 - i];
}
```

分析:当应用程序调用 reverse1(a, b)函数时,要分配的内存空间包括:虚参数组引用 a 和虚参数组引用 b,局部变量 n 和局部变量 i。

设 $S(n)$ 为该算法的空间复杂度,设所需的内存空间数量为 $f(n)$。有:

$$f(n) = c$$

因 $S(n) = f(n) = c \leqslant c\times1$,其中 c 为常数,所以该算法的空间复杂度为 $S(n) = O(1)$。

由于大部分算法的空间复杂度问题不严重,并且算法的空间复杂度分析方法和算法的时间复杂度分析方法基本类同,所以一般数据结构教材只讨论算法的时间复杂度分析,不讨论算法的空间复杂度分析。本教材后续各章也不再讨论算法的空间复杂度分析。

1.5 Java 语言的工具包

"数据结构"课程讨论的数据结构问题都是软件设计的基本结构问题。"数据结构"课程讨论的基本数据结构都可以设计成通用软件模块。作为教学目的编写的本教材中,对于各基本数据结构(如线性表、堆栈、队列、串、二叉树等)和常用算法(如排序和查找等),给出了相应的用 Java 语言编写的类或 static 属性的函数,这主要是为了培养学生对这些概念的深入理解,以及训练学生的基本编程能力。实际上,对于本课程讨论的大部分基本数据结构和常用算法,Java 类库都提供了相应的类或成员函数。一个大型软件系统的开发中,设计人员既可以根据设计需要自己编写这些基本数据结构的类或常用算法的函数,也可以利用系统提供的类或函数。

　　Java 类库(即 Java API)提供了许多系统定义的包。其中,工具包(java.util 包)中给出了包括顺序表、单链表、堆栈、队列、串、二叉树、哈希表等功能丰富、使用方便的类。如果读者能在学习本课程的基础上,查阅 Java API 帮助手册,并进行编程练习,进一步掌握系统提供的这些类的成员函数的功能和使用方法,其理论水平和具体设计能力将会大大提高。

　　如果读者的计算机上已经安装了 Java 的运行环境 JDK,则寻找到目录中的 src.zip 文件,然后解压该文件,就可以得到 Java 类库的所有源文件代码。

　　Java 语言的工具包(java.util 包)中的所有源文件在解压后的 util 子目录中。如果读者能在学习本课程内容的同时,阅读 java.util 包中相应 Java 类库的源文件,则既可以更加透彻地理解各种数据结构通用软件的设计方法,也可以更加迅速地学会怎样利用 Java 类库提供的类来编写应用程序。

　　对 Java 语言的工具包感兴趣的读者,本书的附录 A 会有一定的帮助。

习题

基本概念题

1-1　什么叫数据?什么叫数据元素?什么叫数据项?

1-2　什么叫数据的逻辑结构?什么叫数据的存储结构?什么叫数据的操作?

1-3　数据结构课程主要讨论哪三个方面的问题?

1-4　分别画出线性结构、树状结构和图结构的逻辑示意图。

1-5　什么叫类型?什么叫数据类型?什么叫抽象数据类型?

1-6　基本的存储结构有几种?分别画出数据元素序列 $a_0, a_1, \cdots, a_{n-1}$ 的顺序存储结构示意图和链式存储结构示意图。

1-7　什么叫算法?算法的 5 个性质是什么?用高级程序设计语言描述算法是否能保证满足算法的性质?怎样保证?

1-8　算法和程序的区别是什么?

1-9　评判一个算法的优劣主要有哪几条准则?

1-10　什么叫算法的时间复杂度?怎样表示算法的时间复杂度?

复杂概念题

1-11　用 $O(n)$ 函数表示算法的时间复杂度时,$O(n)$ 函数表示的数量级是算法的上界还是下界?解释所给结论的理由。

1-12　设 n 为在算法前边定义的整数类型已赋值的变量,分析下列各算法中加下划线语句的执行次数,并给出各算法的时间复杂度 $T(n)$。

(1)

```
int i = 1, k = 0;
while (i < n-1)
{
    k = k + 10 * i; i = i + 1;
}
```

(2)

```
int i = 1, k = 0;
do
{
    k = k + 10 * i; i = i + 1;
}while (i != n);
```

(3)

```
int i = 1, j = 1;
while (i <= n && j <= n)
{
    i = i + 1; j = j + 1;
}
```

(4)

```
int x = n;                          //限定 n > 1
int y = 0;
while(x >= (y + 1) * (y + 1))
    y++;
```

(5)

```
int i, j, k, x = 0;
for (i = 0; i < n; i++)
    for (j = 0; j < i; j++)
        for (k = 0; k < j; k++)
            x = x + 2;
```

1-13 设求解同一个问题有三种算法,三种算法的空间复杂度相同,各自的时间复杂度分别为 $O(n^2)$,$O(2^n)$ 和 $O(n\lg n)$,哪种算法最可取? 为什么?

1-14 按增长率从小到大的顺序排列下列各组函数。

(1) 2^{100},$(3/2)^n$,$(2/3)^n$,$(4/3)^n$

(2) n,$n^{3/2}$,$n^{2/3}$,$n!$,n^n

(3) $\text{lb } n$,$n \times \text{lb } n$,$n^{\text{lb } n}$,n

1-15 下面是几个典型的时间复杂度函数估值问题。

(1) 当 n 为正整数时,n 取何值能使 $2^n > n^3$?

(2) 说明 $O(2^n + n^3)$ 等于 $O(2^n)$。

(3) 给出 $O(5(n^2+6)/(n+3)+7\lg n)$ 的 $O(\ )$ 值估计。

算法设计题

1-16 设计一个函数,在数组的第 i 个下标前插入一个数据元素,并保持数组元素的连续性。

1-17 设计一个函数,删除数组第 i 个下标的数据元素,并保持数组元素的连续性。

1-18 设计一个函数,交换两个变量的值。

1-19 设计一个函数,交换两个数组元素的值。

第2章

线性表

线性表是一种最简单、最常用的线性结构。线性表的操作特点主要是,可以在任意位置插入一个数据元素或删除一个数据元素。线性表可以用顺序存储结构或链式存储结构存储数据元素。用顺序存储结构实现的线性表称作顺序表,用链式存储结构实现的线性表称作链表。链表主要有单链表、循环单链表和循环双向链表三种。顺序表和链表各有优缺点,并且优缺点基本相反。

本章主要知识点

- 线性表的定义,顺序存储结构,链式存储结构;
- 顺序表类的设计方法,顺序表插入和删除操作的实现方法,顺序表插入和删除操作的时间复杂度;
- 单链表类的设计方法,单链表插入和删除操作的实现方法,单链表插入和删除操作的时间复杂度,顺序表和单链表的特点对比;
- 循环单链表和循环双向链表的结构和特点。

2.1 线性表概述

2.1.1 线性表的定义

如果一个数据元素序列满足:

(1) 除第一个和最后一个数据元素外,每个数据元素只有一个前驱数据元素和一个后继数据元素;

(2) 第一个数据元素没有前驱数据元素;

(3) 最后一个数据元素没有后继数据元素;

则称这样的数据结构为线性结构。

本章至第 5 章讨论的线性表、堆栈、队列、串和数组都属于线性结构。

线性表是一种可以在任意位置进行插入和删除数据元素操作的、由 $n(n \geqslant 0)$ 个相同类型数据元素 $a_0, a_1, a_2, \cdots, a_{n-1}$ 组成的线性结构。

一个有 n 个数据元素 $a_0, a_1, a_2, \cdots, a_{n-1}$ 的线性表通常用符号 $(a_0, a_1, a_2, \cdots, a_{n-1})$ 表示,其中,符号 $a_i (0 \leqslant i \leqslant n-1)$ 表示第 i 个抽象数据元素。空线性表用符号 () 表示。

线性表的数据元素序列 $a_0, a_1, a_2, \cdots, a_{n-1}$ 表示数据元素编号从 0 开始,若写成 $a_1, a_2,$

$a_3, \cdots, a_n$ 则表示数据元素编号从 1 开始。顺序存储结构存储数据元素具体是用数组存储，若数据元素编号从 0 开始，将和 Java 语言数组下标从 0 开始编号相吻合，所以本书采用编号从 0 开始编号的表示方法。

要注意的是，对不同的数据元素编号方法，数据元素 a_i 表示的是不同的数据元素值。数据元素从 1 开始编号时，数据元素 a_1 表示的是第 1 个数据元素，而数据元素从 0 开始编号时，数据元素 a_1 表示的是第 2 个数据元素。使用不同的数据元素编号方法，在算法思想上没有差别，但在一些实现细节上会有差别。

2.1.2 线性表抽象数据类型

类型是一组值的集合。抽象数据类型是指一个逻辑概念上的类型和这个类型上的操作集合。因此，线性表的抽象数据类型主要包括两个方面：即数据集合和该数据集合上的操作集合。

数据集合：

线性表的数据元素集合可以表示为序列 $a_0, a_1, a_2, \cdots, a_{n-1}$，每个数据元素的数据类型可以是任意的类类型。

操作集合：

(1) 求当前数据元素个数 size()：求线性表的当前数据元素个数并由函数返回。

(2) 插入数据元素 insert(i,obj)：在线性表的第 i 个数据元素前插入数据元素 obj。其约束条件为：$0 \leqslant i \leqslant$ size()，即若 $i=0$ 表示在 a_0 前插入数据元素 obj，若 $i=$ size()-1 表示在 a_{n-1}（为书写方便，令 $n=$ size()）前插入数据元素 obj，若 $i=$ size()，表示在 a_{n-1} 后插入数据元素 obj。

(3) 删除数据元素 delete(i)：删除线性表的第 i 个数据元素，所删除的数据元素由函数返回。其约束条件为：$0 \leqslant i \leqslant$ size()-1，即若 $i=0$ 表示删除数据元素 a_0，若 $i=$ size()-1 表示删除数据元素 a_{n-1}。

(4) 取数据元素 getData(i)：取线性表的第 i 个数据元素，所取的数据元素由函数返回。其约束条件为：$0 \leqslant i \leqslant$ size()-1，即若 $i=0$ 表示取数据元素 a_0，若 $i=$ size()-1 表示取数据元素 a_{n-1}。

(5) 线性表是否空 isEmpty()：线性表中的当前数据元素个数 size() 是否为 0。若 size()$=0$ 函数返回 true，否则返回 false。

作为教材，我们讨论线性表的抽象数据类型时仅讨论线性表的以上 5 个主要操作，在软件系统的实际使用中，线性表除上述基本操作外，一般还有一些其他操作以方便软件设计，例如定位操作等。为节省篇幅，线性表的其他非主要操作就不在这里讨论。线性表的有些操作（如定位操作）将作为算法设计习题在练习中给出。

抽象数据类型是软件设计的逻辑结构或逻辑模型。所谓逻辑结构是不考虑具体实现方法的数据模型。在 Java 程序设计中，抽象数据类型通常设计成接口。这样，接口就是一个抽象数据类型的用户接口。

线性表抽象数据类型的 Java 接口定义如下：

```
public interface List{
```

```
        public void insert( int i,Object obj) throws Exception;  //插入
        public Object delete( int i) throws Exception;           //删除
        public Object getData( int i) throws Exception;          //取数据元素
        public int size();                                       //求元素个数
        public boolean isEmpty();                                //是否空
    }
```

　　线性表接口 List 中给出了任何实现线性表功能的类中必须要实现的成员函数原型,这有两方面的作用:一方面,设计基础软件模块(如顺序表类和单链表类等)的设计者,可以根据接口 List 规范的成员函数(包括成员函数的访问权限、成员函数名、成员函数的返回类型、每个参数的参数类型)来实现成员函数。这样,凡是实现接口 List 的类,不论是顺序表类还是单链表类,只是实现操作的具体方法不同,所实现的功能和调用的形式都相同;另一方面,使用基础软件模块(如顺序表类和单链表类等)的使用者在定义了对象后,可以根据接口 List 规范的成员函数原型来调用成员函数。因此可以说,线性表接口 List 定义了实现该接口类的外部公共接口。

2.2　顺序表

　　计算机有两种基本的存储结构:一种是顺序存储结构,另一种是链式存储结构。任何需要计算机进行管理和处理的数据元素都必须首先按某种方式存储在计算机中。一旦确定了线性表的存储结构,线性表抽象数据类型中定义的所有操作就可以具体实现。
　　顺序存储结构的线性表称作**顺序表**。本节讨论顺序表类的设计和实现方法。

2.2.1　顺序表存储结构

　　实现顺序存储结构的方法是使用数组。
　　对于线性表,数组将线性表的数据元素存储在一块连续地址空间的内存单元中。这样线性表中,逻辑上相邻的数据元素在物理存储地址上也相邻,数据元素间的逻辑上的前驱、后继逻辑关系就表现在数据元素的存储单元的物理前后位置关系上。
　　顺序表的存储结构示意图如图 2-1 所示。其中,a_0,a_1,a_2 等表示顺序表中存储的数据元素;listArray 表示存储数据元素的数组;maxSize 表示数组的最大允许数据元素个数;size 表示数组的当前数据元素个数。

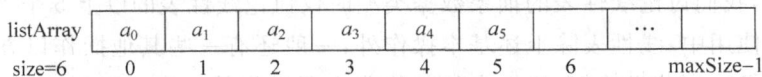

图 2-1　顺序表存储结构示意图

2.2.2　顺序表类

　　类包含成员变量和成员函数。成员变量用来表示抽象数据类型中定义的数据集合,成员函数用来表示抽象数据类型中定义的操作集合。顺序表类实现接口 List。顺序表类的public 成员函数主要是接口 List 中定义的成员函数。

顺序表类设计如下。

```java
public class SeqList implements List{
    final int defaultSize = 10;

    int maxSize;
    int size;
    Object[] listArray;

    public SeqList(){
        initiate(defaultSize);
    }

    public SeqList(int size){
        initiate(size);
    }

    private void initiate(int sz){
    maxSize = sz;
        size = 0;
        listArray = new Object[sz];
    }

    public void insert(int i,Object obj) throws Exception{
        if (size == maxSize){
            throw new Exception("顺序表已满无法插入!");
        }
        if (i < 0 || i > size){
            throw new Exception("参数错误!");
        }

        for(int j = size; j > i; j-- )
            listArray[j] = listArray[j-1];

        listArray[i] = obj;
        size++;
    }

    public Object delete(int i) throws Exception{
        if(size == 0){
            throw new Exception("顺序表已空无法删除!");
        }
        if (i < 0 || i > size-1){
            throw new Exception("参数错误!");
        }
        Object it = listArray[i];
        for(int j = i; j < size-1; j++)
            listArray[j] = listArray[j+1];

        size-- ;
        return it;
```

```
    }

    public Object getData(int i) throws Exception{
        if(i < 0 || i >= size){
            throw new Exception("参数错误!");
        }
        return listArray[i];
    }

    public int size(){
        return size;
    }

    public boolean isEmpty(){
        return size == 0;
    }

    public int MoreDataDelete(SeqListL, Object x) throws Exception{

        int i, j;
        int tag = 0;

        for(i = 0; i < L.size; i++){
            if(x.equals(L.getData(i))){
                L.delete(i);
                i --;
                tag = 1;
            }
        }

        return tag;
    }
}
```

SeqList 类的设计说明如下。

(1) SeqList 是类名,List 是所实现的接口,该类有三个成员变量,其中 listArray 表示存储数据元素的数组;maxSize 表示数组允许的最大数据元素个数;size 表示数组中当前存储的数据元素个数。要求必须满足 size≤maxSize。

(2) 类的成员变量通常设计成 private 或默认访问权限。private 访问权限只允许该类的成员函数访问;默认访问权限只允许该类的成员函数或同一个包中的类的成员函数访问。

(3) 要把顺序表类 SeqList 设计成可重复使用的通用软件模块,就要把顺序表中保存的数据元素的类型设计成适合任何情况的抽象数据类型。Object 类是 Java 中所有类的根类,Java 支持多态性,定义为 Object 类的虚参,适用于任何派生类对象的实参。

(4) 构造函数完成创建对象时的初始化赋值和数组内存空间申请。顺序表构造函数完成三件事:确定 maxSize 的数值,初始化 size 的数值,为数组申请内存空间并让 listArray 等于(即指向或表示)所分配的内存空间。

构造函数重载了两个，一个没有参数，用类中定义的常量 defaultSize（等于 10）来给 maxSize 赋值；另一个有一个参数 size，用该参数来给 maxSize 赋值。

```java
public SeqList(){
    initiate(defaultSize);
}

public SeqList(int size){
    initiate(size);
}

private void initiate(int sz){
    maxSize = sz;
    size = 0;
    listArray = new Object[sz];
}
```

（5）对于插入成员函数来说，插入步骤是：首先把下标 size−1 至下标 i 中的数组元素依次后移，然后把数据元素 x 插入到 listArray[i] 中，最后把当前数据元素个数 size 加 1。

应用程序调用该成员函数时可能出错，应该判断异常的出现并抛出异常。可能出现两种异常：一种是 size == maxSize，表明顺序表已满无法插入；另一种是 i < 0 或 i > size，表明插入位置参数 i 错误。

```java
public void insert(int i,Object obj) throws Exception{
    if (size == maxSize){
        throw new Exception("顺序表已满无法插入!");
    }
    if (i < 0 || i > size){
        throw new Exception("参数错误!");
    }

    for(int j = size; j > i; j-- )
        listArray[j] = listArray[j-1];

    listArray[i] = obj;
    size++;
}
```

顺序表插入过程的一个具体例子如图 2-2 所示。

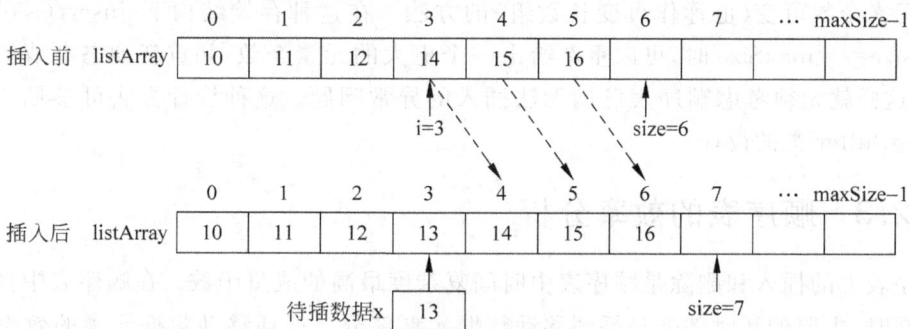

图 2-2 顺序表插入过程

(6) 对于删除成员函数来说,删除步骤是:首先把 listArray[i]存放到临时变量 x 中,然后依次把下标 i 至下标 size—1 中的数组元素前移,最后把数据元素个数 size 减 1。

可能出现两种异常:一种是 size==0,表明顺序表已空;另一种是 i<0 或 i>size—1,表明删除位置参数 i 出错。

```java
public Object delete( int i) throws Exception{
    if(size == 0){
        throw new Exception("顺序表已空无法删除!");
    }
    if (i < 0 || i > size - 1){
        throw new Exception("参数错误!");
    }
    Object it = listArray[i];
    for(int j = i; j < size - 1; j++)
        listArray[j] = listArray[j + 1];

    size -- ;
    return it;
}
```

顺序表删除过程的一个具体例子如图 2-3 所示。

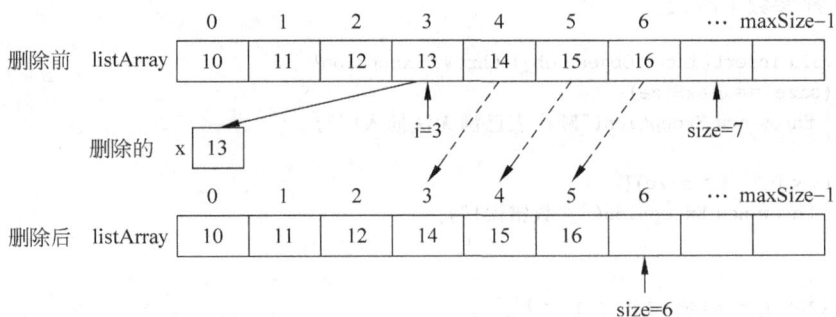

图 2-3　顺序表删除过程

需要说明的是,这里设计的顺序表类中,存储结构采用的是一种数组的最大个数(即maxSize)一旦指定就不能修改的方法。在这种存储结构下,insert(i,obj)成员函数需要考虑当 size==maxSize 时,顺序表已满无法插入的异常问题。实际使用的顺序表类通常采用一种最大元素个数可变(也称作可变长数组)的方法。在这种存储结构下,insert(i,obj)成员函数当 size==maxSize 时,可以重新给出一个更大的元素个数,并重新动态申请相应的数组空间,这样就无须考虑顺序表已满无法插入的异常问题。这种设计方法可参见 4.3.3 节MyStringBuffer 类的设计。

2.2.3　顺序表的效率分析

顺序表上的插入和删除是顺序表中时间复杂度最高的成员函数。在顺序表中插入一个数据元素时,主要的耗时部分是循环移动数据元素部分。循环移动数据元素的效率和插入数据元素的位置 i 有关,最坏情况是 $i=0$,需移动 size 个数据元素;最好情况是 $i=$size,需移动 0 个数据元素。设 p_i 是在第 i 个存储位置插入一个数据元素的概率,设顺序表中的数据元素个数为 n,当在顺序表的任何位置上插入数据元素的概率相等时,有 $p_i=1/(n+1)$,则向顺序表插入一个数据元素需移动的数据元素的平均次数为:

$$E_{插入} = \sum_{i=0}^{n} p_i(n-i) = \frac{1}{n+1} \sum_{i=0}^{n}(n-i) = \frac{n}{2}$$

在顺序表中删除一个数据元素时,主要的耗时部分也是循环移动数据元素。循环移动数据元素的效率和删除数据元素的位置 i 有关,最坏情况是 $i=0$,要移动 size-1 个数据元素;最好情况是 $i=$size,需移动 0 个数据元素。设 q_i 是删除第 i 个存储位置数据元素的概率,设顺序表中的数据元素个数为 n,当删除顺序表任何位置上数据元素的概率相等时,有 $q_i=1/n$,则删除顺序表中一个数据元素所需移动数据元素的平均次数为:

$$E_{删除} = \sum_{i=0}^{n-1} q_i(n-i) = \frac{1}{n} \sum_{i=0}^{n-1}(n-i) = \frac{n-1}{2}$$

因此,在顺序表中插入和删除一个数据元素成员函数的时间复杂度为 $O(n)$。

顺序表中的其余操作都和数据元素个数 n 无关,因此,顺序表取数据元素和其他操作的时间复杂度为 $O(1)$。

顺序表的主要优点是:取数据元素操作的时间效率高,内存空间利用效率高。

顺序表的主要缺点是:插入和删除操作时需要移动较多的数据元素。

2.2.4 顺序表类应用举例

大型软件的设计采用可重复使用的软件模块设计方法。顺序表类就是我们设计的可重复使用的一种软件模块。利用这些软件模块,可以方便快速地完成各种应用程序的设计。

例 2-1 编程实现如下任务:建立一个线性表,首先依次输入数据元素 1,2,3,…,10,然后删除数据元素 5,最后依次显示当前线性表中的数据元素。要求采用顺序表实现。

程序设计如下。

```
public class SeqListTest1{
    public static void main(String args[]){
        SeqListseqList = new SeqList(100);
        int n = 10;
        try{
            for(int i = 0; i < n; i++){
                seqList.insert(i,new Integer(i + 1));
            }

            seqList.delete(4);

//          seqList.insert(22,new Integer(22));
//          seqList.delete(22);
//          seqList.getData(22);
            for(int i = 0; i < seqList.size; i++){
                System.out.print(seqList.getData(i) + " ");
            }
        }
        catch(Exception e){
```

```
            System.out.println(e.getMessage());
        }
    }
}
```

程序运行结果如下。

1 2 3 4 6 7 8 9 10

设计说明：

（1）顺序表类 SeqList 中保存的数据元素的类型定义为适合任何情况的 Object 类。本问题要保存的数据元素类型为整数类型。int 类型只能定义简单类型变量，不能定义对象。通过 Integer 类型可以把 int 类型的变量转换成 Integer 类的对象。Integer 类是 Object 类的派生类，Java 支持多态性，定义为 Object 类的虚参，适用于任何派生类对象的实参。例如语句：

```
seqList.insert(i,new Integer(i+1));
```

就是据此原理设计的。

（2）顺序表类 SeqList 中 insert()、delete() 和 getData() 成员函数都抛出异常，应用程序中若调用这些成员函数要捕捉并处理这些异常。因此，程序中的代码要放在 try 模块中，并用 catch 模块处理异常。如果去掉程序中任何一条注释语句的注释符，程序运行时都会出错，catch 模块中的语句：

```
System.out.println(e.getMessage());
```

将输出相应的异常信息。

例 2-2　编程实现如下任务：建立一个如表 2-1 所示的学生情况表，要求先依次输入数据元素，然后依次显示当前表中的数据元素。假设该表元素个数最大不会超过 100 个。要求使用顺序表。

表 2-1　学生情况表

学号	姓名	性别	年龄
2000001	张三	男	20
2000002	李四	男	21
2000003	王五	女	22

设计：该设计任务的数据元素为学生信息，从表 2-1 可知，每个学生数据元素包括学号、姓名、性别和年龄 4 个数据项。

程序设计如下。

```
public class SeqListTest2{
    public static void main(String args[]){
        SeqList seqList = new SeqList(100);
        Student[] student ;
        student = new Student[3];
        student[0] = new Student(2000001,"张三","男",20);
        student[1] = new Student(2000002,"李四","男",21);
```

```
        student[2] = new Student(2000003,"王五","女",22);

        int n = 3;
        try{
            for(int i = 0; i < n; i++){
                seqList.insert(i,student[i]);
            }

            for(int i = 0;i < seqList.size;i++){
                Student st = (Student)seqList.getData(i);
                System.out.println(st.getNumber() + " " + st.getName()
                    + " " + st.getSex() + " " + st.getAge());
            }
        }
        catch(Exception e){
            System.out.println(e.getMessage());
        }
    }
}

class Student{
    private long number;
    private String name;
    private String sex;
    private int age;
    Student(long number,String name,String sex,int age){
        this.number = number;
        this.name = name;
        this.sex = sex;
        this.age = age;
    }
    public long getNumber(){
        return number;
    }
    public String getName(){
        return name;
    }
    public String getSex(){
        return sex;
    }
    public int getAge(){
        return age;
    }
}
```

程序运行结果如下。

```
2000001 张三 男 20
2000002 李四 男 21
2000003 王五 女 22
```

设计说明:

(1) 本例顺序表中保存的数据元素类型为包含 4 个数据项的学生信息,系统中没有定义过学生信息的数据类型,因此需要专门设计一个学生类 Student。

(2) 本例程序的其他部分结构和例 2-1 程序的结构类同。

2.3　单链表

指针表示一个数据元素逻辑意义上的存储位置。在计算机中,不同的高级语言实现指针的方法不同。Java 语言用对象引用来表示指针。通过把新创建对象赋值给一个对象引用,即是让该对象引用表示(或指向)了所创建的对象。也可以说,该对象引用是所创建的实际对象的一个别名。在本章以后的讨论中,一般用术语指针表示逻辑概念上的数据元素存储位置,用对象引用表示 Java 语言实现的指针。

链式存储结构是基于指针实现的。一个数据元素和一个指针称为一个**结点**。**链式存储结构**是用指针把相互直接关联的结点(即直接前驱结点或直接后继结点)链接起来。链式存储结构的特点是数据元素间的逻辑关系表现在结点的链接关系上。链式存储结构的线性表称为**链表**。根据结点构造链的方法不同,链表主要有单链表、单循环链表和循环双向链表三种。这样,一个数据元素集就可以用**链式存储结构**来存储。

2.3.1　单链表的结构

在单链表中,构成链表的每个结点只有一个指向直接后继结点的指针。

1. 单链表的表示方法

单链表中每个结点的结构如图 2-4 所示。

图 2-4　单链表的结点结构

单链表有带头结点结构和不带头结点结构两种。指向单链表的指针称为单链表的**头指针**。头指针所指的不存放数据元素的第一个结点称为**头结点**。存放第一个数据元素的结点称作第一个数据元素结点,或称首元结点。一个带头结点的单链表如图 2-5 所示。

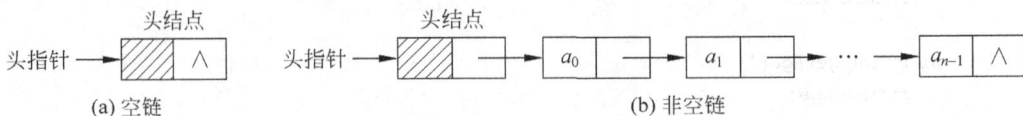

图 2-5　带头结点的单链表

在图 2-5 中,头指针指向单链表的头结点,头结点的数据域部分通常涂上阴影,以明显表示该结点为头结点。符号 ∧ 表示指针为空,用来标识链表的结束,符号 ∧ 在 Java 中用 null 表示。null 在 Java 语言中已有定义。对于一个带头结点的单链表,单链表中一个数据元素也没有的空的单链表结构如图 2-5(a)所示,有 n 个数据元素 $a_0,a_1,\cdots,a_{n-1}$ 的单链表结构如图 2-5(b)所示。

在顺序存储结构中,用户向系统申请一块地址连续的有限空间用于存储数据元素序列,这样任意两个在逻辑上相临的数据元素在物理存储位置上也必然相邻。但在链式存储结构中,由于链式存储结构是初始时为空链,每当有新的数据元素需要存储时,用户才向系统动态申请所需的结点插入链中,而这些在不同时刻向系统动态申请的结点,其内存空间一般情况下其存储位置并不连续。因此,在链式存储结构中,任意两个在逻辑上相临的数据元素在物理上不一定相邻,数据元素的逻辑关系是通过指针链接实现的。

Java 中创建对象要使用 new 运算符,new 运算符就实现了对象内存空间的动态申请。

2. 带头结点单链表和不带头结点单链表的比较

从线性表的定义可知,线性表要求允许在任意位置进行插入和删除。当选用带头结点的单链表时,插入和删除操作的实现方法比不用带头结点单链表的实现方法简单。

设头指针用 head 表示,在单链表中任意结点(但不是第一个数据元素结点)前插入一个新结点的方法如图 2-6 所示。算法实现时,首先把插入位置定位在要插入结点的前一个结点位置,然后把 s 表示的新结点插入单链表中。

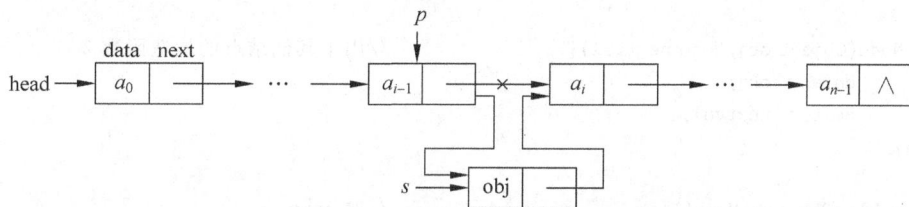

图 2-6 在单链表非第一个结点前插入结点过程

要在第一个数据元素结点前插入一个新结点,若采用不带头结点的单链表结构,则结点插入后,头指针 head 就要等于新插入结点 s,这和在非第一个数据元素结点前插入结点时的情况不同。另外,还有一些不同情况需要考虑。因此,算法对这两种情况就要分别设计实现方法。

而如果采用带头结点的单链表结构,算法实现时,p 指向头结点,p 的 next 指针指向第一个数据元素结点。因此,改变的是 p 的 next 指针的值,而头指针 head 的值不变。因此,算法实现方法比较简单。在带头结点单链表中第一个数据元素结点前插入一个新结点的过程如图 2-7 所示。

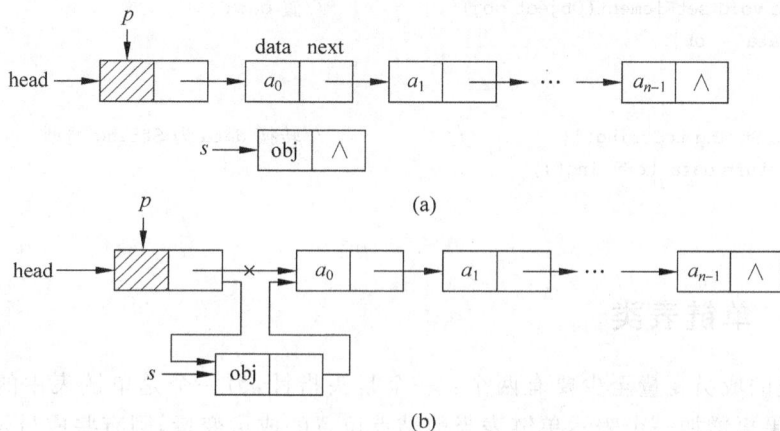

(a)

(b)

图 2-7 在带头结点单链表第一个结点前插入结点过程

类似地,删除操作实现时,带头结点的单链表和不带头结点的单链表也有类似情况。因此,对于单链表,带头结点比不带头结点的设计方法简单。

2.3.2   结点类

单链表是由一个一个结点组成的,因此,要设计单链表类,必须先设计结点类。结点类的成员变量有两个:一个是数据元素 data,另一个是表示下一个结点的对象引用 next。结点类设计如下。

```
public class Node{
    Object data;                              //数据元素
    Node next;                                //表示下一个结点的对象引用

    Node(Node nextval){                       //用于头结点的构造函数 1
        next = nextval;
    }

    Node(Object obj,Node nextval){            //用于其他结点的构造函数 2
        data = obj;
        next = nextval;
    }

    public Node getNext(){                    //取 next
        return next;
    }

    public void setNext(Node nextval){        //置 next
        next = nextval;
    }

    public Object getElement(){               //取 data
        return data;
    }

    public void setElement(Object obj){       //置 data
        data = obj;
    }

    public String toString(){                 //转换 data 为 String 类型
        return data.toString();
    }
}
```

2.3.3   单链表类

单链表类的成员变量至少要有两个:一个是头指针,另一个是单链表中的数据元素个数。但是,如果再增加一个表示单链表当前结点位置的成员变量,则有些成员函数的设计将更加方便。

单链表类设计如下。

```java
public class LinList implements List {
    Node head;                              //头指针
    Node current;                           //当前结点位置
    int size;                               //数据元素个数

    LinList(){                              //构造函数
        head = current = new Node(null);
        size = 0;
    }

    public void index(int i) throws Exception{    //定位
        if(i < -1 || i > size - 1){
            throw new Exception("参数错误!");
        }
        if(i == -1) return;
        current = head.next;
        int j = 0;
        while((current != null) && j < i){
            current = current.next;
            j ++;
        }
    }

    public void insert(int i,Object obj) throws Exception{    //插入
        if(i < 0 || i > size){
            throw new Exception("参数错误!");
        }
        index(i - 1);
        current.setNext(new Node(obj,current.next));
        size ++;
    }

    public Object delete(int i) throws Exception{    //删除
        if(size == 0){
            throw new Exception("链表已空无元素可删!");
        }
        if(i < 0 || i > size - 1){
            throw new Exception("参数错误!");
        }

        index(i - 1);
        Object obj = current.next.getElement();
        current.setNext(current.next.next);
        size -- ;
        return obj;
    }

    public Object getData(int i) throws Exception{    //取数据元素
        if(i < -1 || i > size - 1){
```

```
        throw new Exception("参数错误!");
        }
        index(i);
        return current.getElement();
    }

    public int size(){                        //取数据元素个数
        return size;
    }

    public boolean isEmpty(){                 //是否空
        return size == 0;
    }
}
```

设计说明：

（1）构造函数要完成三件事：

① 创建头结点；

② 让 head 和 current 均表示所创建的头结点；

③ size 置为 0。

其中，前两件事由下面的语句完成。注意，new Node(null)表示采用结点类的构造函数1 创建结点对象，该构造函数创建的对象数据元素域没有赋值。

```
head = current = new Node(null);
```

（2）定位成员函数 index(int i)实现：按照参数 i 指定的位置，让当前结点位置成员变量current 表示该结点。

其设计方法是：用一个循环过程从头开始计数寻找第 i 个结点。循环初始时，current＝head.next，当计数到 current 表示第 i 个结点时，循环过程结束。若参数 i 不在 i＞－1 && i＜= size－1 范围，说明参数 i 错误，抛出异常。该成员函数的主体部分如下。

```
current = head.next;
int j = 0;
while((current != null) && j < i){
    current = current.next;
    j ++;
}
```

图 2-8(a)是循环开始时的状态，图 2-8(b)是循环到最后一次时的状态。

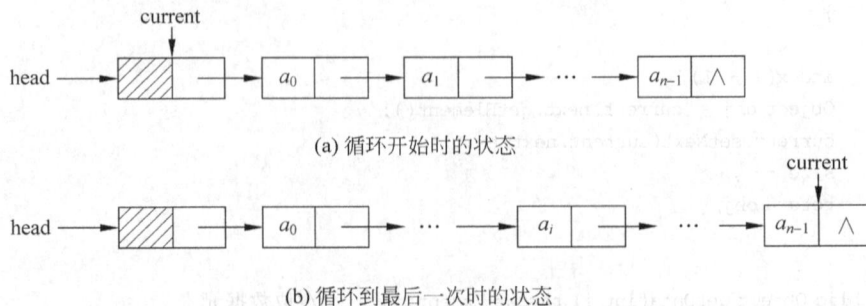

(a) 循环开始时的状态

(b) 循环到最后一次时的状态

图 2-8   index(i)的实现过程示意

（3）插入成员函数 insert(int i,Object obj)实现：把一个新结点插入到第 i 个结点前,新结点 data 域的值为 obj。

其设计方法是：

① 调用 index()成员函数,让成员变量 current 表示第 i−1 个结点；

② 创建一个新结点,新结点的 data 域为数据元素 obj,新结点的 next 域为 current.next；

③ 让第 i−1 个结点的 next 域为新创建的结点；

④ 数据元素个数成员变量 size 加 1。其中,第①步由下面的第一条语句实现,第②和第③步由第二条语句实现。

```
index(i - 1);
current.setNext(new Node(obj,current.next));
```

插入过程如图 2-9 所示。

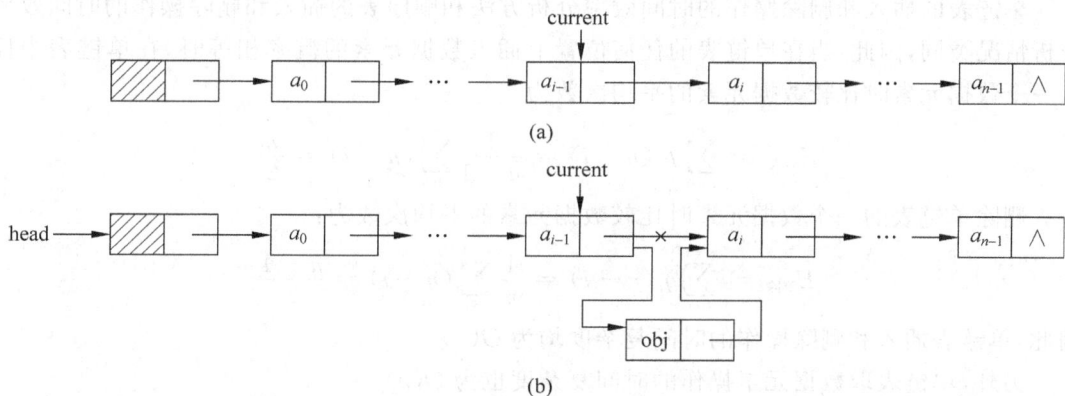

图 2-9　插入一个结点过程示意

此算法的异常情况和顺序表插入算法的异常情况类同,只是单链表中不存在空间已满无法插入的情况。

（4）删除成员函数 delete(int i)实现：删除单链表中第 i 个结点。

其设计方法是：

① 调用 index()成员函数,让成员变量 current 表示第 i−1 个结点；

② 让第 i−1 个结点的 next 域等于第 i 个结点的 next 域,即把第 i 个结点脱链；

③ 数据元素个数成员变量 size 减 1。

其中,第①步由下面的第一条语句实现,第②步由第二条语句实现。

```
index(i - 1);
current.setNext(current.next.next);
```

删除过程如图 2-10 所示。

（5）取数据元素成员函数 getData(int i)实现：返回第 i 个结点的 data 域值。

其设计方法是：①调用 index()成员函数,让成员变量 current 表示第 i 个结点；②返回第 i 个结点的 data 域值。其实现语句如下。

```
index(i);
return current.getElement();
```

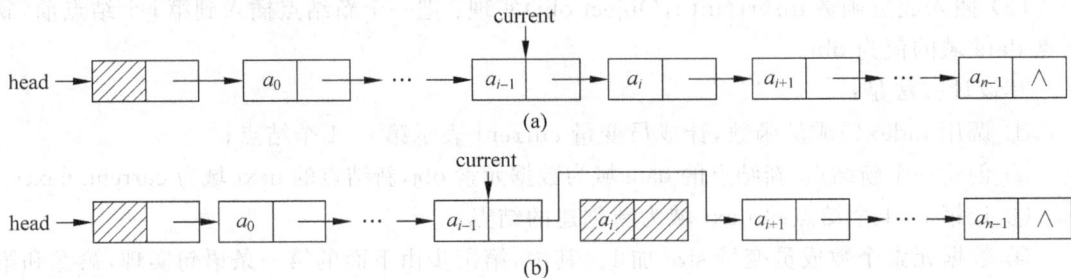

图 2-10　删除结点过程示意

2.3.4　单链表的效率分析

单链表的插入和删除操作的时间效率分析方法和顺序表的插入和删除操作的时间效率分析情况类同,因此,当在单链表的任何位置上插入数据元素的概率相等时,在单链表中插入一个数据元素时比较数据元素的平均次数为:

$$E_{插入} = \sum_{i=0}^{n} p_i(n-i) = \frac{1}{n+1}\sum_{i=0}^{n}(n-i) = \frac{n}{2}$$

删除单链表的一个数据元素时比较数据元素的平均次数为:

$$E_{删除} = \sum_{i=0}^{n-1} q_i(n-i) = \frac{1}{n}\sum_{i=0}^{n-1}(n-i) = \frac{n-1}{2}$$

因此,单链表插入和删除操作的时间复杂度均为 $O(n)$。

另外,单链表取数据元素操作的时间复杂度也为 $O(n)$。

2.3.5　顺序表和单链表的比较

顺序表和单链表完成的逻辑功能完全一样,但两者的应用背景以及不同情况下的使用效率略有不同。对于一个具体的应用问题,要根据其应用背景来确定是使用顺序表还是使用单链表。

顺序表的主要优点是支持随机读取,以及内存空间利用效率高;顺序表的主要缺点是插入和删除操作时需要移动较多的数据元素。

和顺序表相比,单链表的主要优点是插入和删除操作时不需要移动数据元素。

单链表的主要缺点是每个结点中要有一个指针,因此单链表的空间利用率略低于顺序表的。另外,单链表不支持随机读取,单链表取数据元素操作的时间复杂度为 $O(n)$;而顺序表支持随机读取,顺序表取数据元素操作的时间复杂度为 $O(1)$。

2.3.6　单链表应用举例

例 2-3　编程实现和例 2-1 相同的任务,即建立一个线性表,首先依次输入数据元素 1,2,3,…,10,然后删除数据元素 5,最后依次显示当前线性表中的数据元素。要求使用单链表实现。

程序如下。

```
public class LinListTest{
    public static void main(String args[]){
        LinList linList = new LinList();
        int n = 10;
        try{
            for(int i = 0; i < n; i++){
                linList.insert(i, new Integer(i + 1));
            }

            linList.delete(4);

            for(int i = 0; i < linList.size; i++){
                System.out.print(linList.getData(i) + " ");
            }
        }
        catch(Exception e){
            System.out.println(e.getMessage());
        }
    }
}
```

程序运行结果如下:

1 2 3 4 6 7 8 9 10

对比例 2-3 的程序和例 2-1 的程序可以发现,两者非常类似,这是因为顺序表类和单链表类都实现了 List 接口,List 接口规定了线性表的外部接口。唯一的差别是:例 2-1 中用 SeqList 类创建的对象,而例 2-3 中用 LinList 类创建的对象。

2.4 循环单链表

循环单链表是单链表的另一种形式,其结构特点是链表中最后一个结点的指针不再是结束标记,而是指向整个链表的第一个结点,从而使单链表形成一个环。和单链表相比,循环单链表的长处是从链尾到链头的操作比较方便。当要处理的数据元素序列具有环状结构特点时,适合于采用循环单链表。

和单链表相同,循环单链表也有带头结点结构和不带头结点结构两种,带头结点的循环单链表实现插入和删除操作时,算法实现较为方便。一个带头结点的循环单链表结构如图 2-11 所示。

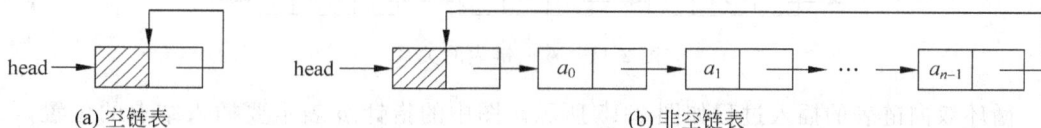

图 2-11 带头结点的循环单链表

带头结点的循环单链表的操作实现方法和带头结点的单链表的操作实现方法类似,差别仅在于以下两点。

(1) 在构造函数中,要加一条 head. next＝head 语句,把初始时的带头结点的循环单链表设计成如图 2-11(a)所示的状态。

(2) 在 index(i)成员函数中,把循环结束判断条件 current ！= null 改为 current ！=head。

2.5 双向链表

双向链表是指每个结点除后继指针外还有一个前驱指针。和单链表类似,双向链表也有带头结点结构和不带头结点结构两种,带头结点的双向链表更为常用;另外,双向链表也可以有循环和非循环两种结构,循环结构的双向链表更为常用。

在单链表中查找当前结点的后继结点并不困难,可以通过当前结点的 next 域进行,但要查找当前结点的前驱结点就要从头指针 head 开始重新进行。对于一个要频繁进行查找当前结点的后继结点和当前结点的前驱结点的应用来说,使用单链表的时间效率是非常低的,双向链表是有效解决这类问题的当然选择。

在双向链表中,每个结点包括三个域,分别是 data 域、next 域和 prior 域,其中 data 域为数据元素域;next 域为指向后继结点的对象引用;prior 域为指向前驱结点的对象引用。图 2-12 为双向链表结点的图示结构。

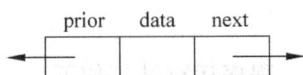

图 2-12　双向链表结点的图示结构

图 2-13 是带头结点的循环双向链表的图示结构。从图 2-13 可见,循环双向链表的 next 和 prior 各自构成自己的循环单链表。

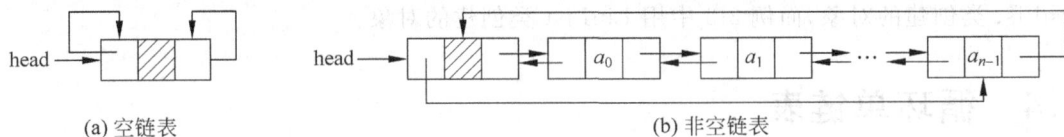

(a) 空链表　　　　　　　　　　　　(b) 非空链表

图 2-13　带头结点的循环双向链表

在双向链表中,有如下关系:设对象引用 p 表示双向链表中的第 i 个结点,则 p. next 表示第 $i+1$ 个结点,p. next. prior 仍表示第 i 个结点,即 p. next. prior＝＝p;同样地,p. prior 表示第 $i-1$ 个结点,p. prior. next 仍表示第 i 个结点,即 p. prior. next＝＝p。图 2-14 是双向链表上述关系的图示。

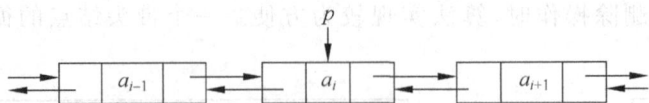

图 2-14　双向链表的关系

循环双向链表的插入过程如图 2-15 所示。图中的指针 p 表示要插入结点的位置,s 表示要插入的结点,①、②、③、④表示实现插入过程的步骤。

循环双向链表的删除过程如图 2-16 所示。图中的指针 p 表示要插入结点的位置,①、②表示实现删除过程的步骤。

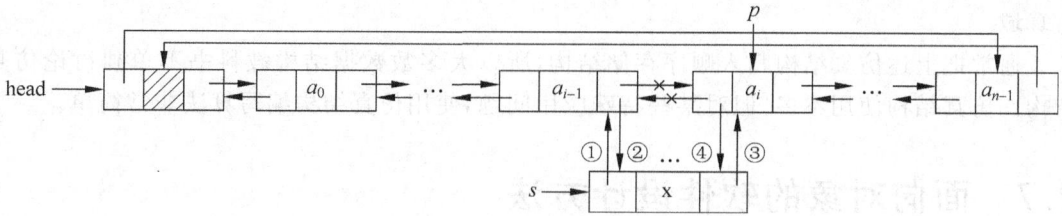

图 2-15 循环双向链表的插入过程

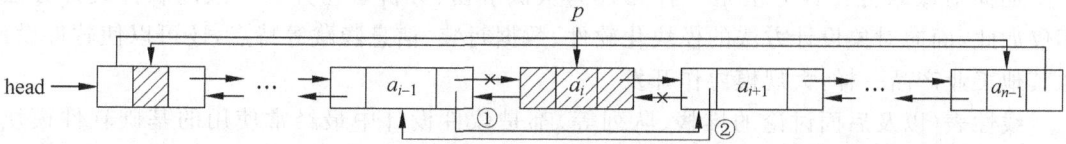

图 2-16 循环双向链表的删除过程

2.6 仿真链表

在链式存储结构中,实现数据元素之间的次序关系依靠指针。也可以用数组来构造仿真链表。方法是在数组中增加一个(或两个)int 类型的变量域,这些变量用来表示后一个(或前一个)数据元素在数组中的下标。这些 int 类型变量构造的指针称为**仿真指针**。这样,就可以用仿真指针构造仿真的单链表(或仿真的双向链表)。

图 2-17(a)是一个有 5 个数据元素的不带头结点的常规单链表,图 2-17(b)和图 2-17(c)是图 2-17(a)的仿真单链表,其中,数组的 element 域存放数据元素,数组的 next 域为该元素的后继元素在数组中的下标。next 域值为－1 是单链表表尾标志。图 2-17(b)和图 2-17(c)是相同线性表结构的两个不同仿真单链表结构。

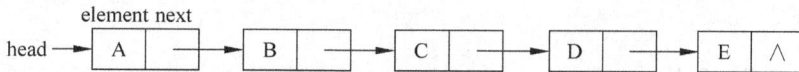

(a) 常规单链表

(b) 仿真单链表一   (c) 仿真单链表二

图 2-17 仿真单链表

不仅可以用仿真结构存储线性表等线性结构,也可以用仿真结构存储如树、二叉树、图等非线性结构。当仿真结构用于存储树、二叉树、图等非线性结构时,通常需要一个以上的仿真域。

　　通常把上述仿真结构归入顺序存储结构,所以大多数数据结构教科书不单独讨论仿真结构。仿真结构使用不多,但对某些特殊应用问题,使用仿真结构编写算法非常简单。

2.7　面向对象的软件设计方法

　　面向对象软件设计方法是一种和人类认识事物、分析事物方法一致的软件设计方法。不仅如此,面向对象设计方法的模块化软件、数据封装、信息隐藏等特点,还可以使软件设计像其他工业产品一样,大规模协作开发。

　　线性表(以及后面讨论的堆栈、队列等)都是软件设计中最经常使用的基础软件模块。面向对象程序设计方法把模块设计成类。外部程序(如例 2-1 程序或例 2-3 程序)无须知道的类的成员变量都定义为私有的(即类对外部程序封装了这些信息);外部程序通过调用类中定义的公有成员函数,就可以完成相应的设计要求,而各个成员函数的实现方法外部程序无须知道(即类对外部程序隐藏了方法的实现细节)。这就像用户从商店购买的手机,厂家用一个硬壳把手机里的电源、芯片等封装起来;用户只需通过按钮使用手机,不需要了解其内部工作原理。

2.8　设计举例

2.8.1　顺序表算法设计举例

　　例 2-4　设计一个函数,要求把顺序表中第一个出现的数据元素 x 删除。并设计一个主函数进行测试。

　　设计如下。

```
public class Exam2_4{
    public static int dataDelete(SeqListL, Object x) throws Exception{
    //删除顺序表 L 中第一个出现的数据元素 x
        int i;

        for(i = 0; i < L.size; i++)
            if(x.equals(L.getData(i))) break;    //寻找 x

        if(i == L.size) return 0;                //未寻找到 x
        L.delete(i);                             //删除 x
        return 1;
    }

    public static void main(String[] args){
        SeqList myList = new SeqList(100);
        int n = 10;
        try{
            for(int i = 0; i < n; i++){
```

```
        myList.insert(i,new Integer(i + 1));
    }

    dataDelete(myList,new Integer(5));

    for(int i = 0; i < myList.size; i++){
        System.out.print(myList.getData(i) + " ");
    }
}
catch(Exception e){
    System.out.println(e.getMessage());
}
    }
}
```

上述算法中调用了 equals()成员函数。java.lang.Object 类定义了 equals()成员函数，Integer 类是 Object 类的派生类，Integer 类覆盖了 equals()成员函数。设 x 和 y 都是 Integer 类的对象，x.equals(y)实现比较 x 和 y 是否相等，如果 x 和 y 相等则函数返回 true，否则返回 false。

例 2-5 设计一个函数，要求把顺序表中等于 x 的所有数据元素全部删除。

设计如下。

```
public static int moreDataDelete(SeqListL, Object x) throws Exception{
//删除顺序表 L 中所有的数据元素 x
    int i;
    int tag = 0;

    for(i = 0; i < L.size; i++){
        if(x.equals(L.getData(i))){
            L.delete(i);
            i -- ;
            tag = 1;
        }
    }

    return tag;
}
```

2.8.2 单链表算法设计举例

例 2-6 设计一个成员函数，要求在单链表中插入一个数据元素 x，并要求插入后单链表中的数据元素从小到大有序排列。设计一个主函数进行测试。

该问题的算法思想是：从单链表的第一个数据元素结点开始，逐个比较每个结点的 data 域值和要插入的数据元素 x 的值，当结点的 data 域值小于等于 x 时，进行下一个结点的比较；否则就找到了插入结点的合适位置，创建新结点并把新结点插入单链表中；当比较到最后一个结点仍满足结点的 data 域值小于等于 x 时，则插入到单链表的表尾。

有两种程序设计方法，一种是设计成 LinList 类的成员函数，另一种是设计成一个新类的 static 成员函数。这里只讨论设计成新类的 static 成员函数方法。

例 2-4 的程序在比较两个数据元素时,调用了 java.lang.Object 类定义的 equals()成员函数。程序中 x.equals(y)实现比较 x 和 y 是否相等,如果 x 和 y 相等函数返回 true,否则返回 false。但是,单链表中结点对象包含 data 和 next 两个成员变量,如果要进行比较,必须专门定义自己的比较函数。java.util 包定义了 Comparator 接口,该接口中定义了 compare(Object o1,Object o2)和 equals(Object obj)两个方法。本例首先设计一个实现 Comparator 接口的 MyComparator 类,然后重新定义 Comparator 接口中的 compare(Object o1,Object o2)方法,实现两个 Integer 类对象的比较。当 o1≤o2 时函数返回 1,否则返回-1;如果 o1 和 o2 类型不同不能比较时返回 0。

MyComparator 类设计如下。

```java
import java.util.Comparator;
public class MyComparator implements Comparator{
    public int compare(Object o1, Object o2) {

        if((o1 instanceof Integer)&&(o2 instanceof Integer)){
            Integer co1 = (Integer)o1;
            Integer co2 = (Integer)o2;
            int i1 = co1.intValue();
            int i2 = co2.intValue();
            if(i1 <= i2) return 1;
            else return -1;
        }
        else{
            return 0;
        }
    }

    public boolean equals(Object obj){
    return false;
    }
}
```

插入函数以及测试主函数设计如下。

```java
import java.util.Comparator;

public class Exam2_6_2{
    public static void orderInsert(LinList myList,Object x,Comparator mc){
        Node curr, pre;

        curr = myList.head.next;
        pre = myList.head;

        while(curr != null && (mc.compare(curr.data,x) == 1)){
            pre = curr;
            curr = curr.next;
        }
```

```
            Node temp = new Node((Integer)x,pre.next);
            pre.next = temp;
            myList.size ++;
        }

    public static void main(String[] args){
        MyComparator mc = new MyComparator();
        LinList myList = new LinList();
        int s[] = {1, 3, 9, 11, 8, 6, 22, 16, 15, 10},n = 10;

        try{
            for(int i = 0; i < n; i++){
                orderInsert(myList,new Integer(s[i]),mc);
            }

            for(int i = 0; i < myList.size; i++){
                System.out.print(myList.getData(i) + " ");
            }
        }
        catch(Exception e){
            System.out.println(e.getMessage());
        }
    }
}
```

程序运行输出如下。

1 3 6 8 9 10 11 15 16 22

思考题：如果单链表中的数据元素是 float 类型的，这个程序要怎样修改？

上机练习题：用设计成 LinList 类成员函数的方法设计本题的插入操作，然后设计一个测试函数进行测试。

例 2-7 在单链表中设计一个对单链表中数据元素进行就地排序的操作。所谓就地排序是指在排序过程中利用原有的结点，不额外增加新结点。

设计：在有序插入算法的基础上，再增加一重循环即可实现全部数据元素的排序。由于排序算法中没有创建新的结点空间，所以这样的排序算法满足就地排序的设计要求。

具体实现过程是：先把原单链表置空（即让原单链表仅包含一个头结点）作为新单链表，然后把去掉头结点的原单链表中的数据元素逐个重新插入到新单链表中。每次插入从单链表的第一个数据元素结点开始，逐个比较新单链表每个结点的 data 域值和原单链表的第一个数据元素结点的 data 域值，当前者小于或等于后者时，继续和新单链表下一个结点的数据元素比较；否则就找到了在新单链表中插入结点的合适位置；当插入位置确定后，从原单链表中取下当前第一个数据元素结点，插入到新单链表中。这样的过程一直进行到原单链表为空时结束。

单链表排序函数设计如下。

```
public static void linListSort(LinList L,Comparator mc){
    Node curr;
```

```
    curr = L. head. next;
    L. head. next = null;
    L. size = 0 ;

    while(curr != null){
        orderInsert(L, curr. data, mc);
        curr = curr. next;
    }
}
```

完整的包含测试主函数的程序设计如下。

```
import java. util. Comparator;

public class Exam2_7{
    public static void linListSort(LinListL, Comparator mc){
        Node curr;
        curr = L. head. next;
        L. head. next = null;
        L. size = 0 ;

        while(curr != null){
            orderInsert(L, curr. data, mc);
            curr = curr. next;
        }
    }

    public static void orderInsert(LinList myList, Object x,
    Comparator mc){
        Node curr, pre;

        curr = myList. head. next;
        pre = myList. head;

        while(curr != null && (mc. compare(curr. data, x) == 1)){
            pre = curr;
            curr = curr. next;
        }
        Node temp = new Node((Integer)x, pre. next);
        pre. next = temp;
        myList. size ++;
    }

    public static void main(String[ ] args){
        MyComparator mc = new MyComparator();
        LinList myList = new LinList();
        int s[ ] = {1, 3, 9, 11, 8, 6, 22, 16, 15, 10},n = 10;

        try{
            for(int i = 0; i < n; i++){
```

```
                  myList.insert(i,new Integer(s[i]));
              }

              System.out.print("排序前数据元素: \n");
              for(int i = 0; i < myList.size; i++){
                  System.out.print(myList.getData(i) + " ");
              }

              linListSort(myList,mc);
              System.out.print("\n排序后数据元素: \n");
              for(int i = 0; i < myList.size; i++){
                  System.out.print(myList.getData(i) + " ");
              }

          }
      catch(Exception e){
          System.out.println(e.getMessage());
      }
   }
}
```

程序运行结果如下。

```
排序前数据元素:
1  3  9  11  8  6  22  16  15  10
排序后数据元素:
1  3  6  8  9  10  11  15  16  22
```

习题

基本概念题

2-1　什么叫线性表？

2-2　什么叫线性结构？线性表是线性结构吗？为什么？

2-3　什么叫顺序存储结构？什么叫链式存储结构？

2-4　什么叫顺序表？画出有 n 个抽象数据元素的顺序表结构。

2-5　什么叫头指针？什么叫头结点？

2-6　画出有 n 个抽象数据元素的带头结点的单链表、循环单链表和循环双向链表结构。

2-7　在链表设计中，为什么通常采用带头结点的链表结构？

2-8　说明 Java 语言 new 运算符的功能和使用方法。

2-9　在顺序表类中实现插入操作和删除操作时，为什么必须移动数据元素？插入操作和删除操作移动数据元素的方向是否相同？

2-10　对比顺序表和单链表的优缺点。在什么情况下使用顺序表好？在什么情况下使用单链表好？

算法设计题

2-11　编写一个逐个输出顺序表中所有数据元素的成员函数。

2-12　编写一个逐个输出单链表中所有数据元素的成员函数。

2-13　编写顺序表定位操作的函数。顺序表定位操作的功能是：在顺序表中查找是否存在数据元素 x，如果存在，返回顺序表中和 x 值相等的第 1 个数据元素的序号（序号从 0 开始编号）；如果不存在，返回 -1。要求设计成 static 成员函数。

设计一个能按随机数赋值的测试程序进行测试。

2-14　编写单链表类的删除函数，删除单链表中数据元素等于 x 的第一个结点。删除成功返回被删除元素的位置，删除不成功返回 -1。要求该函数不设计在顺序表类中。

设计一个能按随机数赋值的测试程序进行测试。

2-15　编写单链表类的删除成员函数，要求删除单链表中数据元素等于 x 的所有结点。函数返回被删除元素的个数。

2-16　编写一个函数，要求把顺序表 A 中的数据元素序列逆置后存储到顺序表 B 中，所谓逆置是指把 $(a_0, a_1, \cdots, a_{n-1})$ 变为 $(a_{n-1}, \cdots, a_1, a_0)$。

2-17　编写一个函数，要求把顺序表 A 中的数据元素序列就地逆置。所谓就地逆置是指逆置后的数据元素仍然保存在顺序表 A 中。

2-18　编写一个函数，要求把带头结点单链表 A 中的数据元素序列就地逆置。所谓就地逆置是指逆置后的数据元素仍然保存在带头结点单链表 A 中。

2-19　编写一个函数，要求把带头结点单链表 A 中的数据元素序列逆置后存储到带头结点单链表 B 中。

2-20　重新设计顺序表类中的 insert(i,obj)成员函数，使得当 size == maxSize 时，重新给出一个更大的元素个数，并重新动态申请相应的数组空间，从而无须考虑顺序表已满无法插入的异常问题。

（提示：参见 4.3.3 节 MyStringBuffer 类的设计。）

上机实习题

2-21　设计一个带头结点的循环单链表类，要求：

（1）带头结点循环单链表类的成员函数包括取数据元素个数、插入、删除、取数据元素。

（2）设计一个测试主函数实际运行验证所设计循环单链表类各成员函数的正确性。

2-22　设计一个不带头结点的单链表类，要求：

（1）不带头结点单链表类的成员函数包括取数据元素个数、插入、删除、取数据元素。

（提示：要考虑在第一个数据元素结点前插入和删除第一个数据元素结点时与在其他位置插入和删除其他位置结点时的不同情况。）

（2）设计一个测试主函数，实际运行验证所设计不带头结点的单链表类各成员函数的正确性。

2-23　设计一个带头结点的循环双向链表类，要求：

（1）带头结点循环双向链表类的成员函数包括取数据元素个数、插入、删除、取数据元素。

（2）设计一个测试主函数实际运行验证所设计循环双向链表类各成员函数的正确性。

2-24　约瑟夫环问题仿真。

问题描述：设编号为 $1,2,\cdots,n(n>0)$ 个人按顺时针方向围坐一圈，每人持有一个正整数密码。开始时任意给出一个报数上限值 m，从第一个人开始顺时针方向自 1 起顺序报数，报到 m 时停止报数，报 m 的人出列，将他的密码作为新的 m 值，从他在顺时针方向上的下一个人起重新自 1 起顺序报数；如此下去，直到所有人全部出列为止。

基本要求：设计一个程序模拟此过程，给出出列人的编号序列。要求采用顺序表存储结构（可参考附录 B.2）。

测试数据：

$n=7,7$ 个人的密码依次为 3,1,7,2,4,8,4。

初始报数上限值 $m=20$。

第 3 章
堆栈和队列

堆栈和队列都是特殊的线性表。线性表、堆栈和队列三者的数据元素以及数据元素间的逻辑关系完全相同,差别是线性表的插入和删除操作不受限制,而堆栈只能在栈顶插入和删除,队列只能在队尾插入、在队头删除。堆栈和队列都可以分别用顺序存储结构和链式存储结构存储。顺序队列通常采用顺序循环队列方法实现,因为顺序循环队列可以避免顺序队列的"假溢出"问题。优先级队列是带有优先级的队列。

堆栈和队列在各种类型的软件中应用十分广泛,堆栈可以用来完成数据序列的特定转换,队列可以用作数据元素序列的缓冲存储。

本章主要知识点

- 堆栈的基本概念,堆栈的用途;
- 顺序堆栈类的设计方法,链式堆栈类的设计方法;
- 队列的基本概念,队列的用途;
- 顺序循环队列的基本实现原理,顺序循环队列的队空和队满判断方法,顺序循环队列类的设计方法;
- 链式堆栈类的设计方法;
- 优先级队列的概念,优先级队列的用途,顺序优先级队列的入队列和出队列操作设计方法。

3.1 堆栈

3.1.1 堆栈的基本概念

堆栈(也简称作栈)是一种特殊的线性表,堆栈的数据元素以及数据元素间的逻辑关系和线性表完全相同,其差别是线性表允许在任意位置进行插入和删除操作,而堆栈只允许在固定一端进行插入和删除操作。

堆栈中允许进行插入和删除操作的一端称为栈顶,另一端称为栈底。堆栈的插入和删除操作通常称为进栈或入栈,堆栈的删除操作通常称为出栈或退栈。

根据堆栈的定义,每次进栈的数据元素都放在原当前栈顶元素之前而成为新的栈顶元素,每次退栈的数据元素都是原当前栈顶元素,这样,最后进入堆栈的数据元素总是最先退出堆栈,因此,堆栈也称作后进先出表。

从输入和输出数据元素的位置关系看,堆栈的功能和一种火车调度装置的功能类同。一种火车调度装置如图3-1(a)所示,火车用车头1从该调度装置的一端驶入,如图3-1(b)所示,用车头2从该调度装置的另一端驶出,如图3-1(c)所示,此时若以车头2为基准,则该火车车厢的位置次序和图3-1(b)所示的以车头1为基准的位置次序刚好相反。

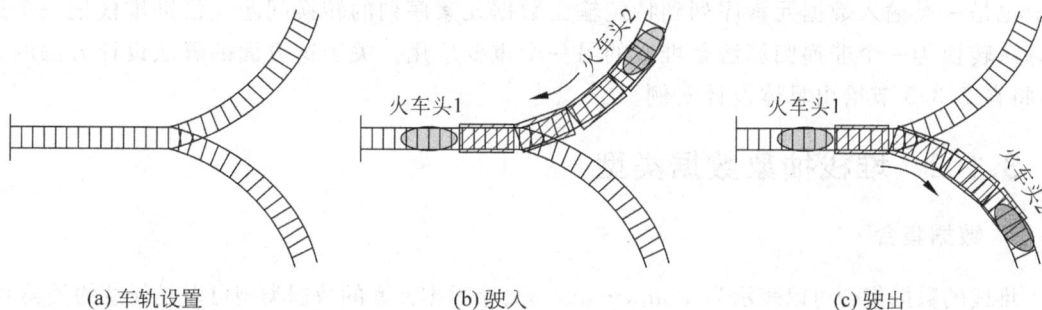

(a) 车轨设置   (b) 驶入   (c) 驶出

图 3-1　火车调度模型

考虑到数据元素既可整体进入堆栈后再整体退出堆栈,还可以一部分数据元素进入堆栈后,先退出任意一部分数据元素,然后再把一部分数据元素进入堆栈等各种组合情况,堆栈可以完成比较复杂的数据元素输入、输出特定序列的转换任务。但是,不是所有的数据元素特定序列的转换都能由堆栈完成,有些输入、输出序列的转换任务堆栈无法完成,例3-1说明了这种情况。

例 3-1　利用一个堆栈,如果输入序列由 A,B,C 组成,试给出全部可能的输出序列和不可能的输出序列;

解:堆栈的操作特点是后进先出,因此输出序列有:

$\qquad$ A 入,A 出,B 入,B 出,C 入,C 出,输出序列为 ABC
$\qquad$ A 入,A 出,B 入,C 入,C 出,B 出,输出序列为 ACB
$\qquad$ A 入,B 入,B 出,A 出,C 入,C 出,输出序列为 BAC
$\qquad$ A 入,B 入,B 出,C 入,C 出,A 出,输出序列为 BCA
$\qquad$ A 入,B 入,C 入,C 出,B 出,A 出,输出序列为 CBA

由 A,B,C 组成的数据项,除上述 5 个不同组合外,尚有 C,A,B 组合。但因为不可能在把 A,B,C 全部入栈后,先把 C 出栈,再把 A 出栈(A 不在栈顶位置),最后把 B 出栈,所以序列 CAB 不可能由输入序列 A,B,C 通过堆栈得到。

其中,输出序列为 BAC 的操作过程如图3-2所示。

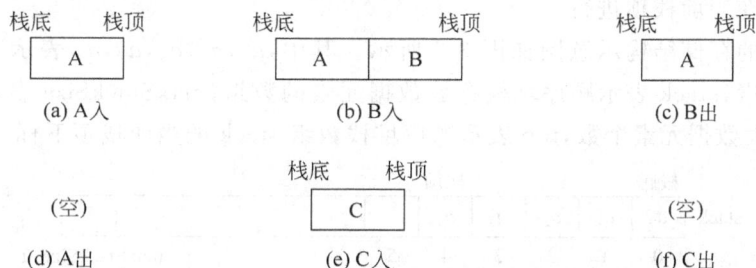

图 3-2　输出序列为 BAC 的操作过程

　　由例 3-1 可以看出,堆栈可用于某些数据元素序列按后进先出原则转换。在软件设计中,需要使用堆栈进行数据元素序列转换的例子很多。如算术中缀表达式到算术后缀表达式的转换,就是一个非常典型的输入数据元素序列到特定输出数据元素序列的转换问题。

　　另外,借助堆栈,可以把一个递归算法转换为一个非递归算法。从抽象的角度看,这实际上也是一类输入数据元素序列到特定输出数据元素序列的转换问题。借助堆栈把一个递归算法转换为一个非递归算法是堆栈的另一个重要应用。关于这方面的算法设计方法的讨论,将在 7.3.5 节给出具体设计实例。

3.1.2　堆栈抽象数据类型

1. 数据集合

堆栈的数据集合可以表示为 $a_0, a_1, \cdots, a_{n-1}$,每个数据元素的数据类型可以是任意的类类型。

2. 操作集合

(1) 入栈 push(obj):把数据元素 obj 插入堆栈。

(2) 出栈 pop():出栈,删除的数据元素由函数返回。

(3) 取栈顶数据元素 getTop():取堆栈当前栈顶的数据元素并由函数返回。

(4) 非空否 notEmpty():若堆栈非空则函数返回 true,否则函数返回 false。

堆栈抽象数据类型的 Java 接口定义如下。

```
public interface Stack{
    public void push(Object obj) throws Exception;
    public Object pop() throws Exception;
    public Object getTop() throws Exception;
    public boolean notEmpty();
}
```

3.1.3　顺序堆栈

1. 顺序堆栈的存储结构

顺序存储结构的堆栈称作**顺序堆栈**。

根据前边的分析知道,顺序堆栈和顺序表的数据成员是相同的,只是顺序堆栈的入栈和出栈操作只能在当前栈顶进行。

顺序堆栈的存储结构示意图如图 3-3 所示。其中,a_0, a_1, a_2, a_3, a_4 表示顺序堆栈中已存储的数据元素,stack 表示顺序堆栈存放数据元素的数组,maxStackSize 表示顺序堆栈数组 stack 的最大数据元素个数,top 表示顺序堆栈数组 stack 的当前栈顶下标。

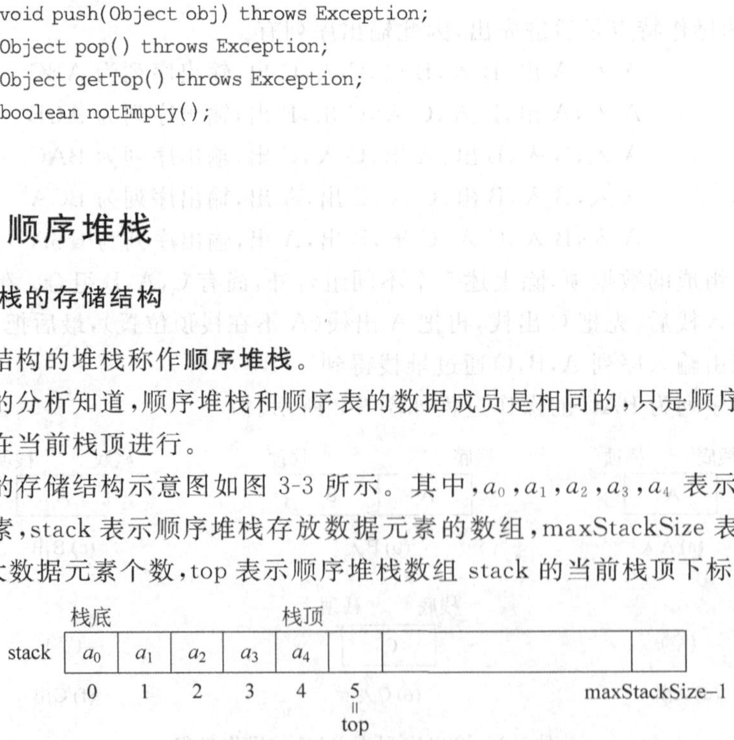

图 3-3　顺序堆栈的存储结构示意图

2. 顺序堆栈类的设计

顺序堆栈类设计如下。

```
public class SeqStack implements Stack{
    final int defaultSize = 10;
    int top;                                    //栈顶位置
    Object[] stack;                             //数组对象
    int maxStackSize;                           //最大数据元素个数

    public SeqStack(){                          //无参构造函数
        initiate(defaultSize);
    }

    public SeqStack(int sz){                    //带参构造函数
        initiate(sz);
    }

    private void initiate(int sz){              //初始化
        maxStackSize = sz;
        top = 0;
        stack = new Object[sz];
    }

    public void push(Object obj) throws Exception{ //入栈
        if(top == maxStackSize){
            throw new Exception("堆栈已满!");
        }
        stack[top] = obj;                       //保存元素
        top ++;                                 //产生新栈顶位置
    }

    public Object pop() throws Exception{       //出栈
        if(top == 0){
            throw new Exception("堆栈已空!");
        }
        top -- ;                                //产生原栈顶位置
        return stack[top];                      //返回原栈顶元素
    }

    public Object getTop() throws Exception{    //取栈顶元素
        if(top == 0){
            throw new Exception("堆栈已空!");
        }
        return stack[top - 1];                  //返回原栈顶元素
    }

    public boolean notEmpty(){                  //非空否
        return (top > 0);
    }
}
```

3. 顺序堆栈类的测试

设计如下测试主函数进行测试。

```java
public class SeqStackTest{
        public static void main(String[] args){

        SeqStackmyStack = new SeqStack();

        int test[] = {1, 3, 5, 7, 9};
        int n = 5;

        try{
            for(int i = 0; i < n; i ++)
                myStack.push(new Integer(test[i]));

            System.out.println("当前栈顶元素为: " + myStack.getTop());

            System.out.print("出栈元素序列为: ");
            while(myStack.notEmpty())
                System.out.print(myStack.pop() + " ");
        }
        catch(Exception e){
            System.out.println(e.getMessage());
        }
    }
}
```

程序运行输出结果如下。

```
当前栈顶元素为: 9
出栈元素序列为: 9  7  5  3  1
```

3.1.4 链式堆栈

链式存储结构的堆栈称作链式堆栈。

1. 链式堆栈的存储结构

已知链式存储结构存储线性结构数据元素的方法,是用结点构造链。每个结点除数据元素外还有一个或一个以上的指针。数据元素用来存放数据元素,指针用来构造数据元素之间的关系。

和单链表相同,链式堆栈也是由一个个结点组成的,每个结点由两个域组成,一个是存放数据元素的数据元素域 data,另一个是存放指向下一个结点的对象引用(即指针)域 next。

堆栈有两端,插入数据元素和删除数据元素的一端为栈顶,另一端为栈底。对链式堆栈来说,显然,若把靠近堆栈头 head 的一端定义为栈顶,插入元素和删除元素时不需要遍历整个链,其时间复杂度为 $O(1)$;否则,若把远离堆栈头 head 的一端定义为栈顶,则每次插入元素和删除元素时都需要遍历整个链,其时间复杂度为 $O(n)$。因此,链式堆栈都设计成把靠近堆栈头 head 的一端定义为栈顶。

由于堆栈的入栈和出栈操作都是固定在栈顶进行的,不存在单链表插入和删除操作允许在任意位置进行插入和删除的情况,所以,链式堆栈通常不带头结点。

依次向链式堆栈入栈数据元素 $a_0,a_1,a_2,\cdots,a_{n-1}$ 后,链式堆栈的示意图如图 3-4 所示。

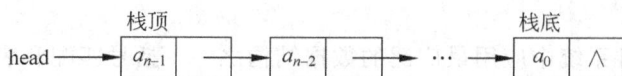

图 3-4　链式堆栈的结构示意图

2．链式堆栈类的设计

链式堆栈类要用到前面讨论过的 Node 类和 Stack 接口。Node 类见 2.3.2 节,Stack 接口见 3.1.2 节。

和顺序堆栈类一样,链式堆栈类也实现了接口 Stack,这样,链式堆栈类的外部接口和顺序堆栈类的外部接口就是完全一样的。

链式堆栈类设计如下。

```
public class LinStack implements Stack{
    Node head;                              //堆栈头
    int size;                               //结点个数

    public void LinStack(){                 //构造函数
        head = null;
        size = 0;
    }

    public void push(Object obj){           //入栈
        head = new Node(obj, head);         //新结点作为新栈顶
        size ++;
    }

    public Object pop() throws Exception{   //出栈
        if(size == 0){
            throw new Exception("堆栈已空!");
        }
        Object obj = head.data;             //原栈顶数据元素
        head = head.next;                   //原栈顶结点脱链
        size -- ;
        return obj;
    }

    public boolean notEmpty(){             //非空否
        return head != null;
    }

    public Object getTop(){
```

```
        return head.data;
    }
}
```

3.2 堆栈应用

堆栈是各种软件系统中应用最广泛的数据结构之一。括号匹配和表达式计算是编译软件中的基本问题,其软件设计中都需要使用堆栈。

3.2.1 括号匹配问题

例 3-2 假设一个算术表达式中包含圆括号、方括号和花括号三种类型的括号,编写一个判别表达式中括号是否正确匹配配对的函数,并设计一个测试主函数。

设计分析:算术表达式中右括号和左括号匹配的次序,正好符合后到的括号要最先被匹配的"后进先出"的操作特点,因此可以借助一个堆栈来进行判断。

括号匹配共有以下 4 种情况。

(1) 左右括号配对次序不正确;

(2) 右括号多于左括号;

(3) 左括号多于右括号;

(4) 括号匹配正确。

具体方法是:顺序扫描算术表达式(表现为一个字符串),当遇到三种类型的左括号时让这些括号进栈;当扫描到某一种类型的右括号时,比较当前栈顶括号是否与之匹配,若匹配则退栈继续进行判断;若当前栈顶括号与当前扫描的括号类型不相同,则左右括号配对次序不正确;若字符串当前为某种类型右括号而堆栈已空,则右括号多于左括号;字符串循环扫描结束时,若堆栈非空(即堆栈中尚有某种类型左括号),则说明左括号多于右括号;否则,左右括号配对匹配正确。

括号匹配函数设计如下。

```java
public static void expIsCorrect(String[ ] exp, int n) throws Exception{
    SeqStackmyStack = new SeqStack();
//  LinStack myStack = new LinStack();              //换成链式堆栈亦可
    for(int i = 0; i < n; i ++){
        if((exp[i].equals(new String("(")))
                || (exp[i].equals(new String("[")))
                || (exp[i].equals(new String("{"))))
            myStack.push(exp[i]);
        else if((exp[i].equals(new String(")")))&&myStack.notEmpty()
                &&myStack.getTop().equals(new String("(")))
            myStack.pop();
        else if((exp[i].equals(new String(")")))&&myStack.notEmpty()
                && !myStack.getTop().equals(new String("("))){
            System.out.println("左、右括号匹配次序不正确!");
            return;
        }
```

```
        else if((exp[i].equals(new String("]")))&&myStack.notEmpty()
                &&myStack.getTop().equals(new String("[")))
            myStack.pop();
        else if((exp[i].equals(new String("]")))&&myStack.notEmpty()
                && !myStack.getTop().equals(new String("["))){
            System.out.println("左、右括号匹配次序不正确!");
            return;
        }
        else if((exp[i].equals(new String("}")))&&myStack.notEmpty()
                &&myStack.getTop().equals(new String("{")))
            myStack.pop();
        else if((exp[i].equals(new String("}")))&&myStack.notEmpty()
                && !myStack.getTop().equals(new String("{"))){
            System.out.println("左、右括号匹配次序不正确!");
            return;
        }
        else if((exp[i].equals(new String(")")))
                || (exp[i].equals(new String("]")))
                || (exp[i].equals(new String("}")))
                && !myStack.notEmpty()){
            System.out.println("右括号多于左括号!");
            return;
        }
    }

    if(myStack.notEmpty())
        System.out.println("左括号多于右括号!");
    else
        System.out.println("括号匹配正确!");
}
```

设计说明：

（1）这里的堆栈采用的是顺序堆栈 SeqStack，如果把函数中的 SeqStack 改成 LinStack，则意味着把顺序堆栈改成了链式堆栈。由于 SeqStack 类和 LinStack 类都把所实现的 Stack 接口中定义的方法作为公共接口方法，所以，函数的其他部分不需要做任何改变。由此也可以看出，用实现接口的方法设计逻辑功能完全相同、但存储结构或其他方面不同的类的意义。

（2）函数中每种错误情况的判断和该段代码中的中文字符串相同，读者参照前面的设计分析可以很容易看懂。

测试主函数设计如下。

```
public class Exam3_2{
    public static void expIsCorrect(String[] exp, int n) throws Exception{
        (同上,省略)

    private static String[] strToString(String str){
                            //把字符串转换成 String 类型数组
        int n = str.length();
        String[] a;
```

```
            a = new String[n];

            for(int i = 0; i < n; i ++){
                a[i] = str.substring(i,i + 1);
            }
            return a;
        }

        public static void main(String[] args){
            String str;
            int n;
            try{
                str = "(())abc{[}()}";                //左、右括号匹配次序不正确
                n = str.length();
                String[] a;
                a = strToString(str);                 //转换成 String 类型数组
                expIsCorrect(a,n);                    //判断括号的匹配情况

                str = "((()))abc{[]}";                //右括号多于左括号
                n = str.length();
                String[] b;
                b = strToString(str);
                expIsCorrect(b,n);

                str = "(()()abc{[]}";                 //左括号多于右括号
                n = str.length();
                String[] c;
                c = strToString(str);
                expIsCorrect(c,n);

                str = "(())abc{[]}";                  //括号匹配正确
                n = str.length();
                String[] d;
                d = strToString(str);
                expIsCorrect(d,n);
            }
            catch(Exception e){
                System.out.println(e.getMessage());
            }
        }
}
```

程序运行结果如下。

左、右括号匹配次序不正确!
右括号多于左括号!
左括号多于右括号!
左、右括号匹配次序正确!

3.2.2　表达式计算问题

表达式计算是编译系统中的基本问题,其设计方法是堆栈的一个典型应用。

在编译系统中,要把人便于理解的表达式翻译成能正确求值的机器指令序列,通常需要先把表达式变换成机器便于理解的形式,这就要变换表达式的表示序列。借助堆栈即可实现这样的变换。

在机器内部,任何一个表达式都是由操作数、运算符和分界符组成。操作数和运算符是表达式的主要部分,分界符标志了一个表达式的结束。我们称操作数、运算符和分界符为一个表达式的单词。根据表达式的类型,表达式可分为三类,即算术表达式、关系表达式和逻辑表达式。这里仅讨论算术表达式的计算。为简化问题,这里讨论的算术表达式只包含加、减、乘、除、左括号和右括号。读者不难把它推广到其他类型或更复杂表达式的计算中。

假设计算机高级语言中的一个算术表达式为:

$$A+(B-C/D)*E$$

这种算术表达式中的运算符总是出现在两个操作数之间(除单目运算符外),所以也称为中缀表达式。编译系统对中缀形式的算术表达式处理的方法是先把它转换为后缀形式的算术表达式。后缀形式的算术表达式就是表达式中的运算符出现在操作数之后,并且不含括号。例如,中缀算术表达式 A+B 的后缀表达式为 AB+。要把一个中缀算术表达式变换成相应的后缀表达式,要考虑算术运算规则。算术四则运算的规则是:

(1) 先乘除后加减;

(2) 先括号内后括号外;

(3) 同级别时先左后右。

上边的中缀表达式写成满足四则运算规则的相应的后缀表达式即为

$$ABCD/-E*+$$

其运算次序为:$T_1=CD/$;$T_2=BT_{1-}$;$T_3=T_2E*$;$T_4=AT2E+$。可见,后缀表达式有以下两个特点。

(1) 后缀表达式的操作数与中缀表达式的操作数排列次序相同,只是运算符的排列次序改变;

(2) 后缀表达式中没有括号,后缀表达式的运算符次序就是其执行次序。

正是由于后缀表达式具有以上两个特点,编译系统在处理后缀表达式时不必考虑运算符的优先关系。只要从左到右依次扫描后缀表达式的各个单词,当读到一个单词为运算符时,就对该运算符前边的两个操作数施以该运算符所代表的运算,然后将结果存入一个临时单元 $T_i(i\geqslant1)$ 中,并作为一个新的操作数接着进行上述过程,直到表达式处理完毕为止。

综上所述,编译系统中表达式的计算分为以下两个步骤。

(1) 把中缀表达式变换成相应的后缀表达式;

(2) 根据后缀表达式计算表达式的值。

其中,步骤(1)这种数据序列的特定变换可以利用堆栈来实现;步骤(2)的算法也可借助堆栈来实现。

先讨论如何把中缀表达式变换为后缀表达式。由前边的讨论知,后缀表达式的操作数与中缀表达式的操作数排列次序相同,只是运算符的排列次序改变。设置一个存放运算符的堆栈,初始时栈顶置一分界符♯;从左到右依次扫描中缀表达式,每读到一个操作数即把它作为后缀表达式的一部分输出;每读到一个运算符(分界符也看作运算符)就将其优先级与栈顶运算符优先级进行比较,以决定是把所读到的运算符进栈还是将栈顶运算符作为后缀表达式的一部分输出。这里要说明的是,把生成的后缀表达式输出是为了简化问题和方便算法的上机验证,实际的编译系统要将此后缀表达式保存以备随后使用。

表 3-1 给出了包括加、减、乘、除、左括号、右括号和分界符的算术运算符间的优先级关系表,表中 θ_1 代表栈顶运算符,θ_2 代表当前扫描读到的运算符。

表 3-1　运算符优先级关系表

θ_1 ＼ θ_2	＋	－	＊	／	(	)	♯
＋	>	>	<	<	<	>	>
－	>	>	<	<	<	>	>
＊	>	>	>	>	<	>	>
／	>	>	>	>	<	>	>
(	<	<	<	<	<	=	
)	>	>	>	>		>	>
♯	<	<	<	<	<		=

表 3-1 是四则运算三条规则的变形。当 θ_1 为＋或－,θ_2 为 ＊ 或／时,θ_1 的优先级低于 θ_2 的优先级,满足规则(1)的先乘除后加减;当 θ_1 为＋、－、＊或／,θ_2 为)时,θ_1 的优先级高于 θ_2 的优先级,满足规则(2)的先括号内后括号外;当 θ_1 的运算符和 θ_2 的运算符同级别时,θ_1 的优先级高于 θ_2 的优先级,满足规则(3)的同级别时先左后右。

几个特殊处理考虑如下:①由于后缀表达式无括号,当 θ_1 为(,θ_2 为)时,标记＝表示要去掉该对括号;②当 θ_1 为♯,θ_2 为♯时,标记＝表示要结束算法;③表中值为空表示不允许出现此种情况,一旦出现即为中缀表达式语法出错,如 θ_1 为)θ_2 为(的情况即为中缀表达式语法出错。为简化算法设计讨论,下面的算法设计中未考虑此种中缀表达式语法出错情况。

根据以上分析,中缀表达式变换为后缀表达式的算法步骤如下。

(1) 设置一个堆栈,初始时将栈顶元素置为♯;

(2) 顺序读入中缀表达式,当读到的单词为操作数时就将其输出,并接着读下一个单词;

(3) 令 x_1 为保存当前栈顶运算符的变量,x_2 为保存中缀表达式中当前读到的运算符的变量。当顺序从中缀表达式中读入的单词为运算符时就赋予 x_2,然后比较 x_1 的优先级与 x_2 的优先级,若 x_1 的优先级高于 x_2 的优先级,将 x_1 退栈并作为后缀表达式的一个单词输出,然后接着比较新的栈顶运算符 x_1 的优先级与 x_2 的优先级;若 x_1 的优先级低于 x_2 的优先级,将 x_2 的值进栈,然后接着读下一个单词;若 x_1 的优先级等于 x_2 的优先级且 x_1 为(,x_2 为)时,将 x_1 退栈,然后接着读下一个单词;若 x_1 的优先级等于 x_2 的优先级且 x_1 为♯,x_2 为♯时,算法结束。

利用上述算法把中缀表达式 A＋(B－C/D)＊E 变换成后缀表达式的过程如表 3-2 所示。

表 3-2 中缀表达式变换成后缀表达式的过程

步 骤	中缀表达式	堆 栈	输出 （后缀表达式）
1	A+(B−C/D)＊E#	#	
2	+(B−C/D)＊E#	#	A
3	(B−C/D)＊E#	#+	A
4	B−C/D)＊E#	#+(	A
5	−C/D)＊E#	#+(	AB
6	C/D)＊E#	#+(−	AB
7	/D)＊E#	#+(−	ABC
8	D)＊E#	#+(−/	ABC
9	)＊E#	#+(−/	ABCD
10	＊E#	#+(−	ABCD/
11	＊E#	#+(	ABCD/−
12	＊E#	#+	ABCD/−
13	E#	#+＊	ABCD/−
14	#	#+＊	ABCD/−E
15	#	#+	ABCD/−E＊
16	#	#	ABCD/−E＊+

把中缀表达式变换成相应的后缀表达式后,计算后缀表达式的值的过程仍是一个堆栈应用问题,其算法思想是:设置一个堆栈存放操作数,从左到右依次扫描后缀表达式,每读到一个操作数就将其进栈;每读到一个运算符就从栈顶取出两个操作数施以该运算符所代表的运算操作,并把该运算结果作为一个新的操作数入栈;此过程一直进行到后缀表达式读完,最后栈顶的操作数就是该后缀表达式的运算结果。图 3-5 是以后缀表达式 ABCD/−E＊+为例,按照上述算法思想对后缀表达式求值时顺序堆栈的变化情况。

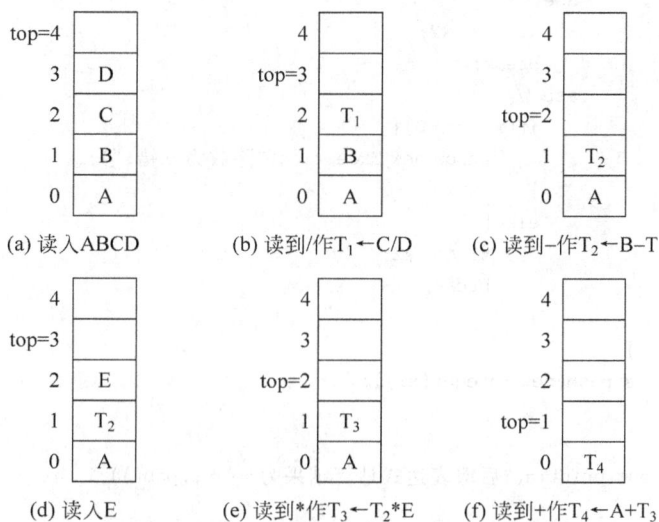

图 3-5 后缀表达式求值时顺序堆栈的变化情况

　　下面的函数 postExp(s)完成：从键盘输入后缀表达式,借助堆栈 s 计算该后缀表达式的值,计算结果在屏幕上输出。

　　说明：为了简化程序,键盘输入的后缀表达式,每个操作数固定为一位,这样就可以方便地分割出每个操作数,否则要专门设计一个操作数分割函数。

　　postExp(s)函数及完整的测试程序如下。

```java
import java.io. * ;

public class PostExpression{

    public static void postExp(LinStack s) throws Exception{
        char ch;
        int x1,x2, b = 0;

        System.out.println("输入后缀表达式(表达式以＃符号结束)：");
        while((ch = (char)(b = System.in.read())) != '＃'){
            if(Character.isDigit(ch)){
                s.push(new Integer(Character.toString(ch)));
            }

            else{
                x2 = ((Integer)s.pop()).intValue();
                x1 = ((Integer)s.pop()).intValue();
                switch(ch){
                    case '+':
                        x1 += x2;
                        break;
                    case '-':
                        x1 -= x2;
                        break;
                    case '*':
                        x1 * = x2;
                        break;
                    case '/':
                        if(x2 == 0){
                            throw new Exception("除数为 0 错!");
                        }
                        else{
                            x1 / = x2;
                            break;
                        }
                }
                s.push(new Integer(x1));
            }
        }
        System.out.println("后缀表达式计算结果为：" + s.pop());
    }
    public static void main(String[] args) throws Exception{

        LinStack myStack = new LinStack();
```

```
        try{
            postExp(myStack);
        }
        catch(Exception e){
            System.out.println(e.getMessage());
        }
    }
}
```

对于中缀表达式 $3+(6-4/2)*5$,其对应的后缀表达式为 $3642/-5*+$。程序的运行结果如下。

输入后缀表达式(表达式以♯符号结束):$3642/-5*+♯$
后缀表达式计算结果为:23

3.3　队列

3.3.1　队列的基本概念

队列(简称队)也是一种特殊的线性表,队列的数据元素以及数据元素间的逻辑关系和线性表完全相同,其差别是线性表允许在任意位置插入和删除,而队列只允许在其一端进行插入操作,在其另一端进行删除操作。

队列中允许进行插入操作的一端称为队尾,允许进行删除操作的一端称为队头。队列的插入操作通常称作入队列,队列的删除操作通常称作出队列。

根据队列的定义,每次入队列的数据元素都放在原来的队尾之后成为新的队尾元素,每次出队列的数据元素都是原来的队头元素。这样,最先入队列的数据元素总是最先出队列,最后入队列的数据元素总是最后出队列,所以队列也称作先进先出表。图 3-6 是一个依次向队列中插入数据元素 $a_0,a_1,\cdots,a_{n-1}$ 后的示意图,其中,a_0 是当前队头数据元素,a_{n-1} 是当前队尾数据元素。

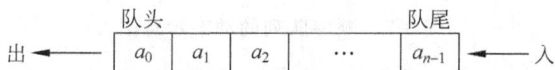

图 3-6　一个队列示意图

就像在学生食堂买饭就餐一样,在就餐人不多时去食堂就餐,一到就能在买饭窗口得到食堂服务人员的服务;但在就餐人很多时去食堂就餐,就需要在某个窗口排队等待,直到轮到你时才能得到食堂服务人员的服务。在软件设计中也经常会遇到需要排队等待服务的问题。队列可用于临时保存那些需要等待服务的事件等。

3.3.2　队列抽象数据类型

数据集合:
队列的数据集合可以表示为 $a_0,a_1,\cdots,a_{n-1}$,每个数据元素的数据类型可以是任意的类类型。

操作集合:

(1) 入队列 append(obj): 把数据元素 obj 插入队尾。

(2) 出队列 delete(): 把队头数据元素删除并由函数返回。

(3) 取队头数据元素 getFront(): 取队头数据元素并由函数返回。

(4) 非空否 notEmpty(): 非空否。若队列非空,则函数返回 true,否则函数返回 false。

队列抽象数据类型的 Java 接口定义如下。

```
public interface Queue{
    public void append(Object obj) throws Exception;
    public Object delete() throws Exception;
    public Object getFront() throws Exception;
    public boolean notEmpty();
}
```

3.3.3　顺序队列

顺序存储结构的队列称作顺序队列。

1. 顺序队列的存储结构

图 3-7 是一个有 6 个存储空间的顺序队列的动态示意图,图中 front 指示队头,rear 指示队尾。图 3-7(a)表示一个空队列;图 3-7(b)表示数据元素 A、B、C 入队列后的状态;图 3-7(c)表示数据元素 A、B 出队列后的状态;图 3-7(d)表示数据元素 D、E 入队列后的状态。

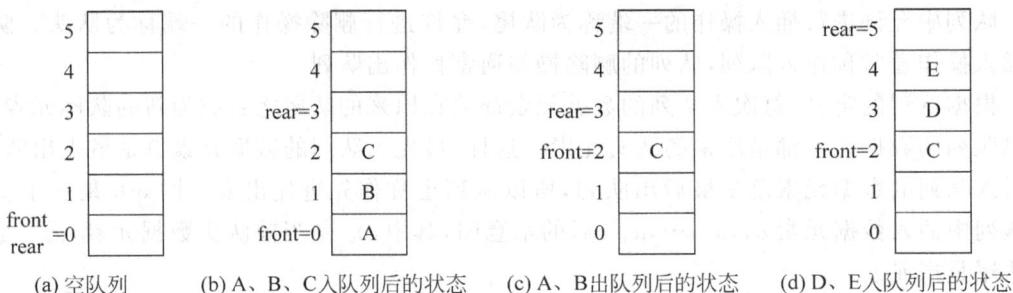

图 3-7　顺序队列的动态示意图

2. 顺序队列的"假溢出"问题

设一个顺序队列的最大存储空间为 6,即 maxSize＝6,经入队列 A、B、C,出队列 A、B,入队列 D、E 操作后,其状态如图 3-7(d)所示。此时若再要进行入队列 F,G 操作,则当进行数据元素 G 入队列操作时,顺序队列将因越出数组下界而"溢出"。其状态如图 3-8 所示。

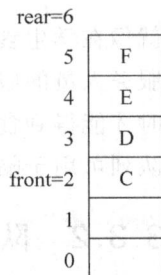

图 3-8　顺序队列的"假溢出"

从图 3-8 可以看出,此时的"溢出"是因为,队尾 rear 的值超出了顺序队列定义的 maxSize＝6 的数组下界而引起的,但此时队列中还有两个数据元素空间可供存储,因此,这时的"溢出"并不是由于数组空间不够而产生的溢出。顺序队列因多次入队列和出队列操作后出现的有存储空间但不能进行入队列操作的溢出称作**假溢出**。

3. 顺序循环队列的基本原理

假溢出是由于队尾 rear 的值和队头 front 的值不能由所定义数组下界值自动转为数组上界值而产生的。因此,解决的方法是把顺序队列所使用的存储空间构造成一个逻辑上首尾相连的循环队列。当 rear 和 front 达到 maxSize－1 后,再加 1 就自动到 0。这样,就不会出现顺序队列数组的头部已空出许多存储空间,但队尾却因数组下标越界而引起溢出的假溢出问题。

对于队头和队尾原来等于 maxSize－1、加 1 后等于 0 的实现,可以利用 Java 语言 int 数据类型的求模(或称取余)运算(%)来实现。例如,设 maxSize＝6,当队尾 rear＝5 时,若再加 1 则有 rear＝(rear＋1)%6＝0。

4. 顺序循环队列的队空和队满判断问题

顺序循环队列存在队空状态和队满状态相同、无法区别的问题。设顺序循环队列的 maxSize＝6,其初始状态如图 3-9(a)所示(顺序循环队列通常画成环状结构),此时有队头 front＝0,队尾 rear＝0,有 front＝＝rear;当入队列数据元素 A、B、C、D、E、F 后顺序循环队列满,此时有队头 front＝0,队尾 rear＝0,也有 front＝＝rear,其状态如图 3-9(b)所示;当出队列数据元素 A、B、C、D、E、F 后顺序循环队列空,此时有队头 front＝0,队尾 rear＝0,也有 front＝＝rear,其状态如图 3-9(c)所示。显然,在上述顺序循环队列中,队列满时的状态为 front＝＝rear,队列空时的状态也为 front＝＝rear,这将导致算法设计中无法区分队空状态和队满状态的问题。

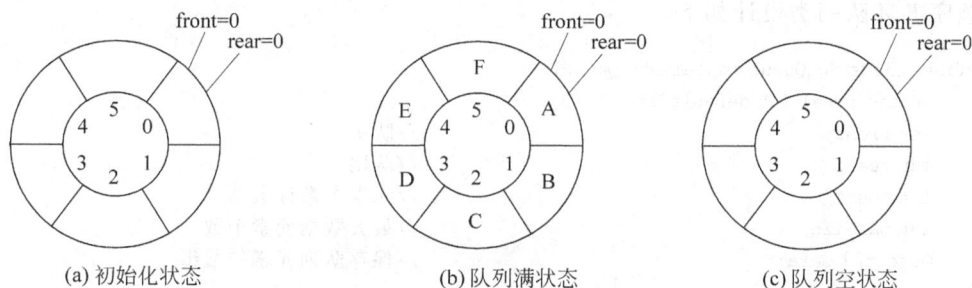

图 3-9 顺序循环队列的队列满和队列空状态

解决顺序循环队列的队列满和队列空状态判断问题通常有以下三种方法。

1) 少用一个存储空间

当少用一个存储空间时,以队尾 rear 加 1 等于队头 front 为队列满的判断条件,即队列满的判断条件此时为:

```
(rear + 1) % maxSize == front
```

队列空的判断条件仍然为:

```
rear == front
```

2) 设置一个标志位

添加一个标志位。设标志位为 tag,初始时置 tag＝0;每当入队列操作成功就置 tag＝1;

每当出队列操作成功就置 tag＝0。则队列空的判断条件为：

```
rear == front&& tag == 0
```

队列满的判断条件为：

```
rear == front&& tag == 1
```

3）设置一个计数器

添加一个计数器。设计数器为 count，初始时置 count＝0；每当入队列操作成功就使 count 加 1；每当出队列操作成功就使 count 减 1。这样，该计数器不仅具有计数功能，而且还具有像标志位一样的标志作用，则此时队列空的判断条件为：

```
count == 0
```

队列满的判断条件为：

```
count > 0 && rear == front
```

显然，用设置计数器的方法判断顺序循环队列的队空状态和队满状态最好。下面顺序循环队列类的实现采用的就是此方法来判断队空状态和队满状态。

由于顺序队列存在假溢出问题，所以顺序队列很少在实际软件系统中使用。实际软件系统中使用的顺序队列基本都是顺序循环队列。

3.3.4　顺序循环队列类

顺序循环队列类设计如下。

```
public class SeqQueue implements Queue{
    static final int defaultSize = 10;
    int front;                              //队头
    int rear;                               //队尾
    int count;                              //元素个数计数器
    int maxSize;                            //最大数据元素个数
    Object[] data;                          //保存队列元素的数组

    public SeqQueue(){                      //无参构造函数
        initiate(defaultSize);
    }

    public SeqQueue(int sz){                //带参构造函数
        initiate(sz);
    }

    private void initiate(int sz){          //初始化
        maxSize = sz;
        front = rear = 0;
        count = 0;
        data = new Object[sz];
    }
```

```
public void append(Object obj) throws Exception{   //入队列
    if(count > 0 && front == rear){
        throw new Exception("队列已满!");
    }

    data[rear] = obj;
    rear = (rear + 1) % maxSize;          //加 1 后求模
    count ++;
}

public Object delete() throws Exception{       //出队列
    if(count == 0){
        throw new Exception("队列已空!");
    }

    Object temp = data[front];
    front = (front + 1) % maxSize;          //加 1 后求模
    count -- ;
    return temp;
}

public Object getFront() throws Exception{     //取队头数据元素
    if(count == 0){
        throw new Exception("队列已空!");
    }

    return data[front];
}

public boolean notEmpty(){                    //非空否
    return count != 0;
}
}
```

3.3.5　链式队列

链式存储结构的队列称作链式队列。

1. 链式队列的存储结构

已知队列是操作受限制的表,队列有队头和队尾,插入元素的一端称为队尾,删除元素的一端称为队头。

和链式堆栈类似,链式队列通常设计成不带头结点的结构。

一个队列中有数据元素 $a_0, a_1, \cdots, a_{n-1}$ 的链式队列的结构如图 3-10 所示,其中,队头指针 front 指向链式队列的队头结点,队尾指针 rear 指向链式队列的队尾结点。

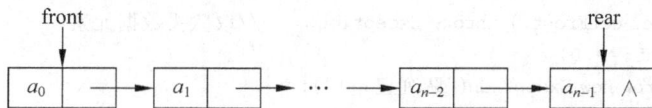

图 3-10　链式队列结构

2. 链式队列类设计

链式队列类要用到前面讨论过的 Node 类和 Queue 接口。Node 类见 2.3.2 节,Queue 接口见 3.3.2 节。

链式队列类设计如下。

```java
public class LinQueue implements Queue{
    Node front;                                  //队头
    Node rear;                                   //队尾
    int count;                                   //计数器

    public LinQueue(){                           //无参构造函数
        initiate();
    }

    public LinQueue(int sz){                     //带参构造函数
        initiate();
    }

    private void initiate(){                     //初始化
        front = rear = null;
        count = 0;
    }

    public void append(Object obj){              //插入
        Node newNode = new Node(obj,null);       //创建新结点

        if(rear != null)
            rear.next = newNode;                 //链入新结点
        rear = newNode;                          //置队尾
        if(front == null)
            front = newNode;                     //置队头
        count ++;
    }

    public Object delete() throws Exception{
        if(count == 0)
            throw new Exception("队列已空!");

        Node temp = front;
        front = front.next;                      //原队头结点脱链
        count --;
        return temp.getElement();
    }

    public Object getFront() throws Exception{   //取队头数据元素
        if(count == 0)
            throw new Exception("队列已空!");
        return front.getElement();
    }
```

```
public boolean notEmpty(){                        //非空否
    return count != 0;
}
```
}

3.3.6 队列的应用

队列的应用很广泛。例如操作系统中的各种数据缓冲区的先进先出管理,应用系统中的各种服务请求的排队管理,等等。这里讨论一个用队列和堆栈实现判断一个字符序列是否是回文的例子。

例 3-3 编写判断一个字符序列是否是回文的函数。回文是指一个字符序列以中间字符为基准两边字符完全相同,如字符序列"ABCDEDCBA"就是回文,而字符序列"ABCDEDBAC"就不是回文。设计一个主函数进行测试。

算法思想:设字符数组 str 中存放了要判断的字符串。把字符数组中的字符逐个分别存入一个队列和一个堆栈,然后逐个出队列和退栈并比较出队列的字符和退栈的字符是否相等,若全部相等则该字符序列是回文,否则就不是回文。

回文函数和测试主函数设计如下。

```
public class Exam3_3{
    public static void huiWen(String str) throws Exception{
        int n = str.length();
        SeqStack myStack = new SeqStack(n);
        SeqQueue myQueue = new SeqQueue(n);

        for(int i = 0; i < n; i ++){
            myQueue.append(str.substring(i,i + 1));
            myStack.push(str.substring(i,i + 1));
        }

        while(myQueue.notEmpty() && myStack.notEmpty()){
            if(!myQueue.delete().equals(myStack.pop())){
                System.out.println(str + "不是回文!");
                return;
            }
        }

        System.out.println(str + "是回文!");
    }

    public static void main(String[] args){
        String str1 = "ABCDEDCBA";
        String str2 = "ABCDEDBAC";
        try{
            huiWen(str1);
            huiWen(str2);
        }
```

```
        catch(Exception e){
            System.out.println(e.getMessage());
        }
    }
}
```

程序运行结果如下。

ABCDEDCBA 是回文!
ABCDEDBAC 不是回文!

3.4　优先级队列

优先级队列是带有优先级的队列。队列是要求数据元素满足先进先出的线性表,即最先进入队列的数据元素将最先出队列。但在有些软件系统中,有时也要求把进入队列中的数据元素分优先级,出队列时首先选择优先级最高的数据元素出队列,对优先级相同的数据元素则按先进先出的原则出队列。

显然,优先级队列和一般队列的主要区别是,优先级队列的出队列操作不是把队头数据元素出队列,而是把队列中优先级最高的数据元素出队列。当两个数据元素的优先级相同时,仍按先进先出的原则出队列。

用顺序存储结构实现的优先级队列称作**顺序优先级队列**。用链式存储结构存储的优先级队列称作**链式优先级队列**。这里仅讨论顺序优先级队列类的设计方法。

3.4.1　顺序优先级队列类

顺序优先级队列和顺序循环队列相比主要有以下两点不同。

(1) 对于顺序优先级队列来说,出队列操作不是把队头数据元素出队列,而是把队列中优先级最高的数据元素出队列。因此,顺序优先级队列出队列操作的实现方法是:首先在遍历队列数据元素的基础上找出优先级最高的数据元素,然后依次把从该数据元素后一个的元素直到队尾的元素前移一个位置(这和顺序表删除操作的方法类似)。由于每次出队列操作都把队列中从优先级最高元素后一个的元素至队尾的所有元素前移,所以顺序优先级队列不会出现顺序队列那样的"假溢出"问题,因此,顺序优先级队列不用设计成循环结构。

(2) 对于顺序优先级队列来说,数据元素由两部分组成,一部分是原先意义上的数据元素,另一部分是优先级。通常设计优先级为 int 类型的数值,并规定数值越小优先级越高。

由两部分组成的数据元素类设计如下。

```
class Element{
    private Object elem;                    //原先意义上的数据元素
    private int priority;                   //优先级

    Element(Object obj, int i){             //构造函数
        elem = obj;
        priority = i;
    }
```

```
    public Object getElem(){
        return elem;
    }

    public void setElem(Object obj){
        elem = obj;
    }

    public int getPriority(){
        return priority;
    }

    public void setPriority(int i){
        priority = i;
    }
}
```

顺序优先级队列类设计如下。

```
public class SeqPQueue{
    static final int defaultSize = 10;
    int front;                          //队头
    int rear;                           //队尾
    int count;                          //计数器
    int maxSize;                        //元素最大个数
    Element[] data;                     //数据元素

    public SeqPQueue(){                 //无参构造函数
        this.initiate(10);
    }

    public SeqPQueue(int sz){           //带参构造函数
        this.initiate(sz);
    }

    private void initiate(int sz){      //初始化
        maxSize = sz;
        front = rear = 0;
        count = 0;
        data = new Element[sz];
    }

    public void append(Object obj) throws Exception{    //插入
        if(count >= maxSize){
            throw new Exception("队列已满!");
        }
        data[rear] = (Element)obj;      //插在队尾
        rear = rear + 1;
        count ++;
    }
```

```java
public Element delete() throws Exception{        //删除
    if(count == 0){
        throw new Exception("队列已空!");
    }

    //寻找优先级最高的数据元素,且保存在临时变量 min 中
    Element min = data[0];
    int minIndex = 0;
    for(int i = 0; i < count; i ++){
        if(data[i].getPriority() < min.getPriority()){
            min = data[i];
            minIndex = i;
        }
    }

    //从优先级最高数据元素的下标 minIndex + 1 开始至 count 依次移位
    for (int i = minIndex + 1; i < count; i++){
        data[i - 1] = data[i];
    }
    rear = rear - 1;
    count -- ;
    return min;                                  //返回优先级最高的数据元素
}

public Object getFront() throws Exception{       //取队头数据元素
    if(count == 0){
        throw new Exception("队列已空!");
    }

    //寻找优先级最高的数据元素,且保存在临时变量 min 中
    Element min = data[0];
    int minIndex = 0;
    for(int i = 0; i < count; i ++){
        if(data[i].getPriority() < min.getPriority()){
            min = data[i];
            minIndex = i;
        }
    }
    return min;                                  //返回优先级最高的数据元素
}

public boolean notEmpty(){                       //非空否
    return count != 0;
}
}
```

3.4.2　优先级队列的应用

操作系统中的进程管理软件中就使用了优先级队列。操作系统中每个进程由进程号和进程优先级两部分组成,进程号是每个不同进程的唯一标识,进程优先级通常是一个 0～40

的数值,规定 0 为优先级最高,40 为优先级最低。例如,通常认为打印任务的执行对实时性要求不高,所以打印任务的优先级就定为 40。

操作系统中使用一个优先级队列来管理进程。当优先级队列中有若干个进程排队等待系统响应,并且 CPU 资源空闲时,进程管理系统就可从优先级队列中找出优先级最高的进程首先出队列(即该进程首先被系统响应),从而既达到了当系统繁忙时,所有进程都排队等待,又达到了实时性要求高的进程(即优先级高的进程)先被服务的双重要求。

例 3-4 设计一个程序模拟操作系统的进程管理问题。进程服务按优先级高的先服务、优先级相同的先到先服务的原则管理。

模仿数据包括两部分:进程编号和优先级。一个模仿数据集合如下,其中第一列表示进程编号,第二列表示进程优先级。

```
1 30
2 20
3 40
4 20
5 0
```

模仿程序设计如下。

```java
public class Exam3_4{
    public static void main(String[] args) throws Exception{
        SeqPQueuemyQueue = new SeqPQueue();
        Element temp;

        myQueue.append(new Element(new Integer(1),30));
        myQueue.append(new Element(new Integer(2),20));
        myQueue.append(new Element(new Integer(3),40));
        myQueue.append(new Element(new Integer(4),20));
        myQueue.append(new Element(new Integer(5),0));

        System.out.println("进程号 优先级");
        while(myQueue.notEmpty()){
            temp = myQueue.delete();
            System.out.print(temp.getElem() + " ");
            System.out.println(temp.getPriority());
        }
    }
}
```

程序运行的输出结果为:

```
进程号   优先级
5        0
2        20
4        20
1        30
3        40
```

从程序的运行结果可以看出,进程管理的服务遵从了优先级高的进程先服务、优先级相同的进程先到先服务的管理原则。

习题

基本概念题

3-1　什么叫堆栈？什么叫队列？

3-2　线性表、堆栈和队列这三种数据结构有什么相同之处和不同之处？

3-3　在顺序队列中,什么叫真溢出？什么叫假溢出？为什么顺序队列通常都采用顺序循环队列结构？

3-4　说出顺序循环队列解决队空和队满判断条件相同的三种方法。

3-5　若顺序循环队列用计数器方法解决队空和队满的判断条件,写出此种情况下队空和队满各自的判断条件。

3-6　若顺序循环队列采用少用一个存储空间的方法解决队空和队满的判断条件,写出此种情况下队空和队满各自的判断条件。

3-7　什么叫优先级队列？优先级队列和队列有什么相同之处和不同之处？

3-8　为什么堆栈能把一个输入数据元素序列转换为一个输出数据元素序列？

3-9　举例说明堆栈、队列和优先级队列的用途。

复杂概念题

3-10　设数据元素序列{a,b,c,d,e,f,g}的进堆栈操作和出堆栈操作可任意进行(排除堆栈为空时的出堆栈操作等出错情况),下列哪些数据元素序列可由出堆栈序列得到？

(1) {d,e,c,f,b,g,a};　　　　　　　　　　(2){f,e,g,d,a,c,b};

(3) {e,f,d,g,b,c,a};　　　　　　　　　　(4){c,d,b,e,f,a,g}

3-11　画出借助堆栈把下列中缀表达式转换成后缀表达式的过程。

$$A * (B - D) + E / F$$

3-12　对于一个堆栈,

(1) 如果输入序列由 A,B,C,D 组成,试给出全部可能的输出序列和不可能的输出序列。

*(2) 设有 n 个数据元素的序列,试给出通过堆栈后所有可能的输出序列个数。

*(3) 设有 n 个数据元素的序列,试给出通过堆栈后所有不可能的输出序列个数。

*(4) 以 $n=4$ 为例,用(2)和(3)中得出的公式验证(1)的结论。

算法设计题

3-13　编写一个判断算术表达式中左括号和右括号是否配对的函数。

3-14　编写判断一个字符序列是否是回文的函数,要求只使用堆栈,不使用队列。

3-15　编写判断一个函数,要求借助一个堆栈把一个数组中的数据元素逆置。

上机实习题

3-16　顺序循环队列类设计。要求:

(1) 顺序循环队列类采用设置标志位的方法解决"假溢出"问题。

(2) 类除构造函数外,成员函数包括构造函数、入队列、出队列、非空否。

(3) 设计一个测试程序进行测试,并给出测试结果。

3-17 顺序循环队列类设计。要求：

（1）顺序循环队列类采用少用一个内存空间方法解决"假溢出"问题。

（2）类除构造函数外，成员函数包括构造函数、入队列、出队列、非空否。

（3）设计一个测试程序进行测试，并给出测试结果。

3-18 中缀表达式到后缀表达式转换问题。要求：

（1）编写一个借助堆栈把中缀表达式转换为后缀表达式的函数。假设算术表达式仅由加（＋）、减（－）、乘（＊）、除（＼）运算符组成，为使问题简化，可不考虑中缀表达式不正确的情况。

（2）设计一个测试程序进行测试，并给出测试结果。

第4章

串

串是由若干个字符组成的有限序列。大部分软件系统中都会频繁地使用串。串也是一种线性结构。和线性表不同的是,串的操作特点是一次操作若干个数据元素,即一次操作一个子串。串通常采用数组或可变长数组存储。模式匹配是串的一个非常重要的操作。但模式匹配的时间效率较差。Brute-Force 和 KMP 算法是两种最经典的串的模式匹配算法。

本章主要知识点

- 串的基本概念;
- 串的存储结构;
- 串类的设计方法,主要是复制、插入子串和删除子串的设计方法;
- 串的模式匹配算法,包括 Brute-Force 算法和 KMP 算法。

4.1 串概述

4.1.1 串的基本概念

串(也称作字符串)是由 $n(n \geqslant 0)$ 个字符组成的有限序列。抽象含义的串一般记作 $s =$ "$s_0, s_1, \cdots, s_{n-1}$",其中 s 称作串名,$n$ 称作串的长度,双引号括起来的字符序列称作串的值,每个字符 $s_i(0 \leqslant i < n)$ 可以是任意的 Unicode 码字符,一般是字母、数字、标点符号等可屏幕显示的字符。

一个串中任意个连续的字符组成的子序列称为该串的**子串**。包含子串的串称为该子串的**主串**。

串也是一种特殊的线性表。和线性表相比,串的数据元素以及数据元素间的逻辑关系和线性表完全相同,其差别是:①线性表的数据元素可以是任意数据类型,而串的数据元素类型只允许是字符类型;②线性表一次操作一个数据元素,而串一次操作若干个数据元素,即一个子串。如果每次操作的子串长度固定为 1,那么串就是数据类型固定为字符类型的线性表。

一个字符在一个串中的位置序号(为大于等于 0 的正整数)称为该字符在串中的**位置**。可以比较任意两个串的大小。称两个串是**相等**的,当且仅当这两个串的值完全相等。两个串的值完全相等意味着两个串不仅长度相等,而且各个对应位置字符都相等。例如,下列串 s1,s2,s3 和 s4 均不相等。前三个串首先长度就不相等,s3 和 s4 虽然长度相等,但字符有大写和小写之分,大写字母字符和小写字母字符有不同的 Unicode 编码,因此 s3 和 s4 比较不相等。

```
s1 = "Data"                    s2 = "DataStructure"
s3 = "Data Structure"          s4 = "data structure"
```

在 Java 语言中,表示一个**串值**时用一对双引号把串值括起来,但双引号本身不属于串,双引号的作用只是为了避免与其他符号混淆。

虽然串是由字符组成的,但串和字符是两个不同的概念。串是长度大于或等于 0 的字符序列,而字符是长度固定的一个字符。因此即使是长度为 1 的串也和字符不同。例如串 "a"和字符'a'(Java 中字符用单引号括起来)就是两个不同的概念。因为在计算机中,串"a" 不仅要存储字符'a',还要存储该串的长度数据;而字符'a'只需存储字符'a',不需存储其长度数据。当然,串和字符的操作集合也不相同。

4.1.2 串的抽象数据类型

数据集合:串的数据集合可以表示为字符序列 $s_0, s_1, \cdots, s_{n-1}$,每个数据元素的数据类型为字符类型。

操作集合:

为方便下面讨论中的示例,先定义如下几个串:

```
s1 = "I am a student"
s2 = "student"
s3 = "teacher"
s4 = "I am a teacher"
```

(1) 取字符 charAt(index):取 index 下标的字符返回。如 s2.charAt(1)='t'。

(2) 求长度 length():返回串的长度。如 s1.length()=14,s2.length()=7。

(3) 比较 compareTo(anotherString):比较当前对象串和串 anotherString 的 Unicode 码值的大小。比较分为三种情况:对象串大于 anotherString 串;对象串等于 anotherString 串;对象串小于 anotherString 串。

例如,s4.compareTo(s1)的比较结果为正整数(即 s4>s1),这是因为当比较到第 8 个字符时,有字符't'的编码值大于字符's'的编码值。

(4) 取子串 substring(beginIndex,endIndex):若参数满足约束条件,则取当前对象串中从 beginIndex 下标开始,至 endIndex 下标的前一下标止的子串返回;若参数不满足约束条件则返回空串。

例如,s1.substring(7,14)执行后,返回子串"student"。

(5) 连接 concat(str):把串 str 连接到当前对象串的末尾。

例如,s2.concat(s3)后,新串等于"studentteacher "。

连接操作有两种方式:一种方式是连接后原串值不改变,新串为新产生的一个对象;另一种方式是连接后原串值改变,即串的新长度为原长度加 str 串的长度。

(6) 插入子串 insert(str,pos):在当前对象串的第 pos 个字符前插入子串 str。

例如,s1.insert("not ",4)后,新串等于"I am not a student"。

插入子串操作有两种方式：一种方式是插入子串后原串值不改变；另一种方式是插入子串后原串值改变。

(7) 删除子串 delete(beginIndex,endIndex)：若参数满足约束条件,删除当前对象串中从 beginIndex 下标开始,至 endIndex 下标的前一下标止的子串,并返回新串；若参数不满足约束条件则返回空串。

例如,s4.delete(6,14)后,新串等于"I am a"。

删除子串操作有两种方式：一种方式是删除子串后原串值不改变；另一种方式是删除子串后原串值改变。

(8) 输出串值 myPrint()：输出当前对象的串值。

(9) 查找子串 index(subStr,start)：在当前对象串的 start 下标开始,查找是否存在子串 subStr。若存在子串 subStr,则查找成功,返回子串 subStr 在当前对象串中的下标；若不存在子串 subStr,则查找失败,返回-1。

例如 s1.index(s2,0)=7,表示查找成功,子串在主串中的开始下标为 7。又例如 s1.index(s3,0)=-1,表示查找失败。

根据串的抽象数据类型,应有两种功能的串类：一种串类要求,任何对串的连接、插入子串和删除子串操作都不改变原串的值；另一种串类要求,任何对串的连接、插入子串和删除子串操作都改变原串的值。

Java 中,String 类是第一种功能的类,StringBuffer 类是第二种功能的类。本章下面的设计中,MyString 类是第一种功能的类,MyStringBuffer 类是第二种功能的类。

4.2　串的存储结构

串的存储结构有顺序存储结构和链式存储结构两种。由于串的顺序存储结构不仅各种操作实现方便,而且空间效率和时间效率都更高,所以更为常用。

1. 串的顺序存储结构

串的顺序存储结构就是用字符类型数组存放串的所有字符。

用数组存储串值时,当创建了一个串对象,这个串值在内存中的开始地址就确定了。但由于串值的长度是不确定的,因此需要有某种方法确定一个串值的长度。

表示串的长度通常有两种方法：一种方法是设置一个串的长度参数,此种方法的优点是便于在算法中用长度参数控制循环过程；另一种方法是在串值的末尾添加结束标记,此种方法的优点是便于系统自动实现。为了算法实现方便,或为了兼容串的长度表示方法,也可同时使用两种方法来表示串的长度。

串值长度的第一种表示方法下,串的成员变量应包括如下两项：

```
char[] value;
int count;
```

其中,value 为存储串值的字符类型数组名；count 表示串值的长度。

2. 串的链式存储结构

串的链式存储结构就是把串值分别存放在构成链表的若干个结点的数据元素域上。串的链式存储结构可以有单字符结点链和块链两种。单字符结点链就是每个结点的数据元素域只包括一个字符。块链就是每个结点的数据元素域包括若干字符。

但是,对于单字符结点链来说,每个字符都要有一个结点,每个结点都要有一个 next 域,显然占用的额外内存空间太多;对于块链来说,虽然若干个字符才设一个结点,但实现起来很不方便。另外,链式存储结构下,当读取串中的某个字符时,要从链头开始循环遍历至相应位置才可以读取,其成员函数的时间效率也不好。因此,串很少用链式存储结构来实现。

4.3 串类

用顺序存储结构实现串类是设计串类的最好方法。这里给出顺序存储结构实现的串类 MyString 和缓冲串类 MyStringBuffer,并讨论串类的设计方法。

要说明的是,Java 语言包(java. lang)中已经设计了 String 类和 StringBuffer 类。String 类和 StringBuffer 类都是基于字符数组实现的,不同的是,String 类的串一经创建,串的值便无法更改,即是一种状态不可变的对象;而 StringBuffer 类的串创建后,串的值可以改变,因而 StringBuffer 类的对象的长度是可以改变的。

本节设计的 MyString 类和 MyStringBuffer 类的功能和 Java 语言的 String 类和 StringBuffer 类的功能类似。由于 Java 语言把 java. lang 包定义为默认导入包,因此,本节给出的类名采用 MyString(串类)和 MyStringBuffer(缓冲串类)。和前面设计堆栈类、队列类等的方法类似,这里设计的 MyString 类和 MyStringBuffer 类,基本上也是自成一个类,没有调用类库中 String 类和 StringBuffer 类的成员函数。作者认为,这样的教材编写方法以及授课方法,有益于学生掌握数据结构课程的基本内容和基本的程序设计方法。

4.3.1 MyString 类

MyString 类通常采用不可变长的数组存储结构设计。MyString 类设计如下。

```
public class MyString{
    private char[] value;                       //私有成员变量,字符数组
    private int count;                          //私有成员变量,字符个数

    static void arrayCopy(char[] src,int srcPos,char[] dst,int dstPos,int length){
    //字符数组复制. src 为源串的字符数组,srcPos 为源串的起始下标
    //dst 为目标串的字符数组,dstPos 为目标串的起始下标,length 为新串的长度
        if(src.length - srcPos < length || dst.length - dstPos < length)
            throw new StringIndexOutOfBoundsException(length);
        for(int i = 0; i < length; i++){
            dst[dstPos++] = src[srcPos++];
        }
    }
```

```java
public MyString(){                                  //构造函数1
    value = new char[0];
    count = 0;
}

public MyString(char[] value,int offset,int count){  //构造函数2
//value为字符数组,offset为数组起始下标,count为个数
//即用value数组中从offset下标始、个数为count的字符串创建对象
    if (offset < 0) {
        throw new StringIndexOutOfBoundsException(offset);
    }
    if (count < 0) {
        throw new StringIndexOutOfBoundsException(count);
    }
    if (offset > value.length - count) {
        throw new StringIndexOutOfBoundsException(offset + count);
    }

    this.value = new char[count];
    this.count = count;
    arrayCopy(value, offset, this.value, 0, count);  //数组元素复制
}

public MyString(char[] value){                       //构造函数3
    this.count = value.length;
    this.value = new char[count];
    arrayCopy(value, 0, this.value, 0, count);       //数组元素复制
}

public MyString(String str){                         //构造函数4
//此构造函数是为了给串初始化赋值方便,否则程序中不能使用
//类似MyString ms4 = new MyString("zhangxuhui")的语句
    char[] chararray = str.toCharArray();
    value = chararray;
    count = chararray.length;
}

public char charAt(int index) {                      //取字符
    if ((index < 0) || (index >= count)) {
        throw new StringIndexOutOfBoundsException(index);
    }
    return value[index];
}

public int length() {                                //取串长度
    return count;
}

public int compareTo(MyString anotherString) {       //比较
//若当前对象的串值大于anotherString的串值则函数返回一个正整数
```

```
//若当前对象的串值等于 anotherString 的串值则函数返回 0
//若当前对象的串值小于 anotherString 的串值则函数返回一个负整数
        int len1 = count;
    int len2 = anotherString.count;
    int n = Math.min(len1, len2);                       //n 为 len1 和 len2 的较小者
    char v1[] = value;
    char v2[] = anotherString.value;
    int i = 0;
    int j = 0;

    int k = i;
    int lim = n + i;
    while (k < lim) {
        char c1 = v1[k];
        char c2 = v2[k];
        if (c1 != c2) {
            return c1 - c2;                             //返回第一个不相等字符的数值差
        }
        k++;
    }

    //当前边部分字符比较全部相等时
    return len1 - len2;                                 //返回两个字符串长度的数值差
}

public MyString substring(int beginIndex, int endIndex) {//取子串
//所取子串从下标 beginIndex 开始至下标 endIndex 的前一位置
    if (beginIndex < 0) {
        throw new StringIndexOutOfBoundsException(beginIndex);
    }
    if (endIndex > count) {
        throw new StringIndexOutOfBoundsException(endIndex);
    }
    if (beginIndex > endIndex) {
        throw new StringIndexOutOfBoundsException(endIndex
            - beginIndex);
    }

    return ((beginIndex == 0) && (endIndex == count)) ? this :
        new MyString(value,beginIndex, endIndex - beginIndex);
}

public MyString substring(int beginIndex) {             //取子串
//所取子串从下标 beginIndex 开始至串的末尾
    return substring(beginIndex, count);
}

public MyString concat(MyString str) {                  //连接
    int otherLen = str.length();
    char[] strarray = str.toArray();
    if (otherLen == 0) {
```

```
                return this;
        }
        char buf[] = new char[count + otherLen];
        arrayCopy(value,0,buf,0,count);                    //字符数组复制
        arrayCopy(strarray,0,buf,count,otherLen);          //字符数组复制
        return new MyString(buf);
    }

    public MyString insert(MyString str,int pos){          //插入子串
    //在当前对象字符数组的 pos 下标开始插入 str 对象的字符串
            if(pos < 0 || pos > count)
                throw new StringIndexOutOfBoundsException(pos);
            if(pos != 0){
                MyString str1 = this.substring(0,pos); //取出主串的前一部分
                MyString str2 = this.substring(pos);   //取出主串的后一部分
                MyString res1 = str1.concat(str);      //连接 str1 和 str
                MyString res2 = res1.concat(str2);     //连接 res1 和 str2
                return res2;                           //返回 res2
            }
            else    return str.concat(this);
    }

    public MyString delete(int beginIndex,int endIndex){ //删除子串
    //删除当前对象从下标 beginIndex 开始至下标 endIndex 的前一下标的子串
        if (beginIndex < 0) {
            throw new StringIndexOutOfBoundsException(beginIndex);
        }
        if (endIndex > count) {
            throw new StringIndexOutOfBoundsException(endIndex);
        }
        if (beginIndex > endIndex) {
            throw new StringIndexOutOfBoundsException(endIndex
                - beginIndex);
        }
        if ((beginIndex == 0) && (endIndex == count))
            return new MyString();                          //返回串值为空的对象
        else{
            MyString str1 = this.substring(0,beginIndex); //取出主串的前一部分
            MyString str2 = this.substring(endIndex);     //取出主串的后一部分
            return str1.concat(str2);                      //连接 str1 和 str2 并返回
        }
    }

    public void myPrint(){                                 //输出串值
            for(int i = 0; i < count; i++){
                System.out.print(value[i]);
            }
            System.out.println();
    }

    public char[] toArray(){                               //返回字符数组
```

```
            char[] buf = new char[count];
            arrayCopy(value,0,buf,0,count);
            return buf;
        }
    }
```

设计说明：

（1）构造函数 4 的参数是 String 类类型。Java 的 String 类支持用双引号括起来的部分表示串值。如果构造函数的参数不用 String 类类型，要做到这一点难度很大。

（2）连接、取子串、插入子串、删除子串成员函数的返回值都是 MyString 类类型，其对象都是新创建的对象，不是原来的对象，即这些成员函数不改变原对象的串值。

若一个串对象 s 和另一个串对象 t 连接，如果此时产生一个新对象 u，则串对象 s 的串值不改变。不改变串值连接的内存结构示意图如图 4-1 所示。例如，下边的测试程序中 ms5 是通过 ms1 连接 ms2 生成的，连接语句执行后，ms1 的串值仍为原来的串值，并没有改变。

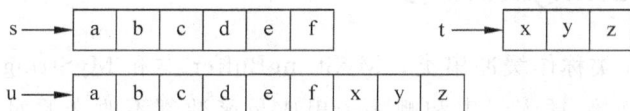

图 4-1　不改变串值连接的内存结构示意图

（3）返回字符数组成员函数，是创建了一个新的字符数组并复制字符值返回；如果直接返回原字符数组，则应用程序就可调用此成员函数修改串值，这将不符合 MyString 类的不允许改变原串值的基本设计要求。

4.3.2　MyString 类的测试

MyString 类的测试程序设计如下。

```java
public class TestMyString{
    public static void main(String[] args){
        char[] var1 = {'d','u','j','i','a','n','h','u','a'};
        char[] var2 = {'y','a','n','g','j','i','n','f','e','n','g'};
        int length1 = var1.length;

        MyString ms1 = new MyString(var1, 0, length1);    //用构造函数 2
        MyString ms2 = new MyString(var2);                //用构造函数 3
        MyString ms3 = new MyString("lihonglei");         //用构造函数 4
        MyString ms4 = new MyString("zhangxuhui");        //用构造函数 4

        MyString ms5 = ms1.concat(ms2);                   //测试连接
        ms1.myPrint();
        ms5.myPrint();

        MyString ms6 = ms4.substring(0,4);                //测试取子串
        ms6.myPrint();
```

```
MyString ms7 = ms4.insert(new MyString("123"),4);  //测试插入子串
ms7.myPrint();

MyString ms8 = ms4.delete(3,6);                     //测试删除子串
ms8.myPrint();
    }
}
```

程序运行结果如下。

```
dujianhua
dujianhuayangjinfeng
zhan
zhan123gxuhui
zhauhui
```

4.3.3　MyStringBuffer 类

MyStringBuffer 类称作缓冲串类。MyStringBuffer 类和 MyString 类的不同之处是:
对于 MyString 类,连接、插入子串和删除子串成员函数都不改变原对象的串值;但对于
MyStringBuffer 类,连接、插入子串和删除子串成员函数都改变原对象的串值。

MyStringBuffer 类必须采用可变长的数组存储结构设计。所谓可变长的数组,就是数
组的个数是可以修改的。

为了突出 MyStringBuffer 类和 MyString 类的不同之处,也为了缩减篇幅,下面的
MyStringBuffer 类除构造函数外,只设计了连接成员和几个必需的成员函数。

MyStringBuffer 类设计如下。

```
public class MyStringBuffer{
    private char[] value;
    private int count;

    private void expandCapacity(int newCapacity){      //重新申请内存空间
        char newValue[] = new char[newCapacity];       //申请内存空间
        arrayCopy(value, 0, newValue, 0, count);       //复制原字符数组
        value = newValue;                              //让 value 指向新创建的 newValue 数组
    }

    static void arrayCopy(char[] src, int srcPos, char[] dst, int dstPos, int length){
    //数组元素复制
        if(src.length - srcPos < length || dst.length - dstPos < length)
            throw new StringIndexOutOfBoundsException(length);
        for(int i = 0; i < length; i++){
            dst[dstPos++] = src[srcPos++];
        }
    }

    public MyStringBuffer(String str){                 //构造函数
```

```
                char[] chararray = str.toCharArray();
                value = chararray;
                count = chararray.length;
            }

            public MyStringBuffer concat(MyStringBuffer str) {    //连接
                int otherLen = str.length();
                if (otherLen == 0) {
                    return this;
                }
                expandCapacity(count + otherLen);                 //重新申请内存空间

                arrayCopy(str.toArray(),0,this.toArray(),this.length(),str.length());
                count = count + otherLen;
                return this;                                      //返回原串
            }

            public char[] toArray(){                              //返回字符数组
                return value;
            }

            public int length() {                                 //返回字符长度
                return count;
            }

            public void myPrint(){                                //输出
                for(int i = 0; i < count; i++){
                    System.out.print(value[i]);
                }
                System.out.println();
            }
        }
```

设计说明：MyStringBuffer 类主要是增加了一个私有的重新申请内存空间成员函数 expandCapacity(newCapacity)，该成员函数重新申请一个字符数组空间，并把原字符数组复制到新字符数组后，让成员变量 value 指向新字符数组。这样，连接成员函数 concat(str) 就可以先调用 expandCapacity(newCapacity)，其中调用参数 newCapacity 为所需要的新字符数组的字符长度，然后，把子串 str 的串值复制到当前对象串的末尾。

如果应用程序中创建和使用了 MyStringBuffer 类的对象，那么程序设计中就要特别注意串值是否被意外修改。因为对于 MyStringBuffer 类的对象来说，任何一次调用连接、插入子串和删除子串操作，原对象的串值都将改变为新串值。如果程序设计中不注意，这可能会引起程序运行时出现无法预料的严重错误。

4.3.4 MyStringBuffer 类的测试

MyStringBuffer 类的测试程序设计如下。

```
public class TestMyStringBuffer{
    public static void main(String[] args){
        MyStringBuffer msb1 = new MyStringBuffer("lihonglei");
```

```
MyStringBuffer msb2 = new MyStringBuffer("zhangxuhui");

System.out.print("msb1 的连接前输出值: ");
msb1.myPrint();
MyStringBuffer msb3 = msb1.concat(msb2);
System.out.print("msb1 的连接后输出值: ");
msb1.myPrint();
System.out.print("msb3 的输出值: [E1]");
msb3.myPrint();
    }
}
```

程序运行结果如下。

msb1 的连接前输出值: lihonglei
msb1 的连接后输出值: lihongleizhangxuhui
msb3 的输出值: [E2]lihongleizhangxuhui 值

程序运行结果说明：由于 MyStringBuffer 类的连接成员函数是对原对象进行的连接，所以，msb1 调用 concat(msb2)成员函数后，msb1 的串值改变为，在原串值的末尾连接了 msb2 的串值。换句话说，对象引用 msb1 和 msb3 表示的是同一个对象。程序运行过程的内存结构示意图如图 4-2 所示。其中，图 4-2(a)为执行 msb3＝msb1.concat(msb2)语句前的状态，图 4-2(b)为执行后的状态。

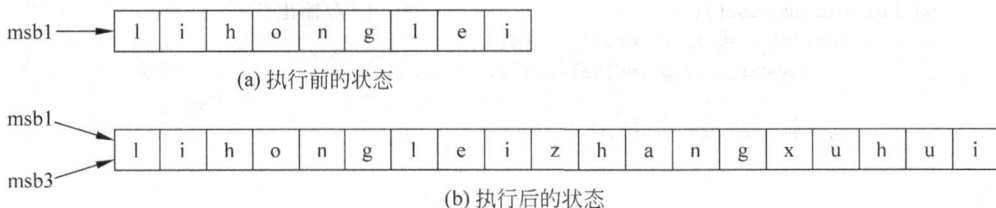

(a) 执行前的状态

(b) 执行后的状态

图 4-2   concat()执行前后的内存结构示意图

4.4   串的模式匹配算法

串的查找操作也称作串的模式匹配操作。模式匹配操作的具体含义是：在主串(也称作目标串)中，从位置 start 开始查找是否存在子串(也称作模式串)，如在主串中查找到一个与模式串相同的子串，则称查找成功；如在主串中未查找到一个与模式串相同的子串，则称查找失败。当模式匹配成功时函数返回模式串的第一个字符在主串中的位置，当模式匹配失败时函数返回-1。

Brute-Force 算法和 KMP 算法是两种最经典的串的模式匹配算法。

4.4.1   Brute-Force 算法

Brute-Force 算法实现模式匹配的思想是：设主串为 $s=$ "$s_0 s_1 \cdots s_{n-1}$"，模式串为 $t=$ "$t_0 t_1 \cdots t_{m-1}$"，

（1）从主串 s 的第一个字符开始和模式串 t 的第一个字符比较,若相等则继续比较后续字符。

（2）若主串 s 的第一个字符和模式串 t 的第一个字符比较不相等,则从主串 s 的第二个字符开始重新与模式串 t 的第一个字符比较,若相等则继续比较后续字符。

（3）若主串 s 的第二个字符与模式串 t 的第一个字符比较不相等,则从主串 s 的第三个字符开始重新与模式串 t 的第一个字符比较。

（4）如此不断继续。若存在模式串 t 中的每个字符依次和主串 s 中的一个连续字符序列相等,则模式匹配成功,函数返回模式串 t 的第一个字符在主串 s 中的下标;若比较完主串 s 的所有字符序列,不存在一个和模式串 t 相等的子串,则模式匹配失败,函数返回 -1。

为便于理解,举例说明如下。设主串 s="cddcdc",模式串 t="cdc",s 的长度为 $n=6$,t 的长度为 $m=3$,用变量 i 指示主串 s 当前比较字符的下标,用变量 j 指示模式串 t 当前比较字符的下标。模式匹配过程如图 4-3 所示。

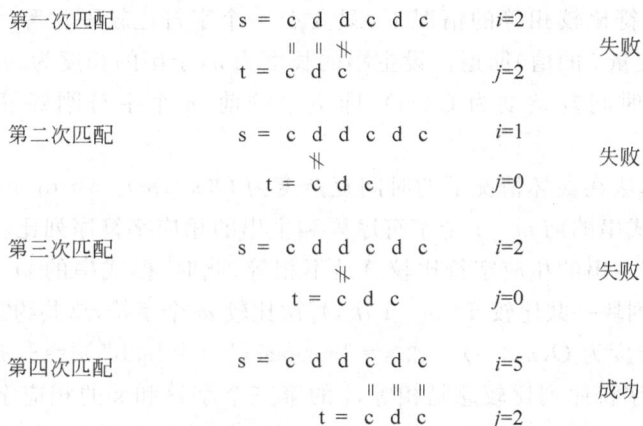

图 4-3 模式匹配过程

从上述模式匹配过程可以推知以下两点。

（1）若在前 $k-1$ 次比较中未匹配成功,则第 k 次比较是从 s 中的第 k 个字符 s_{k-1} 开始和 t 中的第 1 个字符 t_0 比较。

（2）设某一次匹配有 $s_i \neq t_j$,其中 $0 \leqslant i < n, 0 \leqslant j < m, i \geqslant j$,则应有 $s_{i-1}=t_{j-1}, \cdots, s_{i-j+1}=t_1, s_{i-j}=t_0$。再由（1）知,下一次比较主串的字符 s_{i-j+1} 和模式串的第一个字符 t_0。

图 4-4 模式匹配的一般性过程

因此,Brute-Force 算法模式匹配的一般性过程如图 4-4 所示。

根据上面的分析,按 Brute-Force 算法思想设计的串类的查找子串成员函数如下。

```
public int indexOf_BF(MyStringsubStr,int start){
//查找当前对象(即主串)中从 start 始的子串 subStr
//找到则返回子串 subStr 在主串的开始字符下标,否则返回 -1
    int i = start,j = 0,v ;

    while(i < this.length() && j < subStr.length()){
```

```
if(this.charAt(i) == subStr.charAt(j)){
    i ++;
    j ++;
}
else{
    i = i - j + 1;
    j = 0;
}
}

if(j == subStr.length()) v = i - subStr.length() ;
else v = -1 ;
return v;
}
```

这个算法简单并易于理解，但有些情况下时间效率不高。主要原因是：在主串和子串已有相当多个字符比较相等的情况下，只要有一个字符比较不相等，便需要把主串的比较位置（即函数中变量 i 的值）回退。设主串的长度为 n，子串的长度为 m，则 Brute-Force 算法在最好情况下的时间复杂度为 $O(m)$，即主串的前 m 个字符刚好等于模式串的 m 个字符。

Brute-Force 算法在最坏情况下的时间复杂度为 $O(n\times m)$。Brute-Force 算法的最坏情况分析如下：当模式串的前 $m-1$ 个字符序列和主串的相应字符序列比较总是相等，但模式串的第 m 个字符和主串的相应字符比较总是不相等，此时，模式串的 m 个字符序列必须和主串的相应字符序列块一共比较 $n-m+1$ 次，每次比较 m 个字符，总共约需比较 $m(n-m+1)$ 次，因此其时间复杂度为 $O(n\times m)$。如 s="aaaaaaaa"，t="aab"，$n=8$，$m=3$，t 的前两个字符序列和 s 的相应字符序列比较总是相等，t 的第三个字符和 s 的相应字符比较总是不等，t 的三个字符序列和 s 的相应字符序列块一共比较了 $n-m+1=6$ 次，每次比较了三个字符，最后又比较了两个字符，即最后又比较了 $s_6=t_0='a'$，$s_7=t_1='a'$，当 $j=2$，$i=8$ 时，因循环条件不满足而退出循环，所以总共比较了 $m(n-m+1)+2=3\times6+2=20$ 次。

4.4.2 KMP 算法

1. Brute-Force 算法的缺点以及解决方法分析

KMP 算法是在 Brute-Force 算法基础上的改进算法。KMP 算法的特点主要是，消除了 Brute-Force 算法的主串比较位置在相当多个字符比较相等后，只要有一个字符比较不相等，主串位置便需要回退的缺点。

分析 Brute-Force 算法的匹配过程可以发现，算法中的主串比较位置的回退并非一定必要。这可分为以下两种情况。

（1）第一种情况如图 4-3 所示。主串 s="cddcdc"、模式串 t="cdc"的模式匹配过程为：当 $s_0=t_0$，$s_1=t_1$，$s_2\neq t_2$ 时，算法中下一次的比较位置为 $i=1$，$j=0$，接下来比较 s_1 和 t_0。但是因 $t_0\neq t_1$，而 $s_1=t_1$，所以一定有 $s_1\neq t_0$。所以此时比较 s_1 和 t_0 无意义，实际上随后可直接比较 s_2 和 t_0。

（2）第二种情况如图 4-5 所示。主串 s="abacabab"、模式串 t="abab"的第一次匹配过程如图 4-5 所示。此时有 $s_0=t_0=$ 'a', $s_1=t_1=$ 'b', $s_2=$ $t_2=$ 'a', $s_3\ne t_3$。因有 $t_0\ne t_1$, $s_1=t_1$, 所以必有 $s_1\ne t_0$。又 因有 $t_0=t_2$, $s_2=t_2$, 所以必有 $s_2=t_0$, 因此下面可直接比较 s_3 和 t_1。

$$s = a\ b\ a\ c\ a\ b\ a\ b \qquad i=3$$
$$\ \|\ \|\ \|\ \times \qquad\qquad 失败$$
$$t = a\ b\ a\ b \qquad\qquad\quad j=3$$

图 4-5 模式匹配例子

总结以上两种情况可以发现,一旦 s_i 和 t_j 比较不相等时,主串 s 的比较位置不必回退,主串的 s_i 可直接和模式串的 t_k($0\le k<j$)比较, k 的确定与主串 s 并无关系, k 的确定只与模式串 t 本身的构成有关,即从模式串本身就可求出 k 的值。

现在讨论一般情况。设 $s=$"$s_0s_1\cdots s_{n-1}$", $t=$"$t_0t_1\cdots t_{m-1}$",当模式匹配比较到 $s_i\ne t_j$($0\le i<n$, $0\le j<m$)时,必存在

$$\text{"}s_{i-j}s_{i-j+1}\cdots s_{i-1}\text{"} = \text{"}t_0t_1\cdots t_{j-1}\text{"} \tag{4-1}$$

(1) 此时若模式串"$t_0t_1\cdots t_{j-1}$"中不存在任何式(4-2)形式的真子串,

$$\text{"}t_0t_1\cdots t_{k-1}\text{"} = \text{"}t_{j-k}t_{j-k+1}\cdots t_{j-1}\text{"} \quad (0<k<j) \tag{4-2}$$

则说明在模式串"$t_0t_1\cdots t_{j-1}$"中不存在任何以 t_0 为首字符的字符串与主串"$s_{i-j}s_{i-j+1}\cdots s_{i-1}$"中分别以 s_{i-j}、s_{i-j+1}、$\cdots$、s_{i-1} 为首字符的字符串匹配,下一次可直接比较 s_i 和 t_0,这是第一种情况。

(2) 此时若模式串中存在可相互重叠的式(4-2)形式的真子串,则说明模式串中的子串 "$t_0t_1\cdots t_{k-1}$"已和主串"$s_{i-k}s_{i-k+1}\cdots s_{i-1}$"匹配,下一次可直接比较 s_i 和 t_k,这是第二种情况。

根据上述分析,设 $s=$"$s_0s_1\cdots s_{n-1}$", $t=$"$t_0t_1\cdots t_{m-1}$",当模式匹配比较到 $s_i\ne t_j$($0\le i<n$, $0\le j<m$)时,只需根据模式串中是否存在可相互重叠的式(4-2)形式的真子串,并找出这样的最大真子串的字符个数 k,就可以确定随后要比较的 s_i 和 t_k 中模式串的下标 k。

2. KMP 算法的改进

分析式(4-2),模式串中是否存在可相互重叠的真子串,只与模式串自身有关,与主串无关。因此,对于主串 $s=$"$s_0s_1\cdots s_{n-1}$",子串 $t=$"$t_0t_1\cdots t_{m-1}$",可以首先计算出模式串 t 中每个字符的最大真子串的字符个数 k。当模式匹配比较到 $s_i\ne t_j$($0\le i<n$, $0\le j<m$)时,随后要比较的主串的下标值不变,模式串的下标值即为 k。

3. 模式串中最大真子串的求法

模式串中每个字符的最大真子串构成一个数组,定义为模式串的 $next[j]$ 函数。模式串的 $next[j]$ 函数定义如下:

$$next[j]=\begin{cases} \max\{k\mid 0<k<j \text{ 且 "}t_0t_1\cdots t_{k-1}\text{"} = \text{"}t_{j-k}t_{j-k+1}\cdots t_{j-1}\text{"}\} & \text{当此集合非空时}\\ 0 & \text{其他情况}\\ -1 & \text{当 } j=0 \text{ 时} \end{cases} \tag{4-3}$$

$next[j]$ 函数表示的是模式串 t 中是否存在最大真子串,以及最大真子串的字符个数 k。这里之所以称为最大真子串,是因为:①求出的是所有子串中的最大子串;②不允许 k 等于 j。

$next[j]$ 定义中的第一种情况,是在模式串"$t_0t_1\cdots t_{j-1}$"中存在这样两个长度均小于 j 的字符串,其中一个字符串以 t_0 为首字符,另一个字符串以 t_{j-1} 为末字符,满足"$t_0t_1\cdots t_{k-1}$"=

"$t_{j-k}t_{j-k+1}\cdots t_{j-1}$",且这样的相等子串是所有这种相等子串中长度最大的。

next[j]定义中的第二种情况,是在模式串"$t_0t_1\cdots t_{j-1}$"中不存在任何满足"$t_0t_1\cdots t_{k-1}$"="$t_{j-k}t_{j-k+1}\cdots t_{j-1}$"条件的真子串。

next[j]定义中的第三种情况,是当$j=0$时给出的特殊取值。当$j=0$时,令 next[j]函数取值为-1。在函数设计中,当 next[j]$=-1$时,令主串的下标和模式串的下标同时增1,即随后用子串的第一个字符和主串当前字符的下一个字符进行比较。

4. KMP 函数设计

KMP 函数中,当模式串 t 中的 t_j 与主串 s 的 $s_i(i \geqslant j)$ 比较不相等时,若模式串 t 中不存在如上所说的真子串,有 next[j]$=0$,则下一次比较 s_i 和 t_0,这是第一种情况;若模式串 t 中存在真子串"$t_0t_1\cdots t_{k-1}$"="$t_{j-k}t_{j-k+1}\cdots t_{j-1}$",且满足 $0<k<j$,则有 next[j]$=k$,则下一次比较主串 s 的 s_i 和子串 t 的 t_k,这是第二种情况;当 $j=0$ 时有 next[j]$=-1$,则令主串的下标和模式串的下标同时增1,即随后用主串 s 当前字符的下一个字符和子串 t 的 t_0 比较。

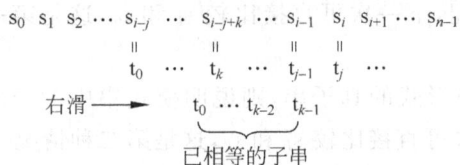

图 4-6　KMP 算法的模式匹配过程

KMP 算法的模式匹配过程如图 4-6 所示,当模式串 t 中的 t_j 与主串 s 的 s_i 比较不相等时,若模式串 t 中存在真子串"$t_0t_1\cdots t_{k-1}$"="$t_{j-k}t_{j-k+1}\cdots t_{j-1}$",此时可将模式串 t 按照 $k=$next[j]的值右滑。然后比较 s_i 和 t_k,若仍有 $s_i \neq t_k$,则模式串 t 按照新的 $k=$next[k]的值继续右滑后比较。这样的过程可一直进行到 $k=$next[k]$=0$,此时若 $s_i \neq t_0$,则模式串 t 不再右滑,随后比较 s_{i+1} 和 t_0。

总结以上的讨论,KMP 函数可按如下方法设计:设 s 为主串,t 为模式串,i 为主串当前比较字符的下标,j 为模式串当前比较字符的下标。令 i 的初值为 start,j 的初值为 0。当 $s_i=t_j$ 时,i 和 j 分别增1再继续比较;否则 i 不变,j 改变为 next[j]值再继续比较。比较过程有两种情况:一是 j 增加到某个值或 j 退回到某个 $j=$next[j]值时有 $s_i=t_j$,则此时 i 和 j 分别增1再继续比较;二是 j 退回到 $j=-1$ 时,令主串和子串的下标各增1,随后比较 s_{i+1} 和 t_0。这样的循环过程直到变量 i 大于等于主串 s 的长度或变量 j 大于等于子串 t 的长度终止。

KMP 方法的查找成员函数设计如下。

```
public int indexOf_KMPA(MyStringsubStr, int start){
//查找当前对象(即主串)中从 start 开始的子串 subStr
//找到则返回子串 subStr 在主串的开始字符下标,否则返回 -1
    int[ ] next = getNext(subStr);                      //求子串 subStr 的 next[j]值
    int i = start,j = 0,v;

    while(i < this.length() && j < subStr.length()){
        if(j ==  -1 || this.charAt(i)  ==  subStr.charAt(j)){
            i ++;
            j ++;
        }
        else j =  next[j];
```

```
        }
        if(j == subStr.length()) v = i - subStr.length();
        else v = -1;
        return v;
    }
```

上述循环过程中,每当 $j=0$ 时,都要先退到 $j=\text{next}[0]=-1$,然后再使 $j=0$,使 i++。为了提高效率,当 $j=0$ 时,可以直接令 i++。因此,上述成员函数可改进为如下形式。

```
public int indexOf_KMPB(MyString subStr,int start){
    int[] next = getNext(subStr);
    int i = start,j = 0,v;

    while(i < this.length() && j < subStr.length()){
        if(this.charAt(i) == subStr.charAt(j)){
            i ++;
            j ++;
        }
        else if(j == 0) i ++;
        else j = next[j];
    }

    if(j == subStr.length()) v = i - subStr.length();
    else v = -1;
    return v;
}
```

5. 计算 next[j] 值的函数设计方法

从计算 next[j] 值的公式(4-3)可以看出,next[j] 值的计算问题是一个递推计算问题。设有 next[j]=k,即在模式串 t 中存在"$t_0 t_1 \cdots t_{k-1}$"="$t_{j-k} t_{j-k+1} \cdots t_{j-1}$"($0<k<j$),其中 k 为满足等式的最大值,则计算 next[$j+1$] 的值有以下两种情况。

(1) 若 $t_k=t_j$,则表明在模式串 t 中有"$t_0 t_1 \cdots t_k$"="$t_{j-k} t_{j-k+1} \cdots t_j$",且不可能存在任何一个 $k'>k$ 满足上式,因此有:

$$\text{next}[j+1] = \text{next}[j]+1=k+1$$

(2) 若 $t_k \neq t_j$,则可把计算 next[$j+1$] 值的问题看成是一个如图 4-7 所示的模式匹配问题,即把模式串 t' 向右滑动至 $k'=\text{next}[k]$($0<k'<k<j$)。若此时 $t_{k'}=t_j$,则表明在模式串 t 中有"$t_0 t_1 \cdots t_{k'}$"="$t_{j-k'} t_{j-k'+1} \cdots t_j$"($0<k'<k<j$),因此有:

$$\text{next}[j+1]=k'+1=\text{next}[k]+1$$

若此时 $t_{k'} \neq t_j$,则将模式串 t' 右滑到 $k''=\text{next}[k']$ 后继续匹配。以此类推,直到某次比较有 $t_k=t_j$(此即为上述情况),或某次比较有 $t_k \neq t_j$ 且 $k=0$,此时有:

$$\text{next}[j+1] = 0$$

因此,可有类同模式匹配的 KMP 算法的求子串的 next[j] 值的成员函数如下。

图 4-7 求 next[$j+1$] 的模式匹配

```
private int[] getNext(MyStringstr){
//求模式串 str 的 next[j]值并用数组返回
    int j = 1,k = 0 ;
    int[] next = new int[str.length()];

    next[0] = - 1 ;
    next[1] = 0 ;
    while(j < str.length() - 1){
        if(str.charAt(j) == str.charAt(k)){
            next[j + 1] = k + 1 ;
            j ++ ;
            k ++ ;
        }
        else if(k == 0){
            next[j + 1] = 0 ;
            j ++ ;
        }
        else
            k = next[k];
    }
    return next ;
}
```

6. next[j]值的手工计算方法

为了透彻理解模式串 t 的 next[j]值的含义,学习和考试中经常会要求手工计算 next[j]值。下面给出手工计算模式串 t 的 next[j]值的几个例子。

例 4-1　计算 t="abc"的 next[j]。

当 $j=0$ 时,　next[0]$=-1$;

当 $j=1$ 时,　next[1]$=0$;

当 $j=2$ 时,　$t_0 \neq t_1$,next[2]$=0$。

即有

模式	a	b	c
j	0	1	2
next[j]	-1	0	0

例 4-2　计算 t="abcabcaaa"的 next[j]。

当 $j=0$ 时,next[0]$=-1$;

当 $j=1$ 时,next[1]$=0$;

当 $j=2$ 时,$t_0 \neq t_1$,next[2]$=0$;

当 $j=3$ 时,$t_0 \neq t_2$,next[3]$=0$;

当 $j=4$ 时,$t_0 = t_3 = $ 'a',next[4]$=1$;

当 $j=5$ 时,$t_1 = t_4 = $ 'b',即有 $t_0 t_1 = t_3 t_4 = $ "ab",next[5]$=$next[4]$+1=1+1=2$;

当 $j=6$ 时,$t_2 = t_5 = $ 'c',即有 $t_0 t_1 t_2 = t_3 t_4 t_5 = $ "abc",next[6]$=$next[4]$+1=2+1=3$;

当 $j=7$ 时, $t_3=t_6=$ 'a', 即有 $t_0 t_1 t_2 t_3 = t_3 t_4 t_5 t_6 =$ "abca", next[7]=next[6]+1=3+1=4;

当 $j=8$ 时, 因 $t_4 \neq t_7$, $k=$ next[k]=next[4]=1; 又因 $t_1 \neq t_7$, $k=$ next[k]=next[1]= 0; 又因 $t_0=t_7=$ 'a', 所以 next[8]=next[1]+1=0+1=1。

即有

模式	a	b	c	a	b	c	a	a	a
j	0	1	2	3	4	5	6	7	8
next[j]	−1	0	0	0	1	2	3	4	1

4.4.3 Brute-Force 算法和 KMP 算法的运行效率比较

本节用两个实际例子比较 Brute-Force 算法和 KMP 算法的实际运行比较次数。

例 4-3 编程比较 Brute-Force 算法和 KMP 算法的实际比较次数。两个测试例子为:

(1) s="cddcdc", t="abcde"

(2) s="aaaaaaaa", t="aaaab"

设计思想: 在 MyString 类中增加 Brute-Force 算法查找子串成员函数和 KMP 算法查找子串成员函数的变形,其变形方式为统计比较次数并返回。

MyString 类中增加的成员函数如下。

```
public int indexOf_BF_Count(MyString subStr,int start){
//统计 Brute-Force 算法查找子串的比较次数并返回
    int i = start,j = 0,v;
    int count = 0;

    while(i < this.length() && j < subStr.length()){
        if(this.charAt(i) == subStr.charAt(j)){
            i ++;
            j ++;
        }
        else{
            i = i - j + 1;
            j = 0;
        }
        count++;                            //统计比较次数
    }
    return count;                           //返回
}

public int indexOf_KMPB_Count(MyString subStr,int start){
//统计 KMP 算法查找子串的比较次数并返回
    int[] next = getNext(subStr);
    int i = start,j = 0,v;
    int count = 0;

    while(i < this.length() && j < subStr.length()){
```

```
            if(this.charAt(i) == subStr.charAt(j)){
                i ++;
                j ++;
            }
            else if(j == 0) i ++;
            else j = next[j];
            count++;
        }
        return count;
    }
```

测试程序设计如下。

```java
public class Exam4_4{
    public static void main(String[] args){
        int count;
        MyString ms1 = new MyString("cddcdc");
        count = ms1.indexOf_BF_Count(new MyString("abcde"),0);
        System.out.println("例子 1: ");
        System.out.print("indexOf_BF: ");
        System.out.println("count = " + count);
        count = ms1.indexOf_KMPB_Count(new MyString("abcde"),0);
        System.out.print("indexOf_KMPB: ");
        System.out.println("count = " + count);

        MyString ms2 = new MyString("aaaaaaaa");
        count = ms2.indexOf_BF_Count(new MyString("aaaab"),0);
        System.out.println("例子 2: ");
        System.out.print("indexOf_BF: ");
        System.out.println("count = " + count);
        count = ms2.indexOf_KMPB_Count(new MyString("aaaab"),0);
        System.out.print("indexOf_KMPB: ");
        System.out.println("count = " + count);
    }
}
```

程序运行结果为:

```
例子 1:
indexOf_BF:     count = 6
indexOf_KMPB:   count = 6
例子 2:
indexOf_BF:     count = 24
indexOf_KMPB:   count = 12
```

程序运行结果分析:从程序运行结果可见,若子串中没有任何部分与主串匹配(如例子 1),两种算法的比较次数相同;若子串中有部分子串与主串匹配(如例子 2),则 KMP 算法的比较次数少于 Brute-Force 算法的比较次数。

习题

基本概念题

4-1　可以说串是数据类型固定为字符类型的线性表,但是串操作和线性表操作的主要不同之处在哪里?

4-2　设 s1 和 s2 都是 MyString 类的对象,且各对象的串值取值为:s1＝"Data Structure Course",s2＝"Base",给出下列语句执行后得到的新串值。

（1）s1.insert(s2,5);

（2）s1.delete(5,14);

（3）s1.concat(s2);

4-3　设 s、s1 和 s2 都是 MyStringBuffer 类的对象,且 s1 和 s2 的串值取值为:s1＝"Data Structure Course",s2＝"Base",给出下列语句执行后 s 和 s1 的串值。

（1）s＝s1.concat(s2);

（2）s＝s1.insert(s2,5);

4-4　串是由字符组成的,串和字符在存储方法上有什么不同? 长度为 1 的串和字符是否相同? 为什么?

4-5　可以用几种存储结构存储串? 常用的串存储结构是哪一种?

4-6　MyStringBuffer 类和 MyString 类的主要不同之处在哪里? 程序中若创建和使用了 MyStringBuffer 类对象,程序设计时要注意什么问题?

4-7　MyStringBuffer 类中的 expandCapacity(newCapacity)成员函数的作用是什么?

4-8　分析 MyString 类的删除子串成员函数 delete(beginIndex,endIndex)的异常抛出的条件。

4-9　查阅 JavaAPI 帮助手册,说明 Java API 中,String 类和 StringBuffer 类都包括哪些成员函数。

复杂概念题

4-10　令 t1＝"aaab",t2＝"abcabaa",t3＝"abcaabbabcabaacba",试分别求出它们的 next[j]值。

4-11　简述模式匹配的 Brute-Force 算法思想。简述模式匹配的 KMP 算法思想。

4-12　简述求子串的 next[j]值的算法思想。

算法设计题

4-13　编写实现 MyString 类的比较 compare(str)成员函数。要求比较当前对象串的串值和 str 的串值是否相等。比较等于则返回 1,不等于则返回 0。

4-14　编写实现 MyString 类的替换 replace(start,str1,str2)成员函数。要求在当前对象串中,从下标 start 开始查找是否存在子串 str1,若存在则用子串 str2 替换子串 str1。替换成功则返回新串;替换不成功则返回空串。

4-15　编写实现 MyStringBuffer 类的插入子串 insert(str,pos)成员函数。要求在当前对象串的下标 pos 处插入子串 str,并要求插入后原串的串值随即改变。函数返回插入后的新串。

4-16   编写实现 MyStringBuffer 类的删除子串 delete(beginIndex,endIndex)成员函数。要求删除当前对象串从下标 beginIndex 开始至下标 endIndex 的前一下标的子串,并要求删除后原串的串值随即改变。函数返回删除后的新串。

4-17   编写实现 MyString 类的查找 indexChar(char c)字符成员函数。要求在当前对象串的串值中查找是否存在字符 c。若存在则返回该字符在当前对象串中的下标,若不存在则返回-1。

上机实习题

4-18   对照 MyString 类的成员函数,设计完成 MyStringBuffer 类相应的所有成员函数。

要求:

(1) 连接、插入子串和删除子串成员函数改变原对象的串值;

(2) 设计一个测试函数进行测试。

第5章

数组、集合和矩阵

　　数组是程序设计最经常使用的一种数据结构。高级程序设计语言通常都直接支持数组功能。集合是某种具有相同数据类型的数据元素全体。矩阵一般采用二维数组存储。数组和矩阵属于线性结构。

　　大的矩阵需要的内存单元数量很大,对特殊矩阵和稀疏矩阵可采用一些特殊方法减少内存单元数量,这称为特殊矩阵和稀疏矩阵的压缩存储。

本章主要知识点

- 数组的定义、实现机制和 Java 语言支持的数组功能;
- 向量类扩充的数组功能以及这些扩充功能的实现方法;
- 集合的概念和集合类的设计方法;
- 矩阵类的设计方法;
- 特殊矩阵的概念和特殊矩阵的压缩存储方法;
- 稀疏矩阵的概念和稀疏矩阵的压缩存储方法。

5.1 数组

5.1.1 数组的定义

　　数组是 $n(n \geqslant 1)$ 个相同数据类型的数据元素 $a_0, a_1, a_2, \cdots, a_{n-1}$ 构成的占用一块地址连续的内存单元的有限集合。

　　数组中任意一个数据元素可以用该元素在数组中的位置来表示,数组元素的位置通常称作数组的下标。Java 语言数组的下标从 0 开始。

　　显然,数组符合线性结构的定义。数组和线性表相比,相同之处是它们都是若干个相同数据类型的数据元素 $a_0, a_1, a_2, \cdots, a_{n-1}$ 构成的有限序列。不同之处是:①数组要求其元素占用一块地址连续的内存单元空间,而线性表无此要求;②线性表的元素是逻辑意义上不可再分的元素,而数组中的每个元素还可以是一个数组,例如,一个二维数组就可以看作是每个数组元素都是一个一维数组的一维数组;③数组的操作主要是向某个下标的数组元素中存数据和取某个下标的数组元素,这和线性表的插入、删除操作不同。

　　所有线性结构(包括线性表、堆栈、队列、串、数组和矩阵)的顺序存储结构实际就是使用数组来存储。可见,数组是其他数据结构实现顺序存储结构的基础,数组这种数据结构是软件设计中最基础的数据结构。正因为如此,一般高级程序设计语言都支持数组功能。

5.1.2　数组的实现机制

数组通常以字节为计数单位。对一个有 n 个数据元素的一维数组,设 a_0 是下标为 0 的数组元素,$\mathrm{Loc}(a_0)$ 是 a_0 的内存单元地址,k 是每个数据元素所需的字节个数,则数组中任一数据元素 a_i 的内存单元地址 $\mathrm{Loc}(a_i)$ 可由下面的公式求出:

$$\mathrm{Loc}(a_i) = \mathrm{Loc}(a_0) + i \times k \quad (0 \leqslant i < n) \tag{5-1}$$

对一个 m 行 n 列的二维数组,由于计算机的存储单元都是一维的,就有一个二维向一维的映射问题,用计算机的术语称作行主序(或行优先)存放还是列主序存放的问题。大部分高级程序设计语言的数组元素采用行主序的存放方法,即一行存完后再存放下一行。对于行主序的存放方法来说,设 a_{00} 是行下标和列下标均为 0 的数组元素,$\mathrm{Loc}(a_{00})$ 是 a_{00} 的存储地址,k 是每个数据元素所需的字节个数,则数组中任一数据元素 a_{ij} 的内存单元地址 $\mathrm{Loc}(a_{ij})$ 可由下面的公式求出:

$$\mathrm{Loc}(a_{ij}) = \mathrm{Loc}(a_{00}) + (i \times n + j) \times k \quad (0 \leqslant i < m; 0 \leqslant j < n) \tag{5-2}$$

其中,m 和 n 分别是二维数组的行数和列数。

式(5-2)可按如下思路理解:数组是从基地址 $\mathrm{Loc}(a_{00})$ 开始存放的;数组元素 a_{ij} 前已存放了 i 行,即已存放了 $i \times n$ 个数据元素,占用了 $i \times n \times k$ 个字节;数组元素 a_{ij} 前已存放了 j 列,即已存放了 j 个数据元素,占用了 $j \times k$ 个字节,所以数组元素 a_{ij} 的内存单元地址 $\mathrm{Loc}(a_{ij})$ 为上述三部分之和。三维或更高维数组中任一数据元素内存单元地址的推导公式方法同上。

图 5-1(a)是一个 3 行 3 列的逻辑结构的二维数组,图 5-1(b)是行主序存放下的内存结构图,图 5-1(c)是列主序存放下的内存结构图。

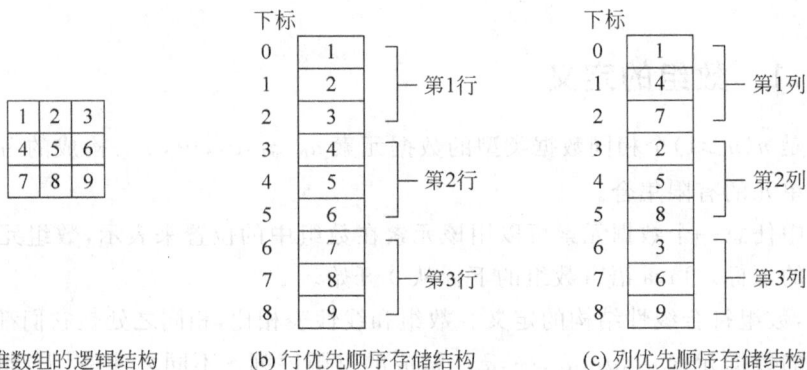

(a) 二维数组的逻辑结构　　(b) 行优先顺序存储结构　　(c) 列优先顺序存储结构

图 5-1　二维数组的顺序存储结构

公式(5-1)和公式(5-2)分别称为一维数组和二维数组的内存映像公式。用高级语言定义数组时,数组在内存中的首地址由系统动态分配并保存。高级语言通常用数组名保存数组在内存中的首地址。一旦确定了一个数组的首地址,系统就可计算出该数组中任意一个数组元素的内存地址。由于计算数组各个元素内存地址的时间相等,所以存取数组中任意一个元素的时间也相等,通常称具有这种特性的存储结构为**随机存储结构**。所以说数组具有随机存储结构的特性。

5.1.3 数组抽象数据类型

数据集合:

数组的数据集合可以表示为 $a_0,a_1,a_2,\cdots,a_{n-1}$,且限定数组元素必须存储在地址连续的内存单元中。

操作集合:

(1) 分配内存空间 acclocate():为数组分配用户所需的内存空间。

(2) 取数组长度 getLength():取数组的长度。

(3) 存数组元素 set(i,x):把数据元素 x 存入下标为 i 的数组中。其约束条件为:$0 \leqslant i \leqslant$ getLength()-1。

(4) 取数组元素 get(i):取出数组中下标为 i 的数据元素。其约束条件为:$0 \leqslant i \leqslant$ getLength()-1。

5.1.4 Java 语言支持的数组功能

1. 基本数据类型的数组

由于数组是非常基础的程序设计语言要素,所以 Java 语言设计实现了数组功能。

Java 语言(以及大部分高级程序设计语言)支持的数组操作有以下几种。

(1) 分配内存空间。为数组分配用户所需的内存空间。设有如下语句:

```
int a[] = new int[10];
```

就分配了 10 个元素的 int 类型数组所需的内存空间。并把该数组在内存中的首地址用对象引用 a 表示。同时,Java 语言还自动完成数组元素的初始化赋值,int 类型的初始值是 0。

(2) 获得数组长度。设有如下语句:

```
int c = a.length;
```

则变量 c 的值为 10,即 a.length 表示了数组的长度。

(3) 存数组元素。设有如下语句:

```
a[1] = 5;
```

该语句完成把整数 5 存放在下标为 1 的数组元素中。赋值运算符左边的 a[1]表示下标为 1 的数组元素变量,赋值运算符完成存数组元素。

(4) 取数组元素。设有如下语句:

```
int d = a[1];
```

该语句完成取出下标为 1 的数组元素赋给变量 d。赋值号右边的 a[1]表示取出下标为 1 的数组元素变量的值,赋值运算符完成把该数组元素的值赋给变量 d。

定义一个 10×10 的 int 类型的二维数组例子如下:

```
int b[ ][ ] = new int[10][10];                     //声明和分配内存
```

或

```
int b[ ][ ];                                        //声明
b = new int[10][10];                                //分配内存
```

2. 对象数组

除了可以定义基本数据类型的数组外,Java 语言还可以定义对象数组。假设有如下类
定义:

```
public class Position{
    private int x;
    private int y;
    public Position(){
        x = y = 0;
    }
}
```

则可以定义如下 4 个对象的对象数组 pos:

```
Position pos[ ] = new Position[4];
```

要注意的是,对于对象数组来说,其中的每个数组元素都需要通过 new 运算符单独创
建。例如:

```
Position pos[ ] = new Position[4];
for( int i = 1; i < 4; i++)
    pos [i] = new Position ();                     //分别创建每一个对象数组元素
```

对象数组也支持存操作和取操作,但和基本数据类型不同的是,所有对象名(包括对象
数组元素名)都是引用类型,所以,对象数组的存操作和取操作都是把一个已经创建的对象
赋值给一个对象引用,而不是新创建一个对象实体并赋值。例如,设有如下语句:

```
Position p1 = pos[1];
```

则完成把下标为 1 的对象数组引用赋值给对象引用 p1,即对象引用 p1 和对象引用 pos[1]
表示同一个对象,其内存结构图见图 5-2(a)。

设有如下语句:

```
Position p2 = new Position();
pos[2] = p2;
```

则完成让下标为 2 的对象数组引用不再表示原先创建的对象实体,而和对象引用 p2 表示同
一个对象实体,其内存结构图见图 5-2(b)。

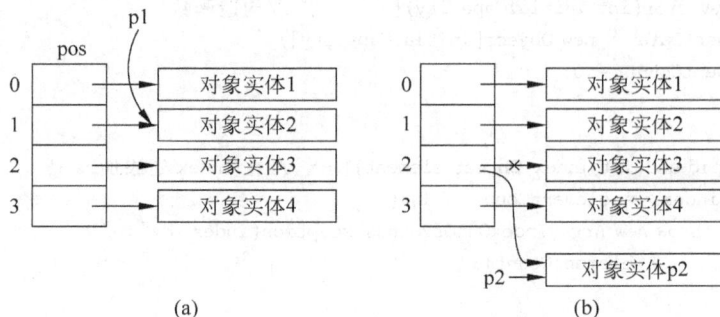

图 5-2 对象数组的存取操作

5.2 向量类

Java 语言只直接支持上述基本的数组操作。如果程序开始时定义的数组长度为 10，且数组中已经存放了若干数据元素，要在程序运行过程中扩充数组长度为 20，且把数组中原先存放的数据元素原样保存，则系统不提供直接支持，需要应用程序自己实现。

为了扩充数组功能，Java 类库还定义了 Vector 类。要说明的是，国内的大部分教材和科技书籍都把 Vector 类翻译为向量类，但这里的向量和数学上的向量概念完全不同。

向量类 Vector 扩充了数组的功能，提供了自动扩充数组长度且把数组中原先存放的数据元素原样保存的功能。Vector 类在 java.util 包中。

这里设计一个和 Vector 类功能类似的 MyVector 类。MyVector 类设计如下。

```java
public class MyVector{
    private Object[] elementData;              //数据元素
    private int elementCount;                  //元素个数

    private void ensureCapacity(int minCapacity){ //扩充内存
        int oldCapacity = elementData.length;  //原数组长度
        if (minCapacity > oldCapacity) {        //参数要求的长度是否大于原数组长度
            Object oldData[] = elementData;     //原数组元素
            int newCapacity = oldCapacity * 2;  //新的数组长度
            if (newCapacity < minCapacity) {
                                                //新的数组长度是否小于参数要求的长度
                newCapacity = minCapacity;
            }
            elementData = new Object[newCapacity];
                                                //扩充数组容量为 newCapacity
            System.arraycopy(oldData, 0, elementData, 0, elementCount);
                                                //把原来的数组元素复制到新数组的开始位置
        }
    }

    public MyVector(){                          //构造函数
        this(10);
    }
```

```java
    public MyVector(int initialCapacity){          //构造函数
        elementData = new Object[initialCapacity];
        elementCount = 0;
    }

    public void add(int index,Object element){     //在 index 处添加
        if (index >= elementCount + 1) {
            throw new ArrayIndexOutOfBoundsException(index + " > "
                + elementCount);
        }
        ensureCapacity(elementCount + 1);
        System.arraycopy(elementData, index, elementData,
            index + 1, elementCount - index);
        elementData[index] = element;
        elementCount++;
    }

    public void add(Object element){               //在最后添加
        add(elementCount,element);
    }

    public void set(int index,Object element){
    //把 index 处元素重置为 element
        if (index >= elementCount) {
            throw new ArrayIndexOutOfBoundsException(index + " >= "
                + elementCount);
        }
        elementData[index] = element;
    }

    public Object get(int index){                  //取 index 处元素
        if (index >= elementCount)
            throw new ArrayIndexOutOfBoundsException(index);
        return elementData[index];
    }

    public int size(){                             //取元素个数
        return elementCount;
    }
}
```

设计说明:

(1) MyVector 类只支持对象数组,不支持基本数据类型数组。基本数据类型(如 int)要用相应的包装类(如 Integer 类)包装。

(2) MyVector 类提供的自动扩充数组长度的功能,是由成员函数 ensureCapacity (minCapacity)实现的。该成员函数的实现过程是:首先,保存原数组长度和原数组元素;然后,让新数组长度 newCapacity 为原数组长度的 2 倍或参数 minCapacity 的较大者;最后,重新创建长度为 newCapacity 的数组,并把原来的数组元素复制到新数组的开始位置。该成员函数的实现过程如图 5-3 所示。

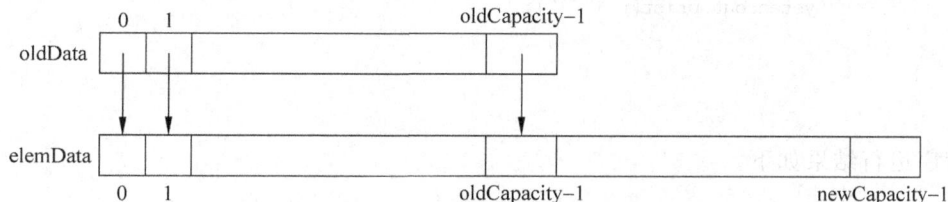

图 5-3　ensureCapacity(minCapacity)的实现过程

　　(3) 添加成员函数 add(index,element)的实现过程是：首先，用 elementCount＋1 为参数调用 ensureCapacity()成员函数，确保一定有足够的数组空间添加新的数据元素；然后，调用 System 类的数组复制成员函数 arraycopy()，把数组 elementData 中从下标 index 至最后共计 elementCount-index 个数组元素后移一个位置。其语句如下：

```
System.arraycopy(elementData, index, elementData, index + 1, elementCount - index);
```

　　最后，把数据元素 element 添加到下标为 index 的数组中。该成员函数的实现过程如图 5-4 所示。

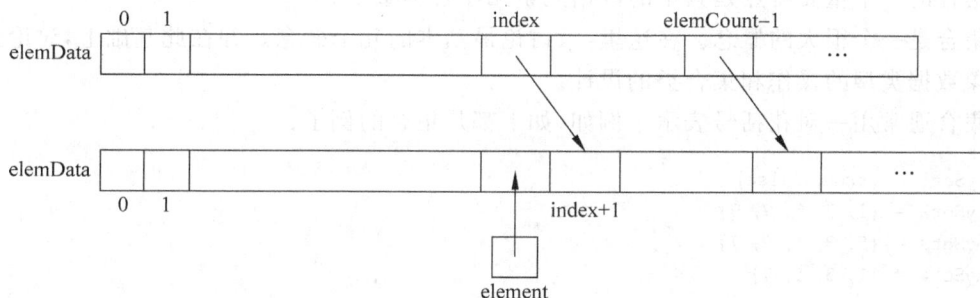

图 5-4　add(index,element)的实现过程

　　例 5-1　设计一个 MyVector 类的测试程序。首先，创建一个只能保存 10 个数据元素的 MyVector 类的对象；然后，依次把 1～10 的整数保存到该对象中；第三，向该对象中添加第 11 个数据元素；最后，输出该对象中的所有数据元素。
　　程序设计如下。

```
public class TestMyVector{
    public static void main(String[] args){
        int i;
        Integer t;
        MyVector mv = new MyVector(10);
        for(i = 0; i < 10; i++)
            mv.add(new Integer(i + 1));

        mv.add(new Integer(11));                //执行此语句时自动扩充内存单元个数

        System.out.println("size = " + mv.size());
        for(i = 0; i < mv.size(); i++){
            t = (Integer)mv.get(i);
```

```
            System.out.print(t + " ");
        }
    }
}
```

程序运行结果如下。

```
size = 11
1  2  3  4  5  6  7  8  9  10  11
```

5.3　集合

5.3.1　集合的概念

集合(Set)是具有某种相似特性的事物的全体。换一种说法,也可以说,集合是某种具有相同数据类型的数据元素全体。

集合的一个重要特点是其中的数据元素无序且不重复。

集合是一个很大的概念。在这里,只讨论最基本的几个概念。并在此基础上,讨论集合类抽象数据类型的操作和集合类的设计。

集合通常用一对花括号表示。例如,如下都是集合的例子:

```
mySet1 = {true, false}
mySet2 = {1, 3, 5, 7, 9}
mySet3 = {5, 3, 1, 9, 7}
mySet4 = {1, 3, 5, 7}
mySet5 = {}
```

集合 mySet1 中只有两个数据元素,一个为 true,一个为 false。

集合 mySet2 中有 5 个数据元素,分别为 1,3,5,7,9。

如果一个数据元素 x 在一个集合 A 中,则说数据元素 x **属于**集合 A;如果一个数据元素 x 不在一个集合 A 中,就说数据元素 x **不属于**集合 A。

例如,数据元素 3 属于集合 mySet2,因为数据元素 3 在集合 mySet2 中。又例如,数据元素 3 属于集合 mySet3,因为数据元素 3 在集合 mySet3 中。

如果集合 A 中的所有数据元素都在集合 B 中,则说集合 B **包含**集合 A。

例如,集合 mySet3 包含集合 mySet4,因为集合 mySet4 中的所有数据元素都在集合 mySet3 中。

集合 A 和集合 B **相等**当且仅当集合 A 包含集合 B,且集合 B 也包含集合 A。

例如,集合 mySet2 和集合 mySet3 相等,因为集合 mySet2 中的 5 个数据元素都包含在集合 mySet3 中(或者说,集合 mySet3 包含集合 mySet2),同时,集合 mySet3 中的 5 个数据元素也都包含在集合 mySet2 中(或者说,集合 mySet2 包含集合 mySet3)。

没有一个数据元素的集合称作空集合,集合 mySet5 是空集合。一个空集合一定被包含于任意的另一个集合。

集合的运算主要有三种:两个集合的并 $A\cup B$、两个集合的交 $A\cap B$、两个集合的差 $A-B$。

$A \cup B$ 是一个集合,其数据元素或者属于集合 A,或者属于集合 B(或者同时属于集合 A 和集合 B)。

$A \cap B$ 是一个集合,其数据元素同时属于集合 A 和集合 B。

$A-B$ 是一个集合,其数据元素由属于集合 A 而不属于集合 B 的所有数据元素组成。

5.3.2　集合抽象数据类型

数据集合:

数据元素集合可以表示为 $\{a_0, a_1, a_2, \cdots, a_{n-1}\}$,每个数据元素的数据类型可以是任意的类类型。

操作集合:

(1) 添加 add(obj):在集合中添加数据元素 obj。

(2) 删除 remove(obj):删除集合中的数据元素 obj。

(3) 属于 contain(obj):数据元素 obj 是否属于集合。是则返回 true,否则返回 false。

(4) 包含 include(otherSet):当前对象集合是否包含集合 otherSet。是则返回 true,否则返回 false。

(5) 相等 equals(otherSet):当前对象集合是否和集合 otherSet 相等。是则返回 true,否则返回 false。

(6) 数据元素个数 size():返回集合中的数据元素个数。

(7) 集合空否 isEmpty():若集合空返回 true,否则返回 false。

为简化起见,集合的并、交、差运算等就不再列出。

5.3.3　集合类

集合的特点是数据元素无序且不重复。集合类既可以基于向量类来实现,也可以用其他方法实现。常用的另一种实现方法是基于哈希表来实现。这里讨论基于向量类的集合类实现方法。

1. MyVector 类增加的成员函数

集合类的设计要利用前面设计的向量类 MyVector。为了方便集合类的设计,在向量类 MyVector 中再增加如下 4 个成员函数。

(1) 查找 indexOf(element):如果向量中存在数据元素 element,则返回其下标;否则返回 -1。

(2) 存在 contain(element):如果向量中存在数据元素 element,则返回 true;否则返回 false。

(3) 删除数据元素 remove(element):删除向量中的数据元素 element。

(4) 删除第 index 个数据元素 remove(index):删除向量中下标为 index 的数据元素。

MyVector 中增加的 4 个成员函数如下。

```
public int indexOf(Object element){            //查找
    if (element == null) {
```

```
            for (int i = 0 ; i < elementCount ; i++)
                if (elementData[i] == null) return i;   //返回第 1 个 null 元素
        } else {
            for (int i = 0 ; i < elementCount ; i++)
                if (element.equals(elementData[i]))
                    return i;
        }
        return -1;                                       //没有找到则返回 -1
    }

    public boolean contain(Object element){             //存在
        return indexOf(element) >= 0;
    }

    public void remove(Object element){                 //删除数据元素
        int i = indexOf(element);
        if (i >= 0) {
            remove(i);
        }
    }
    public void remove(int index){                       //删除下标为 index 的数据元素
        if (index >= elementCount) {
            throw new ArrayIndexOutOfBoundsException(index + " >= "
                + elementCount);
        }
        else if (index < 0) {
            throw new ArrayIndexOutOfBoundsException(index);
        }
        int j = elementCount - index - 1;
        if (j > 0) {
            System.arraycopy(elementData, index + 1, elementData, index, j);
        }
        elementCount -- ;
        elementData[elementCount] = null;
    }
}
```

2. 集合类 MySet

集合类 MySet 设计如下。

```
public class MySet{
    private MyVector values = new MyVector();           //成员变量

    public void add(Object obj){                         //添加
        if(obj == null)
            return;
        if(values.indexOf(obj) < 0)
            values.add(obj);                             //调用 MyVector 类的在最后添加成员函数
    }
```

```
    public void remove(Object obj){          //删除
        values.remove(obj);                  //调用 MyVector 类的删除数据元素成员函数
    }

    public boolean contain(Object obj){      //属于
        return values.contain(obj);          //调用 MyVector 类的包含成员函数
    }

    public boolean include(Object obj){      //包含
        if(obj instanceofMySet){             //判断 obj 是否是 MySet 的实例
            MySet set = (MySet)obj;

            int counter = 0;                 //循环记数初值
            while( counter < values.size()){ //循环
                Object temp = values.get(counter); //取得元素
                counter ++;                  //记数值加 1
                if(!contain(temp))           //判断是否属于
                    return false;            //不属于则返回 false
            }
            return true;                     //所有元素均属于则返回 true
        }
        else
            return false;
    }

    public boolean eqauls(Object obj){       //相等
        if(obj instanceof MySet){
            MySet set = (MySet)obj;
            if(include(set) && set.include(this))//判断是否互相包含
                return true;                 //互相包含则返回 true
            else return false;               //否则返回 false
        }
        else return false;
    }

    public int size(){                       //元素个数
        return values.size();
    }

    public boolean isEmpty(){                //集合空否
        return values.size() > 0;
    }

    public void print(){                     //输出
        int counter = 0;
        while( counter < values.size()){
            System.out.print(values.get(counter) + " ");
            counter++;
        }
    }
}
```

设计说明:

(1) MySet 类的成员函数添加 add(obj)、删除 remove(obj)和属于 contain(obj),都是调用 MyVector 类的相应成员函数完成相应功能的。

(2) 包含成员函数 include(obj)的实现方法是:首先,把参数 obj 转换成 MySet 类对象 set;然后,循环遍历集合 set 中的每个元素,调用属于成员函数 contain(),判断该数据元素是否在当前对象集合中。如果有一个数据元素不在当前对象集合中,则不满足包含;如果所有数据元素都在当前对象集合中,则满足包含。

(3) 相等成员函数 eqauls(obj)的实现方法是:首先,把参数 obj 转换成 MySet 类对象 set;然后,用对象 set 和当前对象(this 引用)两次调用 include()成员函数,如果互相包含则相等,否则不相等。

3. 集合类 MySet 的测试

例 5-2 设计一个 MySet 类的测试程序。首先,创建三个集合对象,分别是:集合 1 为 {0,2,5},集合 2 为{5,0,2},集合 3 为{ }。要求集合 3 先添加一个数据元素,再删除该数据元素,以测试删除成员函数;然后,分别输出这三个集合;最后,分别判断集合 1 是否包含集合 3,集合 1 是否包含集合 2,集合 2 和集合 1 是否相等。

程序设计如下。

```java
public class TestMySet{
    public static void main(String[] args){
        MySet os1 = new MySet();
        MySet os2 = new MySet();
        MySet os3 = new MySet();

        os1.add(new Integer(0));
        os1.add(new Integer(2));
        os1.add(new Integer(5));

        os2.add(new Integer(5));
        os2.add(new Integer(0));
        os2.add(new Integer(2));
        os2.add(new Integer(5));          //测试重复添加情况

        os3.add(new Integer(7));
        os3.remove(new Integer(7));

        System.out.print("Set of os1 is: { ");
        os1.print();
        System.out.println("}");

        System.out.print("Set of os2 is: { ");
        os2.print();
        System.out.println("}");

        System.out.print("Set of os3 is: { ");
        os3.print();
```

```
        System.out.println("}");

        if(os1.include(os3))
            System.out.println("os1 including os3");
        else
            System.out.println("os1 does not including os3");

        if(os1.include(os2))
            System.out.println("os1 including os2");
        else
            System.out.println("os1 does not including os2");

        if(os1.eqauls(os2))
            System.out.println("os1 is eqaul with os2");
        else
            System.out.println("os1 is not eqaul with os2");
    }
}
```

程序运行结果如下。

```
Set of os1 is: { 0 2 5 }
Set of os2 is: { 5 0 2 }
Set of os3 is: { }
os1 including os3
os1 including os2
os1 is eqaul with os2
```

5.4 矩阵类

1. 矩阵类 Matrix

矩阵是工程设计中经常使用的数学工具。矩阵运算主要有矩阵加、矩阵减、矩阵乘、矩阵转置、矩阵求逆等。

矩阵用二维数组处理最为方便。大多数程序中也都用二维数组来存储矩阵元素和实现矩阵运算。

这里,在前面设计的向量类 MyVector 的基础上,设计一个矩阵类 Matrix。为简化设计代码,所设计的 Matrix 类中,除了几个基本成员函数外,只设计了矩阵加成员函数,其他矩阵运算成员函数作为作业由读者完成。

这里设计的矩阵类 Matrix 使用 MyVector 类来创建如图 5-5 所示结构的二维数组。和直接用 Java 语言支持的二维数组来存储和处理矩阵相比,图 5-5 结构的二维数组可以动态改变矩阵的行数和列数。

矩阵类 Matrix 设计如下。

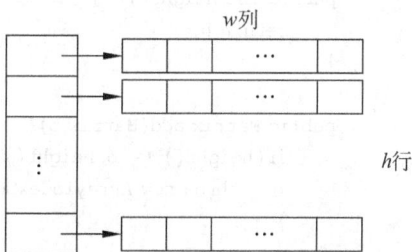

图 5-5 二维数组存储结构

```java
public class Matrix{
    private MyVector values;                    //成员变量,矩阵元素
    private int h;                              //成员变量,矩阵行数
    private int w;                              //成员变量,矩阵列数

    public Matrix(int h, int w){                //构造函数,h为行数,w为列数
        if(!(h > 0 && w > 0))
            throw new ArrayIndexOutOfBoundsException("h or w < " + 1);
        values = new MyVector(h);               //创建有 h 行的对象
        for(int i = 0; i < h; i++){
            MyVector row = new MyVector(w);     //创建有 w 列的对象
            values.add(row);                    //让行元素引用等于 row
            for(int j = 0; j < w; j++){
                row.add(null);                  //初始化矩阵元素为 null
            }
        }
        this.h = h;
        this.w = w;
    }

    public void set(int row, int col, Object value){ //置元素
        if(!(row >= 0 && w >= 0 && row < h && col < w))
            throw new ArrayIndexOutOfBoundsException("h or w < "
                + " - 1");
        MyVector selrow = (MyVector)values.get(row);
        selrow.set(col, value);
    }

    public Object get(int row, int col){             //取元素
        if(!(row >= 0 && w >= 0 && row < h && col < w))
            throw new ArrayIndexOutOfBoundsException("h or w < "
                + " - 1");
        MyVector selrow = (MyVector)values.get(row);
        return selrow.get(col);
    }

    public int width(){                          //矩阵列数
        return w;
    }

    public int height(){                         //矩阵行数
        return h;
    }

    public Matrix add(Matrix b){                 //矩阵加
        if(height() != b.height() || width() != b.width()){
            throw new ArrayIndexOutOfBoundsException("Matrix error");
        }

        Matrix result = new Matrix(height(), width());
```

```
        for(int i = 0;i < height();i ++){
            for(int j = 0;j < width(); j ++){
                Integer i1 = (Integer)get(i,j);
                Integer i2 = (Integer)(b.get(i,j));
                result.set(i,j,new Integer(i1.intValue()
                    + i2.intValue()));
            }
        }

        return result;
    }

    public void print(){                          //输出矩阵元素
        for(int i = 0; i < h; i++){
            for(int j = 0; j < w; j++){
                System.out.print(get(i,j) + " ");
            }
            System.out.println();
        }
    }
}
```

设计说明：

Matrix 类中，构造函数完成，按照给定的参数 h（行数）和 w（列数），构造一个 h 行 w 列的二维数组。其设计思想是：利用 MyVector 类，把一维数组设计成一个 MyVector 类的对象，用一维数组拼接二维数组。

构造函数实现的二维数组存储结构如图 5-5 所示。

矩阵类 Matrix 是在 MyVector 类的基础上实现的。前面讨论过，MyVector 类的自动扩充功能，支持数组元素个数的自动扩充。从图 5-5 也可以看出，基于 MyVector 类设计的 Matrix 类中，二维数组结构是由一个个一维数组动态构成的。因此，Matrix 类还可以方便地实现矩阵行数和列数的扩充。关于 Matrix 类矩阵行数和列数扩充的成员函数，这里不再详细讨论，作为作业由读者自己完成。

2. 矩阵类的测试

例 5-3 设计一个 Matrix 类的测试程序。首先，创建两个 3 行 4 列的矩阵并赋值；然后，分别输出这两个矩阵的数值；最后，把两个矩阵相加后输出矩阵的数值。

测试程序设计如下。

```
public class TestMatrix{
    public static void main(String[] args){
        Matrix mt1 = new Matrix(3,4);              //创建第一个矩阵
        for(int i = 0;i < mt1.height(); i++){
            for(int j = 0;j < mt1.width();j ++){
                mt1.set(i,j,new Integer(i+j));  //给矩阵元素赋值
            }
        }
```

```
        Matrix mt2 = new Matrix(3,4);                    //创建第二个矩阵
        for(int i = 0;i < mt2.height(); i++){
            for(int j = 0;j < mt2.width();j ++){
                mt2.set(i,j,new Integer((int)(Math.random() * 10)));
                                                //调用随机数函数产生随机数给矩阵元素赋值
            }
        }

        System.out.println("Matrix 1:");
        mt1.print();                                     //输出第一个矩阵的元素
        System.out.println("Matrix 2:");
        mt2.print();                                     //输出第二个矩阵的元素

        Matrix mt3 = mt2.add(mt1);                       //矩阵加
        System.out.println("results after adding :");
        mt3.print();                                     //输出矩阵加后的元素
    }
}
```

程序运行结果如下。

```
Matrix 1:
0 1 2 3
1 2 3 4
2 3 4 5
Matrix 2:
4 2 4 9
4 3 8 6
6 1 1 5
results after adding :
4 3 6 12
5 5 11 10
8 4 5 10
```

5.5　特殊矩阵

　　特殊矩阵是指这样一类矩阵，其中有许多值相同的元素或有许多零元素，且值相同的元素或零元素的分布有一定规律。一般采用二维数组来存储矩阵元素。但是，对于特殊矩阵，可以通过找出矩阵中所有值相同元素的数学映射公式，只存储相同元素的一个副本，从而达到压缩存储数据量的目的。

　　当矩阵的维数比较大时，矩阵占据的内存单元相当多，这时，利用特殊矩阵数据元素的分布规律压缩矩阵的存储空间，对许多应用问题来说有重要的意义。

5.5.1　特殊矩阵的压缩存储

　　特殊矩阵压缩存储方法有两种：只存储相同矩阵元素的一个副本；采用不等长的二维数组。

1．只存储相同矩阵元素的一个副本

此种压缩存储方法是：找出特殊矩阵数据元素的分布规律，只存储相同矩阵元素的一个副本。

例如，n 阶对称矩阵是指一个对称矩阵的行数和列数相等且等于 n。n 阶对称矩阵 A 中的数据元素满足：

$$a_{ij} = a_{ji} \quad (1 \leqslant i \leqslant n, 1 \leqslant j \leqslant n) \tag{5-3}$$

由于 n 阶对称矩阵中的数据元素以主对角线为中线对称，因此可以只存储所有对称的两个值相同矩阵元素中的一个。这样就可将 n^2 个数据元素压缩存储在 $n(n+1)/2$ 个存储单元中。假设以一维数组 va 作为 n 阶对称矩阵 A 的压缩存储单元，则一维数组 va 要求的元素个数为 $n(n+1)/2$ 个。设 a_{ij} 为 n 阶对称矩阵 A 中 i 行 j 列的数据元素，k 为一维数组 va 的下标，其数学映射关系为：

$$k = \begin{cases} \dfrac{i(i-1)}{2} + j - 1 & \text{当 } i \geqslant j \text{ 时} \\[2mm] \dfrac{j(j-1)}{2} + i - 1 & \text{当 } i < j \text{ 时} \end{cases} \tag{5-4}$$

说明：公式(5-4)成立的条件是 $1 \leqslant i \leqslant n$ 和 $1 \leqslant j \leqslant n$。

n 阶对称矩阵中的数据元素在一维数组 va 中的对应位置关系见表 5-1。

表 5-1　n 阶对称矩阵的压缩存储对应关系

k	0	1	2	3	…	$n(n-1)/2$	…	$n(n+1)/2-1$
va 中元素	a_{11}	a_{21}	a_{22}	a_{31}	…	a_{n1}	…	a_{nn}
隐含元素		a_{12}		a_{13}		a_{1n}		

例如，对一个 3 阶对称矩阵 $a_{ij}(1 \leqslant i \leqslant 3, 1 \leqslant j \leqslant 3)$，压缩存储的一维数组 va 中存储的数据元素依次为：$a_{11}, a_{21}(a_{12}), a_{22}, a_{31}(a_{13}), a_{32}(a_{23}), a_{33}$。

做如上压缩映射后，n 阶对称矩阵 A 中的数据元素 a_{ij} 压缩存储到了一维数组 va 中，因此，一维数组 va 实现了对 n 阶对称矩阵 A 的压缩存储，其压缩存储空间效率近一倍。

有些非对称的矩阵也可借用此方法实现压缩存储，如 n 阶下三角矩阵就可用此方法实现压缩存储。所谓 n 阶下三角矩阵就是行列数均为 n 的矩阵的上三角(不包括对角线)中的数据元素均为 0，此时可以只存储 n 阶下三角矩阵的下三角(包括对角线)中的数据元素。设 a_{ij} 为 n 阶下三角矩阵中 i 行 j 列的数据元素，k 为一维数组 va 的下标，其数学映射关系为：

$$k = \begin{cases} \dfrac{i(i-1)}{2} + j - 1 & \text{当 } i \geqslant j \text{ 时} \\[2mm] \text{空} & \text{当 } i < j \text{ 时} \end{cases} \tag{5-5}$$

2．采用不等长的二维数组

Java 语言支持不等长的二维数组，对于 n 阶对称矩阵，也可以通过只申请存储下三角(或上三角)矩阵元素所需的二维数组，来达到压缩存储的目的。一个只存储 4 阶下三角矩阵元素的不等长的二维数组结构如图 5-6 所示。

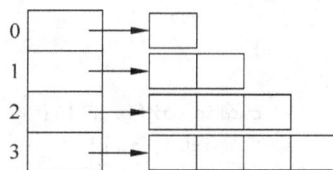

图 5-6　不等长的二维数组结构

5.5.2　n 阶对称矩阵类

本节讨论一个 n 阶对称矩阵类的设计,采用的压缩存储方法是,只存储相同矩阵元素的一个副本。

n 阶对称矩阵类设计如下。

```java
public class SynmeMatrix{
    double a[];                                //矩阵元素
    int n;                                     //阶数
    int m;                                     //一维数组个数

    SynmeMatrix(int n){                        //构造函数
        m = n * (n + 1) / 2;                   //计算一维数组个数
        a = new double[m];                     //创建一维数组
        this.n = n;                            //保存阶数
    }

    public void evaluateMatrix(double[][] b){  //矩阵赋值1
        int k = 0;
        int i, j;
        for(i = 0; i < n; i ++)
            for(j = 0; j < n; j ++)
                if(i >= j) a[k++] = b[i][j];   //只保存下三角元素
    }

    public void evaluateMatrix(double[] b){    //矩阵赋值2
        for(int k = 0; k < m; k ++)
            a[k] = b[k];
    }

    public SynmeMatrix add(SynmeMatrix myB){   //矩阵加
        SynmeMatrix t = new SynmeMatrix(n);
        int i, j, k;
        for(i = 1; i <= n; i ++){
            for(j = 1; j <= n; j++){
                if(i >= j)
                    k = i * (i - 1) / 2 + j - 1;
                else
                    k = j * (j - 1) / 2 + i - 1;
                t.a[k] = a[k] + myB.a[k];
            }
        }
        return t;
    }

    public void print(){                       //输出矩阵元素
        int i, j, k;
        for(i = 1; i <= n; i ++){
            for(j = 1; j <= n; j++){
```

```
            if(i >= j)
                k = i * (i - 1) / 2 + j - 1;
            else
                k = j * (j - 1) / 2 + i - 1;
            System.out.print(" " + a[k]);
        }
        System.out.println();
    }
}
```

设计的矩阵类中只给出了矩阵加成员函数的代码。其他矩阵减、矩阵乘等成员函数作为作业由读者自己完成。

例 5-4 设计一个测试 n 阶对称矩阵类的测试程序。

程序设计如下。

```
public class Exam5_4{
    public static void main(String[] args){
        SynmeMatrix matrixA = new SynmeMatrix(3);
        SynmeMatrix matrixB = new SynmeMatrix(3);
        SynmeMatrix matrixC;

        double[][] a = {{1,0,0},{2,3,0},{4,5,6}};
        double[] b = {1,2,3,4,5,6};

        matrixA.evaluateMatrix(a);              //测试构造函数 1
        matrixB.evaluateMatrix(b);              //测试构造函数 2

        System.out.println("matrixA 矩阵为: ");
        matrixA.print();
        System.out.println("matrixB 矩阵为: ");
        matrixB.print();
        matrixC = matrixA.add(matrixB);         //测试矩阵加
        System.out.println("matrixC 矩阵为: ");
        matrixC.print();
    }
}
```

程序运行的输出结果为:

```
matrixA 矩阵为:
    1.0    2.0    4.0
    2.0    3.0    5.0
    4.0    5.0    6.0
matrixB 矩阵为:
    1.0    2.0    4.0
    2.0    3.0    5.0
    4.0    5.0    6.0
matrixC 矩阵为:
    2.0    4.0    8.0
    4.0    6.0    10.0
    8.0    10.0   12.0
```

5.6 稀疏矩阵

对一个 $m\times n$ 的矩阵,设 s 为矩阵元素个数的总和,有 $s=m\times n$,设 t 为矩阵中非零元素个数的总和,满足 $t\ll s$ 的矩阵称作**稀疏矩阵**。符号≪读作小于小于。简单地说,稀疏矩阵就是非零元素个数远远小于元素个数的矩阵。相对于稀疏矩阵来说,一个不稀疏的矩阵也称作**稠密矩阵**。严格地说,下面给出的稀疏矩阵例子都不满足稀疏矩阵的定义,但由于篇幅所限,只能如此举例。

5.6.1 稀疏矩阵的压缩存储

由于稀疏矩阵的零元素非常多,且分布无规律,所以稀疏矩阵的压缩存储方法,是只存储矩阵中的非零元素。稀疏矩阵中每个非零元素及其对应的行下标和列下标构成一个三元组,稀疏矩阵中所有这样的三元组构成一个以三元组为数据元素的线性表。稀疏矩阵压缩存储的方法,是只存储稀疏矩阵的所有三元组。

图 5-7(a)是一个稀疏矩阵,图 5-7(b)是对应的以三元组为数据元素的线性表。

行号\列号	1	2	3	4	5	6	7
1	0	0	11	0	17	0	0
2	0	25	0	0	0	0	0
3	0	0	0	0	0	0	0
4	19	0	0	0	0	0	0
5	0	0	0	37	0	0	0
6	0	0	0	0	0	0	50

(a) 稀疏矩阵

```
{{1,3,11},{1,5,17},{2,2,25},
{4,1,19},{5,4,37},{6,7,50}}
```

(b) 三元组线性表

图 5-7 稀疏矩阵和对应的三元组线性表

稀疏矩阵的压缩存储结构主要有三元组的数组结构存储和三元组的链表结构存储两大类型。三元组的数组结构存储就是把稀疏矩阵的所有三元组按某种规则存储在一个一维数组中。三元组的链表结构存储就是把稀疏矩阵的所有三元组存储在一个链表中。其中,链表结构又有一般链表、行指针数组链表和行列指针的十字链表存储结构等。稀疏矩阵的链表压缩存储结构可看作是链表的直接应用或组合应用。

5.6.2 数组结构的稀疏矩阵类

1. 三元组类

三元组的数组结构存储,就是把所有三元组存储在一个数组中。前面介绍的向量类 MyVector 具有较强的数组功能,这里设计一个基于 MyVector 类的稀疏矩阵类。为了简化设计代码,这里给出的稀疏矩阵类中除基本的成员函数外,只给出了矩阵转置成员函数。

三元组是稀疏矩阵压缩存储方法的关键。首先设计三元组类如下。

```
public class Three{
```

```java
    public int row;                         //行号
    public int col;                         //列号
    public double value;                    //数值

    public Three(int r, int c, double v){   //构造函数1
        row = r;
        col = c;
        value = v;
    }

    Three(){                                //构造函数2
        this(0,0,0.0);
    }
}
```

2．稀疏矩阵类

对于稀疏矩阵来说，矩阵的行数、列数和非零元素个数是矩阵操作的基本数据，因此，这些成分要设计为成员变量。另外，要用数组保存所有三元组，因此，要把 MyVector 类的对象设计为成员变量。

这样，如图 5-7(b)所示的稀疏矩阵三元组线性表的存储结构就对应为如图 5-8 所示的数组结构的稀疏矩阵三元组。其中，rows 表示稀疏矩阵的行数；cols 表示稀疏矩阵的列数；dNum 表示稀疏矩阵的非零元素个数；v 表示存储三元组的数组。

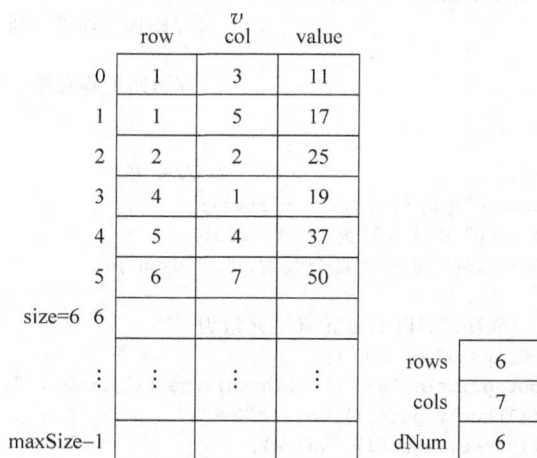

图 5-8　数组结构稀疏矩阵三元组的内存示意图

三元组顺序表类的定义和实现代码如下。

```java
public class SpaMatrix{
    int rows;                               //行数
    int cols;                               //列数
    int dNum;                               //非零元素个数
    MyVector v;                             //数组

    SpaMatrix(int max){                     //构造函数
```

```
        rows = cols = dNum = 0;
        v = new MyVector(max);
    }

    public void evaluate(int r, int c, int d, Three[] item)
        throws Exception{
//给矩阵赋值
        rows = r;
        cols = c;
        dNum = d;

        for(int i = 0; i < d; i ++){
            v.add(i, item[i]);
        }
    }

    public SpaMatrix transpose(){                //转置
        SpaMatrix a = new SpaMatrix(v.size());   //创建矩阵对象

        a.cols = rows;                           //行数转为列数
        a.rows = cols;                           //列数转为行数
        a.dNum = dNum;                           //非零元素个数不变

        for(int i = 0; i < dNum; i ++){
            Three t = (Three)v.get(i);           //取得三元组
            a.v.add(i,new Three(t.col, t.row, t.value));
                                       //添加。注意：列号变为行号,行号变为列号
        }
        return a;                                //返回矩阵对象
    }

    public void print(){                         //输出
        System.out.print("矩阵行数为: " + rows);
        System.out.print(" 矩阵列数为: " + cols);
        System.out.println(",非零元素个数为: " + dNum);

        System.out.println("矩阵非零元素三元组为: ");
        for(int i = 0; i < dNum; i ++){
            System.out.println("a<" + ((Three)v.get(i)).row + ","
                + ((Three)v.get(i)).col + ">= "
                + ((Three)v.get(i)).value);
        }
    }
}
```

设计说明：

(1) 对如图 5-7 所示的数组结构压缩存储的稀疏矩阵,转置操作后的内存示意图如图 5-9(a)所示。很显然,转置操作只是简单地把行号转为列号,把列号转为行号,非零元数值不变。此种转置算法的时间复杂度为 $O(dNum)$,其中,dNum 为稀疏矩阵的非零元个数。

(2) 转置操作还可以转置成,先行号有序再列号有序的方式存储。如图 5-9(b)所示的就是这样的转置操作的内存示意图。这样的转置算法的时间复杂度一般为 $O(cols \times$

dNum),其中,cols 为原稀疏矩阵的列数;dNum 为稀疏矩阵的非零元个数。有兴趣的读者可以自己设计一个这样的转置成员函数。

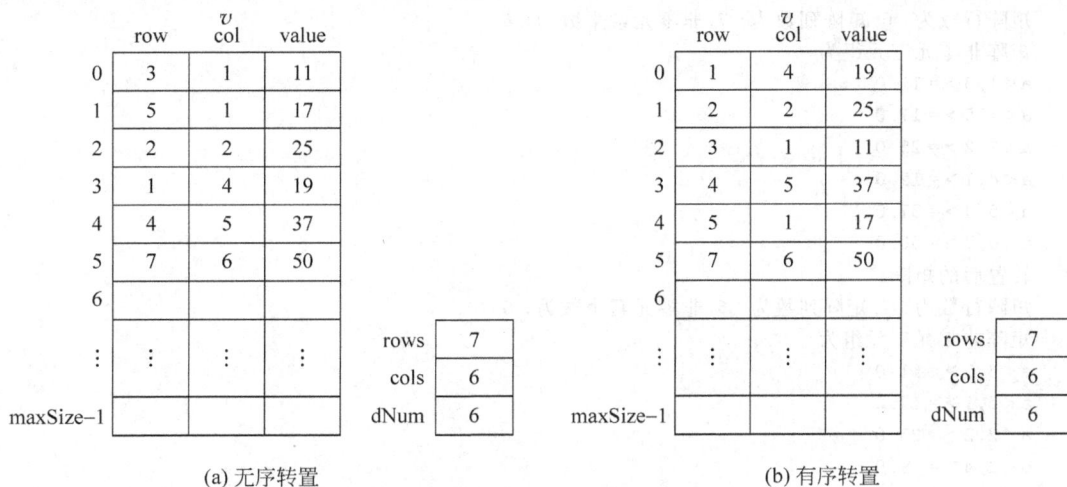

	row	v col	value
0	3	1	11
1	5	1	17
2	2	2	25
3	1	4	19
4	4	5	37
5	7	6	50
6			
⋮	⋮	⋮	⋮
maxSize−1			

rows	7
cols	6
dNum	6

(a) 无序转置

	row	v col	value
0	1	4	19
1	2	2	25
2	3	1	11
3	4	5	37
4	5	1	17
5	7	6	50
6			
⋮	⋮	⋮	⋮
maxSize−1			

rows	7
cols	6
dNum	6

(b) 有序转置

图 5-9 转置操作的内存示意图

例 5-5 以如图 5-7 所示的稀疏矩阵数据为例,设计一个稀疏矩阵类的测试程序。程序设计如下。

```java
public class TestSpaMatrix{
    public static void main(String[] args){
        SpaMatrix matrixA = new SpaMatrix(10);
        SpaMatrix matrixB;

        Three[] a = new Three[6];
        a[0] = new Three(1, 3, 11.0);
        a[1] = new Three(1, 5, 17.0);
        a[2] = new Three(2, 2, 25.0);
        a[3] = new Three(4, 1, 19.0);
        a[4] = new Three(5, 4, 37.0);
        a[5] = new Three(6, 7, 50.0);

        try{
            matrixA.evaluate(6, 7, 6, a);
            System.out.println("原矩阵:");
            matrixA.print();

            System.out.println("转置后的矩阵:");
            matrixB = matrixA.transpose();
            matrixB.print();

        }
        catch(Exception e){
            System.out.println(e.getMessage());
        }
    }
}
```

程序运行结果如下。

原矩阵：
矩阵行数为：6,矩阵列数为：7,非零元素个数为：6
矩阵非零元三元组为：
a<1,3>=11.0
a<1,5>=17.0
a<2,2>=25.0
a<4,1>=19.0
a<5,4>=37.0
a<6,7>=50.0
转置后的矩阵：
矩阵行数为：7,矩阵列数为：6,非零元素个数为：6
矩阵非零元三元组为：
a<3,1>=11.0
a<5,1>=17.0
a<2,2>=25.0
a<1,4>=19.0
a<4,5>=37.0
a<7,6>=50.0

5.6.3 三元组链表

稀疏矩阵的所有三元组也可采用链表结构存储。用链表存储的稀疏矩阵三元组简称三元组链表。在三元组链表中每个结点的数据域由稀疏矩阵非零元素的行号、列号和元素值组成。如图 5-7(b)所示的稀疏矩阵三元组线性表,其带头结点的三元组链表结构如图 5-10所示。其中,头结点的行号域存储了稀疏矩阵的行数,列号域存储了稀疏矩阵的列数。

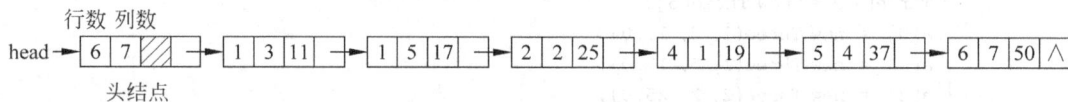

图 5-10 带头结点的三元组链表结构

这种三元组链表的缺点是实现矩阵运算算法的时间效率不高。因为算法中若要访问某行某列中的一个元素时,必须从头指针进入后逐个结点查找。为提高矩阵运算算法的时间效率,可以给三元组链表的每一行设计一个头指针,这些头指针构成一个指针数组,指针数组中的每一行的头指针指向该行三元组链表的第一个数据元素结点。换句话说,每一行的单链表是仅由该行三元组元素结点构成的单链表,该单链表由指针数组中对应该行的头指针域指示。我们称这种结构的三元组链表为行指针数组结构的三元组链表。如图 5-7(b)所示的稀疏矩阵三元组线性表,其行指针数组结构的三元组链表如图 5-11 所示。其中,各单链表均不带头结点。由于每个单链表中的行号域数值均相同,所以单链表中省略了三元组的行号域,而把行号统一放在了指针数组的行号域中。

图 5-11 中,以第一行的最后一个结点为例,结点的含义为：5 表示列号,17 表示非零元素,指针域是指向后继结点的指针。行指针数组中的 1 表示行号。

行指针数组结构的三元组链表对于从某行进入后找某列元素的操作比较容易实现,但

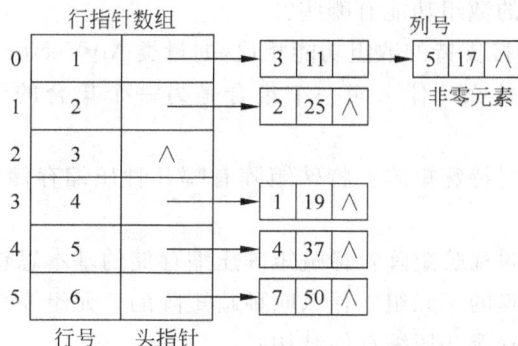

图 5-11 行指针数组结构的三元组链表

对于从某列进入后找某行元素的操作就不容易实现,为此可再仿照行指针数组,构造相同结构的列指针数组。由于此时每个结点不仅有横向勾链(表示各行),而且还有纵向勾链(表示各列),所以这样的链表称作三元组十字链表结构。如图5-7(b)所示的稀疏矩阵三元组线性表,其三元组十字链表如图5-12所示。其中,各单链表均不带头结点。此时每个结点中要增加一个纵向勾链的指针域。

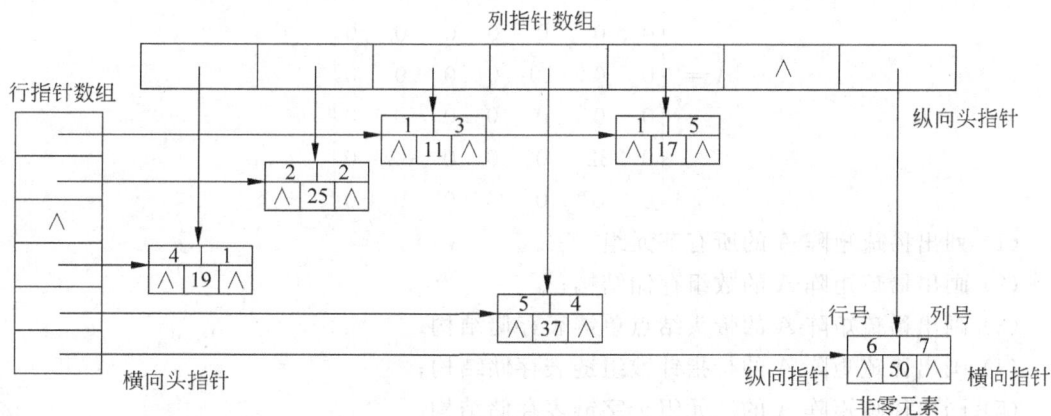

图 5-12 三元组十字链表

三元组十字链表中每个单链表的行号域和列号域不能省略。否则,从行数组进入时无法找到所需列的元素,从列数组进入时无法找到所需行的元素。

图 5-12 中,以最后一行最后一列结点为例,结点的含义为:6 表示行号,7 表示列号,50 表示非零元素,左边的指针域是指向列后继结点的指针,右边的指针域是指向行后继结点的指针。

习题

基本概念题

5-1 分别写出一维数组和二维数组的存储映像公式。

5-2 什么叫随机存储结构?为什么说数组是一种随机存储结构?

5-3　Java 语言支持的数组功能有哪些？

5-4　和 Java 语言直接支持的数组功能相比，向量类 MyVector 增加的功能有哪些？

5-5　集合的定义是什么？什么叫一个集合是另一个集合的子集？什么叫两个集合相等？

5-6　什么样的矩阵叫特殊矩阵？特殊矩阵有哪几种压缩存储方法？每种压缩存储方法的基本思想是什么？

5-7　什么样的矩阵叫稀疏矩阵？稀疏矩阵压缩存储的基本思想是什么？

5-8　什么叫稀疏矩阵的三元组？什么叫稀疏矩阵的三元组线性表？

5-9　稀疏矩阵主要有哪些压缩存储结构？

5-10　设一个系统中二维数组采用行序优先的存储方式存储，已知二维数组 $a[10][8]$ 中每个数据元素占 4 个存储单元，且第一个数据元素的存储地址是 1000，求数据元素 $a[4][5]$ 的存储地址。

复杂概念题

5-11　对于如下所示的稀疏矩阵 A

$$A = \begin{bmatrix} 0 & 0 & 0 & 0 & 0 & 5 & 0 \\ 0 & 0 & 0 & 9 & 0 & 0 & 0 \\ 0 & 0 & 0 & 0 & 0 & 0 & 0 \\ 0 & 0 & 19 & 0 & 0 & 0 & 0 \\ 0 & 0 & 0 & 0 & 0 & 0 & 0 \\ 0 & 22 & 0 & 0 & 0 & 33 & 0 \\ 0 & 0 & 0 & 0 & 0 & 0 & 0 \end{bmatrix}$$

（1）列出稀疏矩阵 A 的所有三元组；

（2）画出稀疏矩阵 A 的数组存储结构；

（3）画出稀疏矩阵 A 的带头结点单链表存储结构；

（4）画出稀疏矩阵 A 的行指针数组链表存储结构；

（5）画出稀疏矩阵 A 的三元组十字链表存储结构。

算法设计题

5-12　设计 MyVector 类的删除全部数据元素的成员函数。

5-13　设计 MySet 类的两个集合的并、两个集合的交和两个集合的差成员函数。

5-14　重新设计 MySet 类的相等 equals(obj)成员函数。要求实现方法中不调用子集 subSet(obj)成员函数。

5-15　设计 MySet 类的真子集成员函数。集合 A 是集合 B 的真子集，是指集合 B 中至少有一个数据元素在集合 A 中没有。

5-16　设计 Matrix 类的添加一行成员函数。要求在矩阵的最后一行后边添加一行。

5-17　设计 Matrix 类的添加一行成员函数。要求在矩阵指定行下标 index 前添加一行。

5-18　设计 Matrix 类的添加一列成员函数。要求在矩阵的最后一列后边添加一列。

5-19　设计 Matrix 类的添加一列成员函数。要求在矩阵指定列下标 index 前添加一列。

5-20 设计 Matrix 类的删除一行成员函数。要求删除矩阵中指定的 index 一行。

5-21 设计 Matrix 类的删除一列成员函数。要求删除矩阵中指定的 index 一列。

上机实习题

5-22 设计 Matrix 类。要求在原先 Matrix 类成员函数的基础上,增加如下成员函数:

(1) 在矩阵指定行下标 index 前添加一行;

(2) 在矩阵指定列下标 index 前添加一列;

(3) 删除矩阵中指定的 index 一行;

(4) 删除矩阵中指定的 index 一列。

另外,设计一个测试例子,测试所有新增加的成员函数。

5-23 设计 n 阶对称矩阵类。要求:

(1) 采用不等长的二维数组方法进行压缩存储;

(2) 设计的成员函数至少和教材中给出的 n 阶对称矩阵类的成员函数个数和功能相同。

设计一个测试例子,测试所设计的 n 阶对称矩阵类。

第6章

递归算法

存在自调用的算法称作递归算法。和前几章讨论的内容不同,递归算法不是一种数据结构,而是一种有效的算法设计方法。本章主要介绍递归的概念、递归算法的执行过程、递归算法的设计方法以及递归算法的效率。递归算法是解决许多复杂应用问题的重要方法。

本章主要知识点

- 递归的概念;
- 递归算法的设计方法;
- 递归算法的执行过程;
- 递归算法的效率。

6.1 递归的概念

通常的算法中不存在算法调用自己本身的情况,但是,在如下两种情况下存在算法调用自己本身的情况。

1. 问题的定义是递推的

许多数学概念是递推定义的。阶乘函数的常见定义是:

$$n! = \begin{cases} 1 & \text{当 } n = 0 \text{ 时} \\ n \times (n-1) \times \cdots \times 1 & \text{当 } n > 0 \text{ 时} \end{cases} \quad (6\text{-}1)$$

显然,这是一个循环过程定义,一旦 n 给定,就可由这个循环过程定义得出 $n!$。例如 $n=4$,则有 $4! = 4 \times 3 \times 2 \times 1$。

但是,阶乘函数也可递推定义如下。

$$n! = \begin{cases} 1 & \text{当 } n = 0 \text{ 时} \\ n \times (n-1)! & \text{当 } n > 0 \text{ 时} \end{cases} \quad (6\text{-}2)$$

这样的递推定义写成函数形式则为:

$$f(n) = \begin{cases} 1 & \text{当 } n = 0 \text{ 时} \\ n \times f(n-1) & \text{当 } n > 1 \text{ 时} \end{cases} \quad (6\text{-}3)$$

这样,阶乘函数 $f(n)$ 的定义中用到了自己本身 $f(n-1)$。

2. 问题的解法存在自调用

有些问题的解法存在自调用。一个典型的例子是在有序数组中查找一个数据元素是否存在的折半查找算法。

在有序数组 a 中查找一个数据元素 x 是否存在的折半查找算法思想是：设有序数组 a 中的数据元素按从小到大的次序排列,有序数组 a 的下界下标为 low,上界下标为 high。则有序数组 a 中是否存在数据元素 x 可用如下方法查找：首先计算出数组 a 的中间位置下标 mid,有 mid＝(low＋high)/2(注：整数除以整数时商只取整数部分,如 $7/2=3$)。然后比较 x 和 $a[\text{mid}]$,若 $x=a[\text{mid}]$,则查找成功；若 $x<a[\text{mid}]$,则随后调用算法自身,在下界下标为 low,上界下标为 mid－1 的区间继续查找；若 $x>a[\text{mid}]$,则随后调用算法自身,在下界下标为 mid＋1,上界下标为 high 的区间继续查找。

图 6-1 是折半查找算法查找过程的示例。其中,有序数组 a 中的数据元素为{1,3,4,5,17,18,31,33},初始下界下标 low＝0,初始上界下标 high＝7,要查找的数据元素 $x=17$。

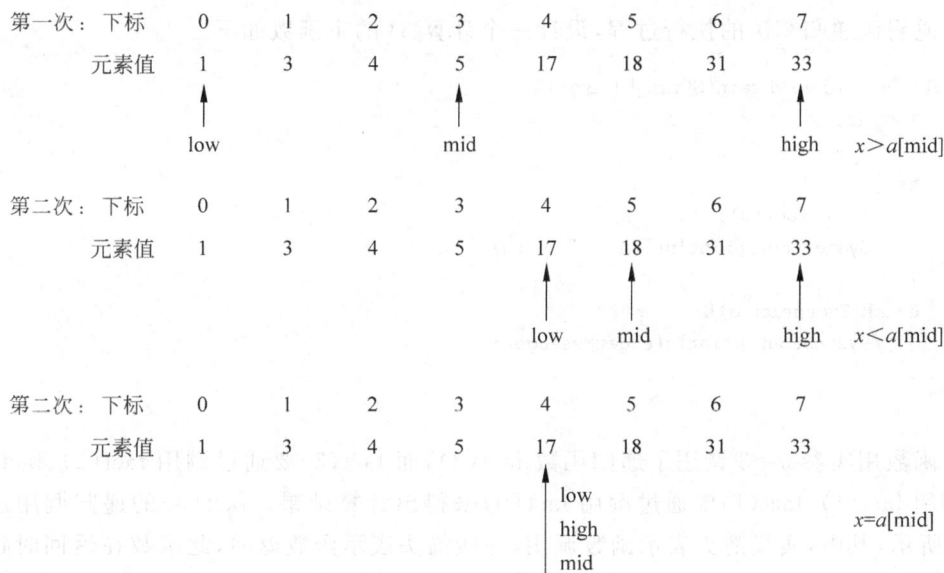

图 6-1 折半查找过程

上述两种情况的问题解法如果表示成算法,都存在算法调用自己本身的情况。

定义：若一个算法直接地或间接地调用自己本身,则称这个算法是递归算法。

递归算法用把问题分解为形式更加简单的子问题的方法来求解问题。递归算法既是一种有效的分析问题的方法,也是一种有效的算法设计方法。递归算法是解决许多复杂应用问题的重要方法。

6.2 递归算法的执行过程

例 6-1 给出按照公式(6-3)计算阶乘函数的递归算法,并给出 $n=3$ 时递归算法的执行过程。

设计：按照公式(6-3)计算阶乘函数的递归算法如下。

```
public static long fact(int n) throws Exception{
    int x;
```

```
        long y;

        if(n < 0){
            throw new Exception("参数错!");
        }

        if(n == 0) return 1;
        else{
            x = n - 1;
            y = fact(x);
            return n * y;
        }
    }
```

为说明该递归算法的执行过程,设计一个计算 3! 的主函数如下。

```
public static void main(String[ ] args){
    long fn;

    try{
        fn = fact(3);
        System.out.println("fn = " + fn);
    }
    catch(Exception e){
        System.out.println(e.getMessage());
    }
}
```

主函数用实参 $n=3$ 调用了递归函数 fact(3),而 fact(3)要通过调用 fact(2)、fact(2)要通过调用 fact(1)、fact(1)要通过调用 fact(0)来得出计算结果。fact(3)的递归调用过程如图 6-2 所示,其中,实线箭头表示函数调用,虚线箭头表示函数返回,此函数在返回时将带回返回值。

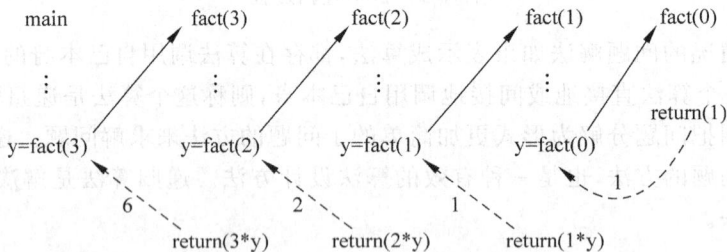

图 6-2   fact(3)的递归调用执行过程

例 6-2   设计在有序数组 a 中查找数据元素 x 是否存在的递归函数,并给出如图 6-1 所示实际数据的递归函数的执行过程。

设计:算法的参数包括有序数组 a,要查找的数据元素 x,数组下界下标 low,数组上界下标 high。当在数组 a 中查找到数据元素 x 时函数返回该数据元素在数组中的下标;当在数组 a 中查找不到数据元素 x 时函数返回一1。

递归函数如下。

```
public static int bSearch(int[] a, int x, int low, int high){
    int mid;

    if(low > high) return − 1;                    //查找不成功

    mid = (low + high) / 2;
    if(x == a[mid]) return mid;                   //查找成功
    else if(x < a[mid])
        return bSearch(a, x, low, mid − 1);       //在上半区查找
    else
        return bSearch(a, x, mid + 1, high);      //在下半区查找
}
```

测试主函数设计如下。

```
public static void main(String[] args){
    int[] a = {1, 3, 4, 5, 17, 18, 31, 33};
    int x = 17;
    int bn;

    bn = bSearch(a, x, 0, 7);
    if(bn == −1)
        System.out.println("x 不在数组 a 中");
    else
        System.out.println("x 在数组 a 中,下标为" + bn);
}
```

程序运行结果如下。

x 在数组 a 中,下标为 4

bSearch(a,x,0,7)的递归调用过程如图 6-3 所示,其中,实箭头表示函数调用,虚箭头表示函数的返回值。

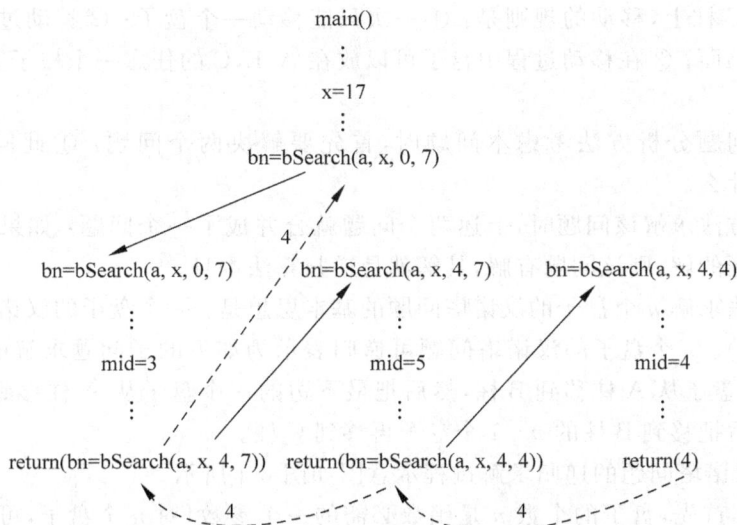

图 6-3　bSearch(a,x,0,7)的递归调用过程

图 6-1 给出的数据是查找成功的例子。对于查找不成功的例子,例如,要查找的数据元素为 $x=16$,其查找过程和 $x=17$ 的查找成功时的查找过程类似,只是最后一次 $x(=16)$ 和 $a[4](=17)$ 比较后,因 $x<a[4]$,所以要再进行一次递归调用 bSearch $(a,x,\text{low},\text{mid}-1)$,此时实参为 low$=4$,high$=3$。当数组的查找区间下界下标为 4、上界下标为 3,说明该数组的元素个数为 0,查找不成功返回。因此,算法在查找成功和查找不成功两种情况下都能正确执行。

6.3　递归算法的设计方法

递归算法就是算法中有直接或间接调用算法本身的算法。递归算法既是一种有效的算法设计方法,也是一种有效的分析问题的方法。

递归算法求解问题的基本思想是:对于一个较为复杂的问题,把原问题分解成若干个相对简单且类似的子问题,这样较为复杂的原问题就变成了相对简单的子问题;而简单到一定程度的子问题可以直接求解;这样,原问题就可递推得到解。

并不是每个问题都适宜于用递归算法求解。适宜于用递归算法求解的问题的充分必要条件是:

(1) 问题具有某种可借用的类同自身的子问题描述的性质。

(2) 某一有限步的子问题(也称作本原问题)有直接的解存在。

当一个问题存在上述两个基本要素时,设计该问题的递归算法的方法是:

(1) 把对原问题的求解表示成对子问题求解的形式。

(2) 设计递归出口。

前面的例 6-1 和例 6-2 已经给出了两个这样的简单设计例子,下面再给出一个稍微复杂的例子。

例 6-3　设计模拟汉诺塔问题求解过程的算法。汉诺塔问题的描述是:设有三根标号为 A,B,C 的柱子,在 A 柱上放着 n 个盘子,每一个都比下面的略小一点,要求把 A 柱上的盘子全部移到 C 柱上,移动的规则是:①一次只能移动一个盘子;②移动过程中大盘子不能放在小盘子上面;③在移动过程中盘子可以放在 A,B,C 的任意一个柱子上。

问题分析:

用常规的问题分析方法考虑本问题时,首先要解决两个问题:①此问题是否有解;②问题的解是什么。

但用递归方法求解该问题时,上述两个问题就合并成了一个问题:如果能用一个递归算法描述该问题的解,则该问题有解,其解就是递归算法本身。

用递归方法求解 n 个盘子的汉诺塔问题的基本思想是:一个盘子的汉诺塔问题可直接移动(递归出口)。n 个盘子的汉诺塔问题可递归表示为如下的子问题求解的形式,首先把上边的 $n-1$ 个盘子从 A 柱移到 B 柱,然后把最下边的一个盘子从 A 柱移到 C 柱(这可以直接求解),最后把移到 B 柱的 $n-1$ 个盘子再移到 C 柱。

4 个盘子汉诺塔问题的递归求解过程示意图如图 6-4 所示。

算法设计:首先,盘子的个数 n 是函数必需的一个参数,对 n 个盘子,可从上至下依次编号为 $1,2,\cdots,n$;其次,函数的参数还需有三个柱子的代号,令三个柱子的参数名分别为

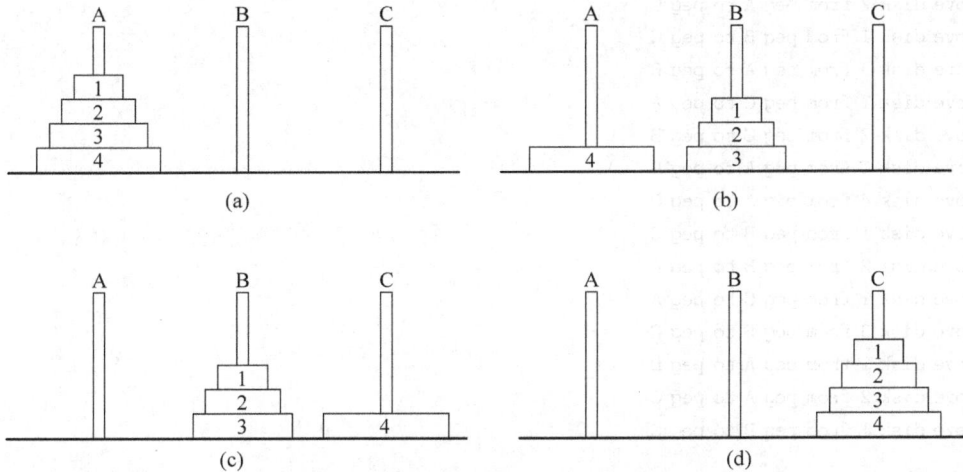

图 6-4 汉诺塔问题的递归求解过程示意图

fromPeg,auxPeg 和 toPeg;最后,由于此算法是模拟汉诺塔问题的求解过程,因此算法要输出显示 n 个盘子从柱子 fromPeg 借助柱子 auxPeg 移动到柱子 toPeg 的移动步骤,我们设计每一步的移动为屏幕显示如下形式的信息:

Move Disk i from Peg X to Peg Y

这样,汉诺塔问题的递归函数可设计如下。

```java
public static void towers(int n, char fromPeg, char toPeg, char auxPeg){
//把 n 个圆盘从 fromPeg 借助 auxPeg 移至 toPeg
    if(n == 1){                                    //递归出口
        System.out.println("move disk 1 from peg " + fromPeg + " to peg " + toPeg);
        return;
    }

    // 把 n-1 个圆盘从 fromPeg 借助 toPeg 移至 auxPeg
    towers(n - 1, fromPeg, auxPeg, toPeg);

    //把圆盘 n 由 fromPeg 直接移至 toPeg
    System.out.println("move disk " + n + " from peg " + fromPeg + " to peg " + toPeg);

    //把 n-1 个圆盘从 auxPeg 借助 fromPeg 移至 toPeg
    towers(n - 1, auxPeg, toPeg, fromPeg);
}
```

设计一个测试主函数如下。

```java
public static void main(String[] args){
    towers(4, 'A', 'C', 'B');
}
```

程序运行的输出信息如下。

move disk 1 from peg A to peg B

```
move disk 2 from peg A to peg C
move disk 1 from peg B to peg C
move disk 3 from peg A to peg B
move disk 1 from peg C to peg A
move disk 2 from peg C to peg B
move disk 1 from peg A to peg B
move disk 4 from peg A to peg C
move disk 1 from peg B to peg C
move disk 2 from peg B to peg A
move disk 1 from peg C to peg A
move disk 3 from peg B to peg C
move disk 1 from peg A to peg B
move disk 2 from peg A to peg C
move disk 1 from peg B to peg C
```

　　递归算法把移动 n 个盘子的汉诺塔问题分解为移动 $n-1$ 个盘子的汉诺塔问题,把移动 $n-1$ 个盘子的汉诺塔问题分解为移动 $n-2$ 个盘子的汉诺塔问题,……,把移动两个盘子的汉诺塔问题分解为移动一个盘子的汉诺塔问题。对于一个盘子的汉诺塔问题则直接求解(即直接移动)。在一个盘子的汉诺塔问题解决后,可以解决两个盘子的汉诺塔问题,……,在 $n-1$ 个盘子的汉诺塔问题解决后,可以解决 n 个盘子的汉诺塔问题。这样 n 个盘子的汉诺塔问题最终就得以解决。

　　在设计递归算法时,一定要把原问题表示成子问题的形式,所谓子问题就是比原问题更接近最终可直接求解的本原问题。例如, $n-1$ 个盘子的汉诺塔问题(子问题)就比 n 个盘子的汉诺塔问题(原问题)更接近最终可直接求解的本原问题($n=1$ 时可直接移动)。

　　结合本节和 6.2 节的讨论,可总结如下:递归算法的执行过程是不断地自调用,直到到达递归出口才结束自调用过程;到达递归出口后,递归算法开始按最后调用的过程最先返回的次序逐个返回;返回到最外层的调用语句时,递归算法执行过程结束。

　　注意:递归算法本身虽然很简单,但它的执行过程却不简单。对递归算法执行过程(特别是返回过程)的透彻理解,是初学者最难掌握的。

6.4　递归过程和运行时栈

　　我们知道,对于非递归函数,外部程序在进行函数调用前,系统要保存以下两类信息。

　　(1) 外部程序的返回地址;

　　(2) 外部程序的变量当前值。

　　当执行完被调用函数,返回外部程序前,系统首先要恢复外部程序的变量当前值,然后返回外部程序的返回地址。

　　递归函数被外部程序调用时,系统要做的工作和非递归函数被调用时系统要做的工作在形式上类似,但保存信息的方法不同。

　　递归函数的执行过程具有这样三个特点:①函数名相同;②不断地自调用;③最后被调用的函数要最先被返回。

　　显然,系统若按非递归函数那样保存信息一定要出错。由于堆栈的后进先出特性刚好和递归函数调用和返回的过程吻合,因此,支持递归函数的高级程序设计语言(如 Java 语言),使用堆栈来保存递归函数调用时的信息。

系统用于保存递归函数调用信息的堆栈称作**运行时栈**。每一层递归调用所需保存的信息构成运行时栈的一个**工作记录**,在进入下一层递归调用时,系统就建立一个新的工作记录,并把这个工作记录进栈成为运行时栈的新栈顶;当返回一层递归调用时,系统就退栈一个工作记录。这样,栈顶的工作记录中保存的就一定是当前调用函数的信息。

因为栈顶的工作记录保存的是当前调用函数的信息,所以栈顶的工作记录也称为**活动记录**。

下面重新给出例 6-1 计算阶乘的递归函数,并以此例为例说明递归函数调用时运行时栈中工作记录的变化情况。

计算阶乘的递归函数和主函数重新设计如下。

```java
public class Exam6_1_2{
    public static long fact(int n) throws Exception{
        int x;
        long y;

        if(n < 0){
            throw new Exception("参数错!");
        }

        if(n == 0){
            System.out.println("n = " + n);
            return 1;
        }
        else{
            x = n - 1;
            System.out.println("n = " + n + " x = " + x);
            y = fact(x);
            System.out.println("n = " + n + " x = " + x + " y = " + y);
            return n * y;
        }
    }

    public static void main(String[] args){
        int n = 3;
        long fn;

        try{
            fn = fact(n);
            System.out.println("fn = " + fn);
        }
        catch(Exception e){
            System.out.println(e.getMessage());
        }
    }
}
```

程序运行结果如下。

```
n = 3   x = 2
n = 2   x = 1
n = 1   x = 0
```

```
n = 0
n = 1  x = 0  y = 1
n = 2  x = 1  y = 1
n = 3  x = 2  y = 2
fn = 6
```

当外部程序调用 fact(n) 函数时,按照前边的分析可知,系统的运行时栈要保存:调用函数的返回地址,本次调用函数的实参值。

图 6-5 给出了外部程序用实参 n=3 调用 fact(n) 函数时,运行时栈的变化过程。其中,栈顶的 n、x、y 是当前调用函数这些变量的当前值。把图 6-5 和上边的程序运行结果结合起来,可以帮助读者更好地理解运行时栈中数据元素的变化情况。

要说明的是,运行时栈中还要保存调用函数的返回地址,因函数的地址是系统动态分配的,这里不好给出具体数值,所以图中没有给出调用函数的返回地址值。

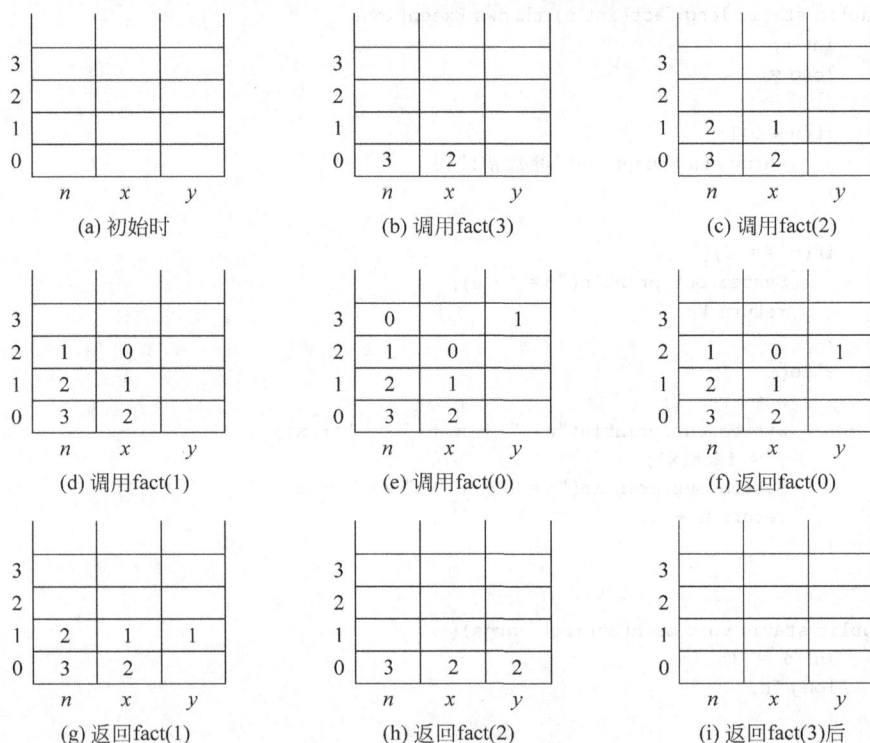

图 6-5   运行时栈的变化过程

6.5   递归算法的效率分析

我们以斐波那契数列递归函数的执行效率为例来讨论递归算法的执行效率问题。
斐波那契数列 fib(n) 的递推定义是:

$$fib(n) = \begin{cases} 0 & \text{当 } n=0 \text{ 时} \\ 1 & \text{当 } n=1 \text{ 时} \\ fib(n-1)+Fib(n-2) & \text{当 } n>1 \text{ 时} \end{cases} \tag{6-4}$$

按照式(6-4),求第 n 项斐波那契数列的递归函数如下。

```
public static long fib(int n){
    if(n == 0 || n == 1) return n;              //递归出口
    elsereturn fib(n - 1) + fib(n - 2);         //递归调用
}
```

求 fib(5)的递归计算过程如图 6-6 所示。由图可见,若要求 fib(5),要先求出 fib(4)和 fib(3); 而求 fib(4)时需先求出 fib(3)和 fib(2),求 fib(3)时需先求出 fib(2)和 fib(1); 如此等等,总共需调用 fib(4)一次,调用 fib(3)两次,调用 fib(2)三次,调用 fib(1)五次,调用 fib(0)三次,累计调用 fib()函数的次数为 $2^4-1=15$ 次。

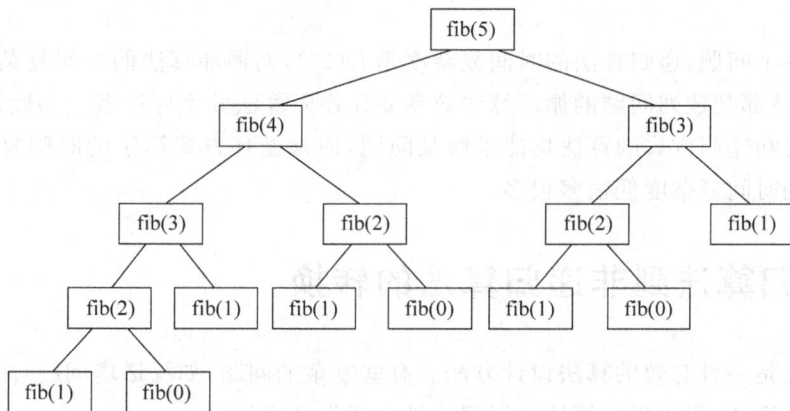

图 6-6　fib(5)的递归调用树

用归纳法可以证明,求 fib(n)的递归调用次数等于 2^n-1; 若把图 6-6 左下角的两个子树 fib(1)和 fib(0)放到右下角的结点 fib(1)下,则图 6-6 是一棵完全二叉树,由完全二叉树的性质也可得出,求 fib(n)的递归调用次数等于 2^n-1(关于完全二叉树和完全二叉树的性质将在第 7 章讨论)。因此,上述计算斐波那契数列的递归函数 fib(n)的时间复杂度为 $O(2^n)$。

对于计算斐波那契数列 fib(n)问题,也可根据公式写出循环方式求解的函数如下。

```
public static long fib2(int n){
    long oneBack, twoBack, current = 0;
    int i;

    if(n == 0 || n == 1)
        return n;
    else{
        oneBack = 1;
        twoBack = 0;
        for(i = 2; i <= n; i ++){
            current = oneBack + twoBack;
            twoBack = oneBack;
            oneBack = current;
        }
```

```
        return current;
    }
}
```

显然，上述循环方式的计算斐波那契数列的函数 fib2(n) 的时间复杂度为 $O(n)$。对比循环结构的 fib2(n) 和递归结构的 fib(n) 可发现，循环结构的 fib2(n) 算法在计算第 n 项的斐波那契数列时保存了当前已经计算得到的第 $n-1$ 项和第 $n-2$ 项的斐波那契数列，因此其时间复杂度为 $O(n)$；而递归结构的 fib(n) 算法在计算第 n 项的斐波那契数列时，必须首先计算第 $n-1$ 项和第 $n-2$ 项的斐波那契数列，而某次递归计算得出的斐波那契数列，如 fib($n-1$)、fib($n-2$) 等无法保存，下一次要用到时还需要重新递归计算，因此其时间复杂度为 $O(2^n)$。

对于同一个问题，递归算法的时间复杂度是 $O(2^n)$，而循环算法的时间复杂度是 $O(n)$，可见，求解斐波那契数列问题的循环算法效率要比递归算法效率好很多。一般情况下，若循环方式的算法和递归方式的算法均能求解某问题，通常循环方式算法的时间复杂度要比递归方式算法的时间复杂度低很多很多。

6.6　递归算法到非递归算法的转换

递归算法是一种有效的算法设计方法。有些复杂的问题，如汉诺塔问题，用非递归算法很难直接设计算法，但用递归算法可以很快地完成设计算法设计。

但是，有些问题需要用低级程序设计语言来实现，而低级程序设计语言（如汇编语言）一般不支持递归，此时需要把递归算法转换成非递归算法。

一般来说，如下两种情况的递归算法可转换为非递归算法。

（1）有些问题（如阶乘计算问题），既存在递归结构算法，也存在循环结构算法。

（2）存在借助堆栈的循环结构算法。所有递归算法都可以借助堆栈转换成循环结构的算法。

对于第一种情况，可以直接选用循环结构的算法。从 6.5 节的讨论可知，循环结构算法的时间效率通常也比递归结构算法的时间效率好很多。

对于第二种情况，可以把递归算法转换成相应的非递归算法（即循环结构算法），此时有以下两种转换方法。

（1）借助堆栈，用非递归算法形式化模拟递归算法的执行过程；

（2）根据要求解问题的特点，设计借助堆栈的循环结构算法。

这两种方法都需要使用堆栈，这是因为堆栈的后进先出特点正好和递归函数的运行特点相吻合。借助堆栈，用非递归算法形式化模拟递归算法执行过程的方法，有许多研究者已做过深入的研究，有成熟的转换方法可供套用，为节省篇幅，这里就不再专门讨论。

根据要求解问题的特点，设计借助堆栈的循环结构算法的方法，没有固定的方法可供套用，要根据情况专门设计，7.3.5 节讨论的非递归结构的二叉树遍历算法，就是一个这样的设计例子。通常这种方法设计出的非递归算法要比形式化模拟方法设计出的非递归算法简单许多。

6.7　设计举例

6.7.1　一般递归函数设计举例

例 6-4　设计一个输出如下形式数值的递归函数。

```
n  n  n  …  n
…
3  3  3
2  2
1
```

问题分析：该问题可以看成由两部分组成：一部分是输出一行值为 n 的数值；另一部分是原问题的子问题，其参数为 $n-1$。当参数减到 0 时不再输出任何数据值，因此递归的出口是当参数 $n \leqslant 0$ 时空语句返回。

递归函数设计如下。

```java
public static void display( int n){
    for( int i = 1; i <= n; i ++){
        System.out.print(" " + n);
    }
    System.out.println();

    if(n > 0) display(n - 1);                      //递归

    //n <= 0 为递归出口,递归出口为空语句
}
```

例 6-5　设计求解委员会问题的函数。委员会问题是：从一个有 n 个人的团体中抽出 $k(k \leqslant n)$ 个人组成一个委员会,编写计算共有多少种构成方法的函数。

问题分析：从 n 个人中抽出 $k(k \leqslant n)$ 个人的问题是一个组合问题。把 n 个人固定位置后,从 n 个人中抽出 k 个人的问题可分解为两部分之和：第一部分是第一个人包括在 k 个人中,第二部分是第一个人不包括在 k 个人中。对于第一部分,则问题简化为从 $n-1$ 个人中抽出 $k-1$ 个人的问题；对于第二部分,则问题简化为从 $n-1$ 个人中抽出 k 个人的问题。图 6-7 给出了 $n=5,k=2$ 时问题的分解示意图。

当 $n=k$ 或 $k=0$ 时,该问题可直接求解,数值均为 1,这是算法的递归出口。因此,委员会问题的递推定义式为：

$$\text{comm}(n,k) = \begin{cases} 1 & \text{当 } k=0 \text{ 时} \\ 1 & \text{当 } n=k \text{ 时} \\ \text{comm}(n-1,k-1)+\text{comm}(n-1,k) & \text{其他} \end{cases}$$

递归函数设计如下。

```java
public static int comm( int n, int k){
    if(n < 1 || k > n) return 0;
```

```
    if(k == 0) return 1;
    if(n == k) return 1;
    return comm(n-1, k-1) + comm(n-1, k);
}
```

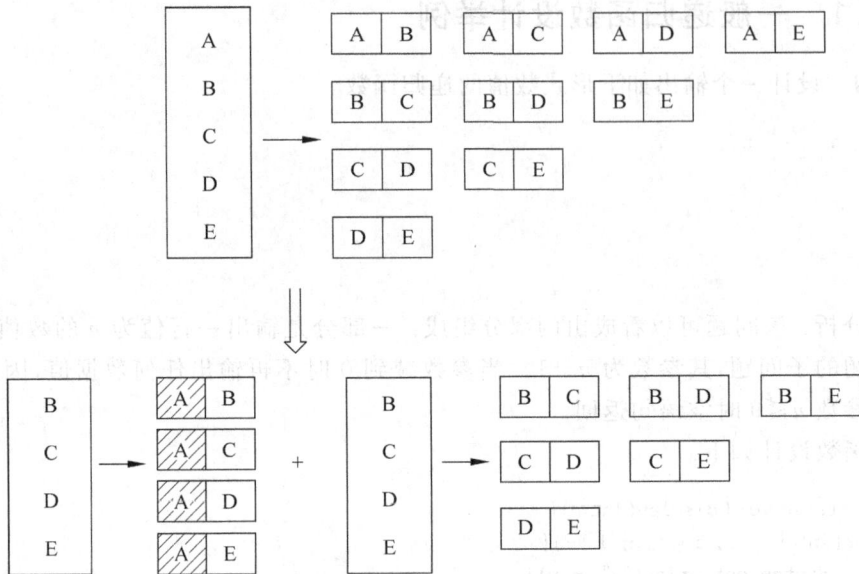

图 6-7　委员会问题分解示意图

例 6-6　求两个正整数 n 和 m 最大公约数的递推定义式为:

$$\gcd(n,m) = \begin{cases} \gcd(m,n) & \text{当 } n < m \text{ 时} \\ n & \text{当 } m = 0 \text{ 时} \\ \gcd(m,n\%m) & \text{当 } m > 0 \text{ 时} \end{cases}$$

说明:符号 $n\%m$ 表示 n 除以 m 后取余数。

要求:

(1) 编写求解该问题的递归函数;

(2) 分析当调用语句为 $\gcd(30,4)$ 时,算法的执行过程和执行结果;

(3) 分析当调用语句为 $\gcd(97,5)$ 时,算法的执行过程和执行结果;

(4) 编写求解该问题的循环结构函数。

解:

(1) 递归函数设计如下:

```
public static int gcd(int n, int m){
    if(n < 0 || m < 0) System.exit(0);

    if(m == 0) return n;
    else if(m > n) return gcd(m,n);
    else return gcd(m,n % m);
}
```

(2) 调用语句为 $\gcd(30,4)$ 时,因 $m<n$,递归调用 $\gcd(4,2)$;因 $m<n$,递归调用 $\gcd(2,0)$;因 $m=0$,到达递归出口,所以函数最终返回值为 $n=2$,即 30 和 4 的最大公约数为 2。

（3）调用语句为 gcd(5,97) 时，因 $m>n$，递归调用 gcd(97,5)；因 $m<n$，递归调用 gcd(5,2)；因 $m<n$，递归调用 gcd(2,1)；因 $m<n$，递归调用 gcd(1,0)；因 $m=0$，到达递归出口，所以函数最终返回值为 $n=1$，即 5 和 97 的最大公约数为 1。

（4）分析上述递归函数可以发现，该递归函数前边一次的递归调用只是为了交换两个参数的位置，可以用常规的方法替代。最后一行的递归调用可以转换为循环结构实现。因此，循环结构函数可设计如下。

```
public static int gcd2(int n, int m){
    int tn, tm, temp;

    if(n < 0 || m < 0) System.exit(0);

    if(m > n){                              //交换参数
        tn = m;
        tm = n;
    }
    else{                                   //不交换参数
        tn = n;
        tm = m;
    }

    while(tm != 0){                         //循环求解
        temp = tn;
        tn = tm;
        tm = temp % tm;
    }
    return tn;                              //返回最大公约数
}
```

6.7.2　回溯法及设计举例

回溯法是递归算法的一种特殊形式，回溯法的基本思想是：对一个包括很多结点，每个结点有若干个搜索分支的问题，把原问题分解为对若干个子问题求解的算法。当搜索到某个结点、发现无法再继续搜索下去时，就让搜索过程回溯（即退回）到该结点的前一结点，继续搜索这个结点的其他尚未搜索过的分支；如果发现这个结点也无法再继续搜索下去时，就让搜索过程回溯到这个结点的前一结点继续这样的搜索过程；这样的搜索过程一直进行到搜索到问题的解或搜索完了全部可搜索分支没有解存在为止。

对于回溯法，每前进一步在新的结点上进行的搜索过程和前一个结点的搜索过程类同，且使整个问题的搜索范围缩小了一步，所以回溯算法也属于递归算法。和简单的递归算法不同的是：对于回溯算法，当对一个结点的子分支搜索失败时，要考虑回溯（即退回）至该结点，继续对该结点的其他尚未搜索过的分支进行搜索；而简单的递归算法不需要考虑这些问题。下面以迷宫问题为例讨论回溯算法的设计方法。

例 6-7　设计求解迷宫问题的函数并用实际例子测试。

一个迷宫是一些互相连通的交叉路口的集合，给定一个迷宫入口，一个迷宫出口，当从入口到出口存在通路时输出其中的一条通路，当从入口到出口不存在通路时输出无通路存在。每个交叉路口除进来的路外有三个路口,分别是向左、向前和向右。为简化设计,假设迷宫中不存在环路。图 6-8 是一个没有环路的迷宫示意图。

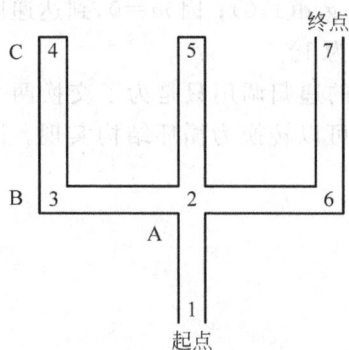

问题分析:迷宫问题中包括很多路口,每个路口最多有三个搜索分支。把算法设计为如下的搜索过程:把整个搜索分解为向左、向前和向右三个方向上子问题的搜索。当搜索到某个路口(如设该路口为 C)、发现该路口没有可搜索方向时,就让搜索过程回溯到该路口的前一路口(如设路口为 B),然后搜索这个路口(即路口 B)的其他尚未搜索过的搜索方向;如果发现这个路口(即路口 B)也没有可搜索方向时,就让搜索过程继续回溯到这个路口的前一路口(如设该路口为 A)继续这样的搜索过程。这样的搜索过程一直继续到找到出口或搜索完了全部可连通路口的所有可能搜索方向没有找到出口为止。

图 6-8 迷宫问题

成员变量设计:

(1) 要用计算机模仿迷宫问题,首先要把迷宫问题数值化。把每个路口定义成一个包括 left、forward 和 right 三个域的结构体,分别表示向左、向前和向右的搜索方向。如果某个域的值为非 0,表示该方向上有通路可走到该非 0 值所表示的路口;如果某个域的值为 0 则表示该方向上是死路。

```
class InterSection{                          //路口类
    int left;                                //向左方向
    int forward;                             //向前方向
    int right;                               //向右方向
}
```

(2) 描述一个迷宫问题的成员变量应包括全部路口数据的集合和迷宫的出口数据。另外,为算法设计方便,迷宫问题的成员变量还应包括迷宫问题路口的个数。因此,迷宫类的成员变量包括:

```
int mazeSize;                                //路口个数
InterSection[] intSec;                       //路口集合
int exit;                                    //出口
```

迷宫类设计如下。

```
import java.io. * ;
import java.util. * ;

public class Maze{
    int mazeSize;
    InterSection[] intSec;
    int exit;

    Maze(String fileName){                   //构造函数
        String line;
        Integer temp;
```

```java
try{
    BufferedReader in = new BufferedReader(new FileReader(fileName));
    line = in.readLine();                    //读文件的第1行
    mazeSize = Integer.parseInt(line.trim()); //去空格并变换类型
    intSec = new InterSection[mazeSize + 1]; //创建对象

    for(int i = 1; i <= mazeSize; i ++){ //读文件的后续行
        line = in.readLine();            //读文件的当前行
        StringTokenizer tokenizer = new StringTokenizer(line);
                    //把当前行数值变换成 StringTokenizer 对象
        InterSection curr = new InterSection();//创建对象
        curr.left = Integer.parseInt(tokenizer.nextToken());
                //截取 tokenizer 对象的第一部分并变换成 int 类型
        curr.forward = Integer.parseInt(tokenizer.nextToken());
                //截取 tokenizer 对象的第二部分并变换成 int 类型
        curr.right = Integer.parseInt(tokenizer.nextToken());
                //截取 tokenizer 对象的第三部分并变换成 int 类型
        intSec[i] = curr;                //对象赋值
    }
    exit = Integer.parseInt(in.readLine()); //读文件的最末行
    in.close();                          //关闭
}
catch(Exception e){
    e.printStackTrace();
}
}

public boolean travMaze(int intSecValue){        //搜索
//用回溯法搜索迷宫的所有分支,intSecValue 为当前所处路口号
//当搜索到出口时函数返回 1,否则返回 0
    if(intSecValue > 0){
        if(intSecValue == exit){              //搜索成功出口
            System.out.print(intSecValue + "<=="); //输出路口号
            return true;
        }

        //向当前路口的左分支探索
        else if(travMaze(intSec[intSecValue].left)){
            System.out.print(intSecValue + "<==");
            return true;
        }

        //向当前路口的前分支探索
        else if(travMaze(intSec[intSecValue].forward)){
            System.out.print(intSecValue + "<==");
            return true;
        }

        //向当前路口的右分支探索
        else if(travMaze(intSec[intSecValue].right)){
            System.out.print(intSecValue + "<==");
```

```
                    return true;
                }
            }

            return false;                           //搜索失败出口
        }
    }

    class InterSection{
        int left;
        int forward;
        int right;
    }
```

数据文件：如图 6-8 所示迷宫问题的数据集合如下（设保存这些数据的文件名为"Maze1.dat"）。

```
6
0 2 0
3 5 6
0 0 4
0 0 0
0 0 0
7 0 0
7
```

数据文件说明：文件的第一行是迷宫的路口个数，这里路口共有 6 个；第二到第七行是编号 1 到编号 6 的 6 个路口的状态，如第 2 行的 0 2 0 表示编号 1 的路口的状态是向左不通，向前通到 2 号路口，向右不通；最后一行表示迷宫的出口为路口 7。

以如图 6-8 所示的迷宫问题为例的测试程序设计如下。

```
public class Exam6_8{
    public static void main(String[] args){
        String fileName = "Maze1.dat";
        Maze m = new Maze(fileName);
        int start = 1;

        if(m.travMaze(start)){
            System.out.println();
            System.out.println("此迷宫的一条通路如上所示");
        }
        else{
            System.out.println("此迷宫无通路出来!");
        }
    }
}
```

程序的运行结果如下。

```
7 <== 6 <== 2 <== 1 <==
```
此迷宫的一条通路如上所示

递归函数 travMaze(intSecValue)的运行过程说明：

递归函数 travMaze(intSecValue)一直递归调用,当递归调用到某个路口等于出口,表明已探索到一条通路时,才结束递归调用。travMaze(intSecValue)函数在递归调用成功时(即相应 if 的条件为 true 时),首先输出当前路口的编号,然后返回上一层递归调用函数。这样,显示的路径序列就是从出口到入口的反序。

如图 6-8 所示的迷宫问题的搜索过程如图 6-9 所示。

路口	动作	结果
1	向前	进入2
2	向左	进入3
3	向右	进入4
4(死路)	回溯	进入3
3(死路)	回溯	进入2
2	向前	进入5
5(死路)	回溯	进入2
2	向右	进入6
6	向左	进入7

图 6-9 迷宫问题的搜索过程

要说明的是:

(1) 为简化描述,省略了其中的许多过程。例如,省略了路口 1 的向左,省略了路口 3 的向左和向前,路口 4 的死路即表示向左、向前和向右都尝试不通。

(2) 图 6-9 中的向左、向前和向右都是站在当前路口(如路口 2 或其他路口)的位置来说的,而不是站在路口 1 的位置来说的。

习题

基本概念题

6-1 什么叫递归?

6-2 适宜于用递归算法求解的问题的充分必要条件是什么?什么叫本原问题?

6-3 为什么递归算法一定要有递归出口?

6-4 阶乘问题的循环结构算法和递归结构算法哪个的时间效率好?为什么?

6-5 什么叫运行时栈?什么叫活动记录?

6-6 叙述递归算法的执行过程。

复杂概念题

6-7 推导求解 n 阶汉诺塔问题要执行的输出语句次数。

6-8 我们讨论过的折半查找函数设计如下。

```
public static int bSearch(int[] a, int x, int low, int high){
    int mid;
    if(low > high) return -1;
    mid = (low + high) / 2;
    if(x == a[mid]) return mid;               //查找成功
    else if(x < a[mid])
        return bSearch(a, x, low, mid - 1);
    else
        return bSearch(a, x, mid + 1, high);
}
```

分析如果把上述折半查找函数中最后两语句改为如下形式,能否实现函数的设计要求?为什么?

```
else if(x < a[mid])
```

```
        bSearch(a, x, low, mid - 1);
    else
        bSearch(a, x, mid + 1, high);
```

算法设计题

6-9   要求：

(1) 写出求 $1,2,3,\cdots,n$ 的 n 个数累加的递推定义式。

(2) 编写求 $1,2,3,\cdots,n$ 的 n 个数累加的递归函数,假设 n 个数存放在数组 a 中。

6-10   要求：

(1) 写出求 $1,2,3,\cdots,n$ 的 n 个数连乘的递推定义式。

(2) 编写求 $1,2,3,\cdots,n$ 的 n 个数连乘的递归函数,假设 n 个数存放在数组 a 中。

6-11   设 a 是有 n 个整数类型数据元素的数组,试编写求 a 中最大值的递归函数。

6-12   设计输出如下形式数值的函数。

```
1
2 2
3 3 3
…
n n n … n
```

要求：

(1) 设计成递归结构的函数。

(2) 设计成循环结构的函数。

* 6-13   背包问题。有 N 件物品和一个容量为 V 的背包。第 i 件物品的重量是 $w[i]$,价值是 $v[i]$。求解将哪些物品装入背包可使这些物品的重量总和不超过背包容量,且价值总和最大。

上机实习题

6-14   折半查找问题。折半查找问题的描述见 6.1 节,折半查找问题的递归函数见例 6-2。要求：

(1) 设计折半查找问题的循环结构函数。

(2) 设计一个查找成功的例子和一个查找不成功的例子,并设计测试主程序进行测试。

*(3)设计一个包含 10 000 个数据元素的查找成功的例子,然后分别调用循环结构的查找算法和递归结构的查找算法,并测试出两种算法在计算机上的实际运行时间。

* 6-15   八皇后问题。设在初始状态下在国际象棋棋盘上没有任何棋子(这里的棋子指皇后棋子)。然后顺序在第 1 行,第 2 行,…,第 8 行上布放棋子。在每一行中共有 8 个可选择位置,但在任一个时刻棋盘的合法布局都必须满足三个限制条件：①任意两个棋子不得放在同一行上；②任意两个棋子不得放在同一列上；③任意两个棋子不得放在同一正斜线和反斜线上。编写求解并输出此问题的一个合法布局的程序。

提示：在第 i 行布放棋子时,从第 1 列到第 8 列逐列考察。当在第 i 行第 j 列布放棋子时,需要考察布放棋子后在行方向、列方向、正斜线方向和反斜线方向上的布局状态是否合法,若该棋子布放合法,再递归求解在第 $i+1$ 行布放棋子；若该棋子布放不合法,移去这个棋子,恢复布放该棋子前的状态,然后再试探在第 i 行第 $j+1$ 列布放棋子。

第7章

树和二叉树

树和二叉树属于树状结构。树允许每个结点有若干个直接后继结点。二叉树是每个结点最多只允许有两个直接后继结点的一种特殊树状结构。树的操作实现比较复杂,但树可以转换为二叉树进行处理。本章主要讨论树和二叉树的基本概念、二叉树的操作实现、线索二叉树的概念和操作实现,以及树和二叉树的转换等。另外,本章还以哈夫曼树为例讨论了二叉树的应用问题,以等价类问题为例讨论了树的应用问题。

本章主要知识点

- 树的定义、表示方法和存储结构;
- 二叉树的定义、性质和存储结构,满二叉树和完全二叉树的概念;
- 二叉树的前序、中序、后序和层序遍历算法;
- 二叉树中序和层序游标类的设计方法;
- 线索二叉树的基本概念;
- 哈夫曼树和哈夫曼编码,哈夫曼编码的软件设计方法;
- 等价类以及应用;
- 树与二叉树的转换,树的遍历。

7.1 树

7.1.1 树的定义

树是由 $n(n \geqslant 0)$ 个结点构成的满足以下条件的结点集合。

(1) 当 $n > 0$ 时,有一个特殊的结点称为根结点,根结点没有前驱结点;

(2) 当 $n > 1$ 时,除根结点外的其他结点被分成 $m(m > 0)$ 个互不相交的集合 $T_1, T_2, \cdots,$ T_m,其中每一个集合 $T_i (1 \leqslant i \leqslant m)$ 本身又是一棵结构和树结构类似的子树。

显然树是递归定义的。因此,在树(以及二叉树)的算法中将会频繁地出现递归。

也可以说,树是这样一种结点集合,其中每个结点最多只有一个直接前驱结点,但可以有若干个直接后继结点。

树结构表示了数据元素之间的层次关系。图 7-1 是一个树的例子,其中图 7-1(a)是一棵只有根结点的树;图 7-1(b)是一棵有 12 个结点的一般的树。

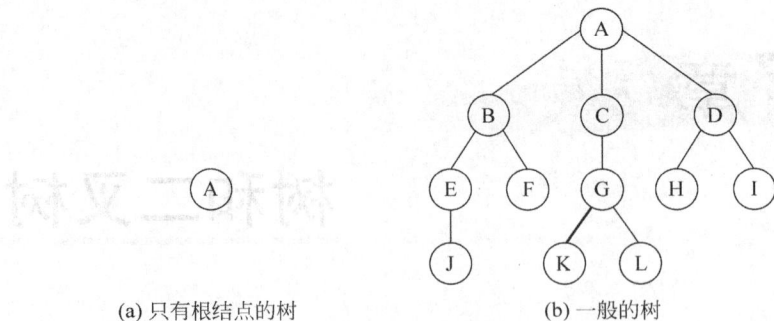

(a) 只有根结点的树　　　　　　　　　　(b) 一般的树

图 7-1　树的示例

下面介绍树的一些常用术语。

结点：结点由数据元素和构造数据元素之间关系的指针组成。例如,图 7-1(a)中有 1 个结点,图 7-1(b)中有 12 个结点。

结点的度：结点所拥有的子树的个数称为该结点的度。例如,在图 7-1(b)中结点 A 的度为 3,结点 B 的度为 2,结点 J 的度为 0。

叶结点：度为 0 的结点称为叶结点,叶结点也称作终端结点。例如,在图 7-1(b)中结点 J,F,K,L,H,I 均为叶结点。

分支结点：度不为 0 的结点称为分支结点,分支结点也称作非终端结点。显然,一棵树中除叶结点外的所有结点都是分支结点。

孩子结点：树中一个结点的子树的根结点称作这个结点的孩子结点。例如,在图 7-1(b)中结点 B,C,D 是结点 A 的孩子结点。孩子结点也称作直接后继结点。

双亲结点：若树中某结点有孩子结点,则这个结点就称作它的孩子结点的双亲结点。例如,在图 7-1(b)中结点 A 是结点 B,C,D 的双亲结点。双亲结点也称作直接前驱结点。

兄弟结点：具有相同的双亲结点的结点称为兄弟结点。例如,在图 7-1(b)中结点 B,C,D 具有相同的双亲结点 A,所以称结点 B,C,D 为兄弟结点。

树的度：树中所有结点的度的最大值称为该树的度。例如,图 7-1(b)树中结点 A 的度等于 3 是该树中所有结点的度的最大值,所有该树的度为 3。

结点的层次：从根结点到树中某结点所经路径上的分支数称为该结点的层次。根结点的层次规定为 0,这样其他结点的层次就是它的双亲结点的层次数加 1。

树的深度：树中所有结点的层次的最大值称为该树的深度。例如,图 7-1(a)树的深度等于 0,图 7-1(b)树的深度等于 3。

无序树：树中任意一个结点的各孩子结点的排列没有严格次序的树称为无序树。通常,没有特别指明的树指的是无序树。

有序树：若树中任意一个结点的各孩子结点有严格排列次序的树称为有序树。

森林：$m(m \geqslant 0)$ 棵树的集合称为森林。自然界中树和森林的概念差别很大,但在数据结构中树和森林的概念差别很小。从定义可知,一棵树由根结点和 m 个子树组成,若把树中的根结点删除,则树就变成了包含 m 棵树的森林。当然,根据定义,一棵树也可以称作森林。

7.1.2 树的表示方法

树的表示方法主要有以下三种,各用于不同的用途。

1．直观表示法

图 7-1 就是一棵以直观表示法表示的树。树的直观表示法主要用于直观描述树的逻辑结构。

2．形式化表示法

树的形式化表示法主要用于树的理论描述。树的形式化表示法定义树 T 为 $T=(D, R)$,其中,D 为树 T 中结点的集合,R 为树 T 中结点之间关系的集合。当树 T 为空树时 $D=\mathcal{C}$;当树 T 不为空树时有 $D=\{\text{Root}\}\bigcup D_F$,其中,Root 为树 T 的根结点,D_F 为树 T 的根 Root 的子树集合,D_F 可由下式表示:

$$D_F = D_1 \bigcup D_2 \bigcup \cdots \bigcup D_m \quad (1 \leqslant i,j \leqslant m, D_i \bigcap D_j = \mathcal{C})$$

当树 T 中结点个数 $n=0$ 或 $n=1$ 时,$R=\mathcal{C}$;当树 T 中结点个数 $n>1$ 时有:

$$R = \{< \text{Root}, r_i >, i = 1,2,\cdots,n-1\}$$

其中,Root 是树 T 的非终端结点;r_i 是结点 Root 的子树 T_i 的根结点;$<\text{Root}, r_i>$ 表示了结点 Root 和结点 r_i 的父子关系。

3．凹入表示法

树的凹入表示法(或称缩进表示法)是一种结点逐层缩进的表示方法。树的凹入表示法还可分为横向凹入表示和竖向凹入表示,图 7-1(b)树的横向凹入表示如图 7-2 所示。树的凹入表示法主要用于树的屏幕显示和打印机输出。

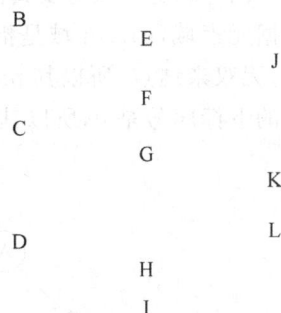

```
A
  B
    E
      J
    F
  C
    G
      K
        L
  D
    H
    I
```

图 7-2 树的横向凹入表示

7.1.3 树的抽象数据类型

数据集合:树的结点集合,每个结点由数据元素和构造数据元素之间关系的指针组成。

操作集合:

(1) 双亲结点 parent():把当前结点的双亲结点置为当前结点。

(2) 左孩子结点 leftChild():把当前结点的最左孩子结点(或称作第一个孩子结点)置为当前结点。

(3) 右兄弟结点 rightSibling():把当前结点的右兄弟结点置为当前结点。

(4) 遍历树 traverse(vs):按某种遍历方法访问树的每个结点,且每个结点只访问一次。vs 为访问结点类的对象,vs 提供访问结点的方法。树的遍历方法主要有先根遍历方法和后根遍历方法两种。

上边操作集合中给出的只是树的一些基本操作,实际使用中,树的操作集合中通常还包括其他一些操作。

7.1.4　树的存储结构

计算机中存储树时，要求既要存储结点的数据元素，又要存储结点之间的逻辑关系。树的结点之间的逻辑关系主要有双亲-孩子关系、兄弟关系，因此，从结点之间的逻辑关系分，树的存储结构主要有双亲表示法、孩子表示法、双亲孩子表示法和孩子兄弟表示法 4 种组合。

构造结点之间逻辑关系的主要方法是使用指针。在 Java 语言中，指针有对象引用表示的指针（为区别起见这里称作常规指针）和 2.6 节讨论的仿真指针。树的每种存储结构既可以用常规指针方法构造，也可以用仿真指针方法构造。

下面介绍几种常用的树的存储结构。

1. 双亲表示法

双亲表示法就是用指针表示出每个结点的双亲结点。

对于使用仿真指针的双亲表示法来说，每个结点应有两个域，一个是数据元素域，另一个是指示其双亲结点在数组中下标序号的仿真指针域。

图 7-3 是一棵树及其使用仿真指针的双亲表示法存储结构。图 7-3（b）中的 data 域是数据元素域，parent 域是指示其双亲结点在数组中下标序号的仿真指针域。结点 A 是根结点，无双亲结点，所以其 parent 域的值为 -1；结点 B 的双亲结点是结点 A，结点 A 在数组中的下标序号是 0，所以其 parent 域的值为 0，其他的以此类推。

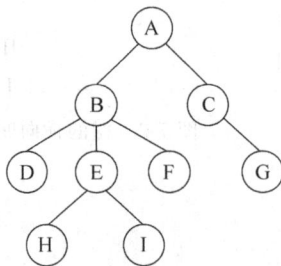

	data	parent
0	A	−1
1	B	0
2	C	0
3	D	1
4	E	1
5	F	1
6	G	2
7	H	4
8	I	4

(a) 一棵树　　　　　　　　　(b) 仿真指针的双亲表示法

图 7-3　树及其使用仿真指针的双亲表示法

双亲表示法对于寻找一个结点的双亲结点操作实现很方便，但对于寻找一个结点的孩子结点操作实现却很不方便。

2. 孩子表示法

孩子表示法就是用指针表示出每个结点的孩子结点。

由于树中每个结点的子树个数（即结点的度）不同，如果按各个结点的度设计变长的每个结点的孩子结点指针域个数，则算法实现非常麻烦。孩子表示法可按树的度（即树中所有结点度的最大值)设计结点的孩子结点指针域个数。

图 7-4 是图 7-3(a)所示树的按树的度设计孩子结点指针域个数的使用常规指针的孩子表示法,该树的度为 3,所以每个结点的孩子结点指针域个数为 3。

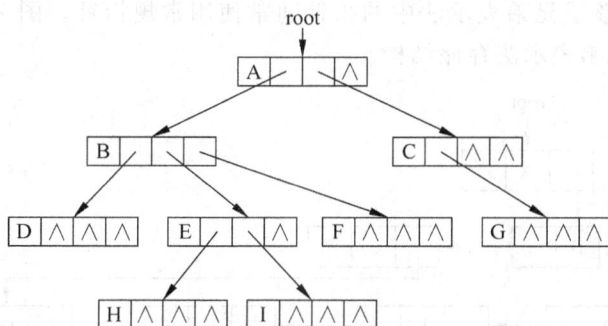

图 7-4 常规指针的孩子表示法

孩子表示法和双亲表示法的特点刚好相反。孩子表示法对于寻找一个结点的孩子结点操作实现很方便,但对于寻找一个结点的双亲结点操作实现却很不方便。

3. 双亲孩子表示法

双亲孩子表示法就是用指针既表示出每个结点的双亲结点,也表示出每个结点的孩子结点。

一种双亲孩子表示法是在使用仿真指针的双亲表示法基础上,给每个结点增加一个指向该结点所有孩子结点单链表的常规头指针域。图 7-5 是图 7-3(a)所示树的这种存储结构的示例。图 7-5 中,data 域存储的是结点的数据元素,parent 域存储的是该结点的双亲结点在数组中的下标,-1 表示无双亲结点,head 域存储的是孩子单链表的头指针,child 域存储的是相应孩子结点在数组中的下标,next 域存储的是下一个孩子结点的指针。

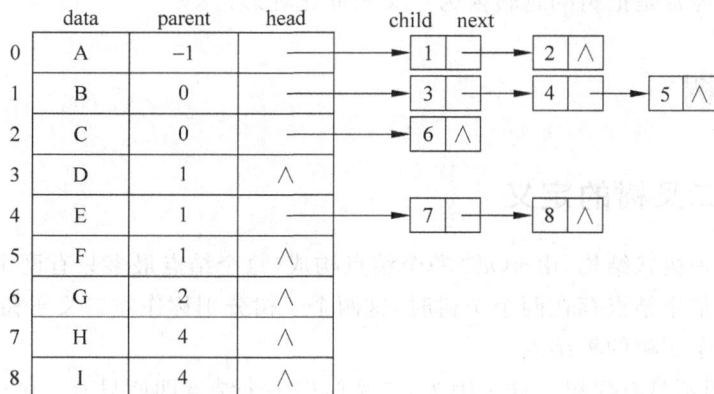

图 7-5 双亲孩子表示法

双亲孩子表示法存储结构具有双亲表示法和孩子表示法两种存储结构的优点。

4. 孩子兄弟表示法

孩子兄弟表示法就是用指针既表示出每个结点的孩子结点,也表示出每个结点的兄弟结点。

孩子兄弟表示法是为每个结点设计三个域：一个数据元素域，一个该结点的第一个孩子结点指针域，一个该结点的下一个兄弟结点指针域。

在实际使用中，孩子兄弟表示法中的指针通常使用常规指针。图 7-6 是图 7-3（a）的使用常规指针的孩子兄弟表示法存储结构。

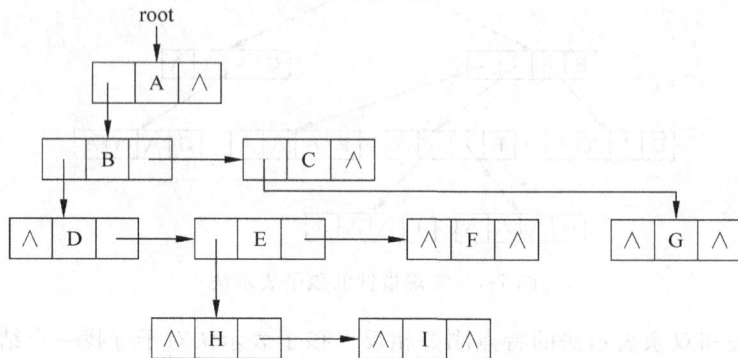

图 7-6　常规指针的孩子兄弟表示法

在使用孩子兄弟表示法的存储结构中，每个结点最多只有两个指针域，并且这两个指针含义是不同的，所以孩子兄弟表示法对应的实际是一种二叉树。

在本章后面将会讨论，树和二叉树可以相互转换，把树转换为二叉树所对应的结构恰好就是这种孩子兄弟表示法结构。所以，孩子兄弟表示法的最大优点是可以按照二叉树的处理方法来处理树。

孩子兄弟表示法是使用最多的树的存储结构。

由于树的操作实现比较复杂，树又可以转换为二叉树，而二叉树的操作实现相对简单，因此实际使用中经常是把树问题转换为二叉树问题处理。

7.2　二叉树

7.2.1　二叉树的定义

二叉树是一种树状结构，由 $n(n \geqslant 0)$ 个结点构成，每个结点最多只有两个子二叉树。

当二叉树中某个结点存在两个子树时，这两个子树分别称作左二叉子树和右二叉子树。该结点称作这两个子树的根结点。

显然，二叉树不是有序树。这是因为，二叉树中某个结点即使只有一个子树也要区分是左子树还是右子树，例如，图 7-7（a）和图 7-7（b）就是两棵不同的二叉树；而对于有序树来说，如果某个结点只有一个子树就必定是第一个子树。

本章的名称叫做"树和二叉树"，就是因为二叉树不是树的一种特例，树和二叉树是同属于树状结构的两种不同类型。

虽然树和二叉树是同属于树状结构的两种不同类型，但是，根据树和二叉树的定义可知，当 $n=0$ 结点为空时以及当 $n=1$ 只有根结点时，既可以认为是树，也可以认为是二叉树，

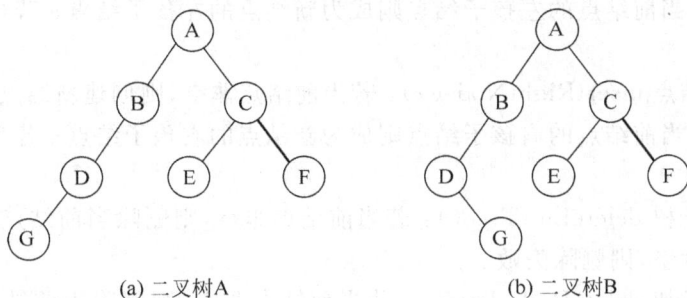

(a) 二叉树A　　　　　　　　　　　　(b) 二叉树B

图 7-7　两棵不同的二叉树

即树和二叉树的定义虽然互不包含,但是树和二叉树的定义有两个相交点。

二叉树中所有结点的形态共有 5 种：空结点、无左右子树结点、只有左子树结点、只有右子树结点和左右子树均存在的结点。

满二叉树：在一棵二叉树中,如果所有分支结点都存在左子树和右子树,并且所有叶子结点都在同一层上,这样的二叉树称作满二叉树。

如图 7-8(a)所示的二叉树是一棵满二叉树。

完全二叉树：如果一棵具有 n 个结点的二叉树的逻辑结构与同样深度满二叉树的前 n 个结点的逻辑结构相同,这样的二叉树称作完全二叉树。

如图 7-8(b)所示的二叉树是一棵完全二叉树,比较图 7-8(b)和图 7-8(a)可知,图 7-8(b)的二叉树 10 个结点与图 7-8(a)满二叉树的前 10 个结点的逻辑结构完全相同,因此图 7-8(b)的二叉树是完全二叉树。显然,满二叉树一定是完全二叉树。

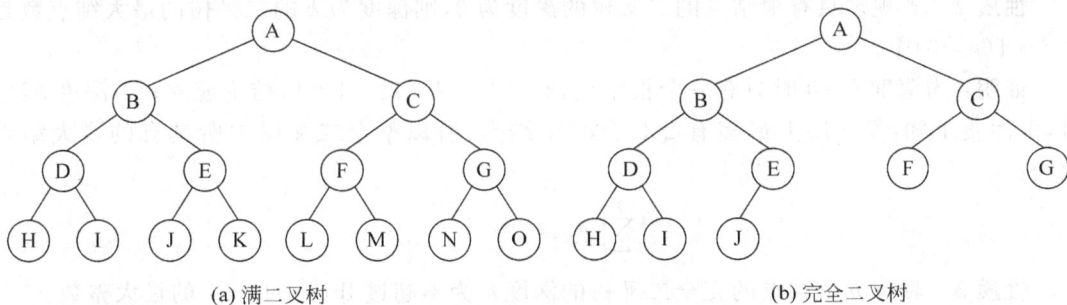

(a) 满二叉树　　　　　　　　　　　　　　　　　(b) 完全二叉树

图 7-8　满二叉树和完全二叉树

7.2.2　二叉树抽象数据类型

数据集合：二叉树的结点集合,每个结点由数据元素和构造数据元素之间关系的指针组成。

操作集合：

(1) 双亲结点 parent()：把当前结点的双亲结点置为当前结点。

(2) 左孩子结点 leftChild()：把当前结点的左孩子结点置为当前结点。

(3) 右孩子结点 rightSibling()：把当前结点的右孩子结点置为当前结点。

(4) 左插入结点 insertLeftNode(x)：若当前结点非空,则创建新结点 x 作为当前结点的左孩子结点,原当前结点的左孩子结点则成为新结点的左孩子结点;若当前结点为空,则插入失败。

(5) 右插入结点 insertRightNode(x):若当前结点非空,则创建新结点 x 作为当前结点的右孩子结点,原当前结点的右孩子结点则成为新结点的右孩子结点;若当前结点为空,则插入失败。

(6) 删除左子树 deleteLeftTree():若当前结点非空,则删除当前结点左子树的全部结点;若当前结点为空,则删除失败。

(7) 删除右子树 deleteRightTree():若当前结点非空,则删除当前结点右子树的全部结点;若当前结点为空,则删除失败。

(8) 遍历二叉树 traverse(vs):按某种遍历方法访问二叉树的每个结点,且每个结点只访问一次。vs 为访问结点类的对象,vs 提供访问结点的方法。二叉树的遍历方法主要有前序、中序、后序和层序遍历方法 4 种。

在二叉树的所有操作中,遍历二叉树操作是最重要的操作。

7.2.3　二叉树的性质

性质 1　若规定根结点的层次为 0,则一棵非空二叉树的第 i 层上最多有 $2^i(i \geqslant 0)$ 个结点。

归纳法证明:当层次 $n=0$ 时,二叉树在根结点只有一个结点,$2^0=1$,结论成立;设层次为 n 时结论成立,即第 n 层上最多有 2^n 个结点;当层次为 $n+1$ 时,根据二叉树的定义,第 n 层上的每个结点最多有两个子结点,所以第 $n+1$ 层上最多有 $2^n \times 2 = 2^{n+1}$ 个结点。

性质 2　若规定只有根结点的二叉树的深度为 0,则深度为 k 的二叉树的最大结点数是 $2^{k+1}-1(k \geqslant 0)$ 个。

证明:当深度 $k=0$ 时只有一个根结点,有 $2^{0+1}-1=2^1-1=1$,结论成立;当深度 $k \geqslant 1$ 时,由性质 1 知,第 i 层上最多有 $2^i(i \geqslant 0)$ 个结点,所以整个二叉树中所具有的最大结点数为:

$$\sum_{i=0}^{k} 2^i = 2^{k+1}-1$$

性质 3　具有 n 个结点的完全二叉树的深度 k 为不超过 $\mathrm{lb}(n+1)-1$ 的最大整数。

证明:由性质 2 和完全二叉树的定义可知,对于有 n 个结点的深度为 k 的完全二叉树有:

$$2^k - 1 < n \leqslant 2^{k+1} - 1$$

移项有:

$$2k < n+1 \leqslant 2k+1$$

对不等式求对数,有:

$$k < \mathrm{lb}(n+1) \leqslant k+1$$

因为 $\mathrm{lb}(n+1)$ 介于 k 和 $k+1$ 之间且不等于 k,而二叉树的深度又只能是整数,必有 $\mathrm{lb}(n+1)$ 等于 $k+1$,所以 n 个结点的完全二叉树的深度 k 为不超过 $\mathrm{lb}(n+1)-1$ 的最大整数。

性质 4　对于一棵非空的二叉树,如果叶结点个数为 n_0,度为 2 的结点数为 n_2,则有

$n_0 = n_2 + 1$。

证明：设 n 为二叉树的结点总数，n_1 为二叉树中度为 1 的结点个数，则有：

$$n = n_0 + n_1 + n_2$$

另外，在二叉树中，除根结点外的所有结点都有一个唯一的进入分支，设 M 为二叉树中所有结点的进入分支数，则有：

$$M = n - 1$$

从二叉树的结构可知，二叉树的所有进入分支是由度为 1 的结点和度为 2 的结点发出的，每个度为 1 的结点发出一个分支，每个度为 2 的结点发出两个分支，所以又有：

$$M = n_1 + 2 \times n_2$$

因此有：

$$n - 1 = n_1 + 2 \times n_2$$

再把 $n = n_0 + n_1 + n_2$ 代入，则可以得到 $n_0 = n_2 + 1$。

性质 5 对于具有 n 个结点的完全二叉树，如果按照从上至下和从左至右的顺序对所有结点从 0 开始顺序编号，则对于序号为 i 的结点，有：

(1) 如果 $i > 0$，则序号为 i 结点的双亲结点的序号为 $(i-1)/2$（"/"表示整除）；如果 $i = 0$，则序号为 i 的结点为根结点，无双亲结点。

(2) 如果 $2 \times i + 1 < n$，则序号为 i 的结点的左孩子结点的序号为 $2 \times i + 1$；如果 $2 \times i + 1 \geq n$，则序号为 i 的结点无左孩子结点。

(3) 如果 $2 \times i + 2 < n$，则序号为 i 的结点的右孩子结点的序号为 $2 \times i + 2$；如果 $2 \times i + 2 \geq n$，则序号为 i 的结点无右孩子结点。

性质 5 的证明比较复杂，故省略。我们用实际例子检验性质 5 的正确性。对于图 7-8(b) 所示的完全二叉树，如果按照从上至下和从左至右的顺序对所有结点从 0 开始顺序编号，则结点和结点序号的对应关系如下：

A	B	C	D	E	F	G	H	I	J
0	1	2	3	4	5	6	7	8	9

该完全二叉树共有 10 个结点，所以 $n = 10$。对于结点 B，相应的序号 i 为 1，则结点 B 双亲结点 A 的序号为 $(i-1)/2 = (1-1)/2 = 0$，结点 B 左孩子结点 D 的序号为 $2 \times i + 1 = 2 \times 1 + 1 = 3$，结点 B 右孩子结点 E 的序号为 $2 \times i + 2 = 2 \times 1 + 2 = 4$。对于结点 E，相应的序号 i 为 4，则结点 E 双亲结点 B 的序号为 $(i-1)/2 = (4-1)/2 = 1$（"/"表示整除），结点 E 左孩子结点 J 的序号为 $2 \times i + 1 = 2 \times 4 + 1 = 9$，因有 $2 \times i + 2 = 2 \times 4 + 2 = 10 = n$，所以结点 E 无右孩子结点。

性质 5 告诉我们，如果把完全二叉树按照从上至下、从左至右的顺序对所有结点顺序编号，则可以用一维数组存储完全二叉树。此时完全二叉树中任意结点 i 的双亲结点下标、左孩子结点下标和右孩子结点下标都可以根据性质 5 计算出来。

7.2.4 二叉树的存储结构

二叉树的存储结构主要有三种：顺序存储结构、链式存储结构和仿真指针存储结构。

1. 二叉树的顺序存储结构

由性质 5 可知,对于完全二叉树中任意结点 i 的双亲结点序号、左孩子结点序号和右孩子结点序号都可由公式计算得到。因此完全二叉树的结点可按从上至下和从左至右的次序存储在一维数组中,其结点之间的关系可由公式计算得到,这就是二叉树的顺序存储结构。图 7-8(a)在数组中的存储形式为:

A	B	C	D	E	F	G	H	I	J	K	L	M	N	O
0	1	2	3	4	5	6	7	8	9	10	11	12	13	14

图 7-8(b)在数组中的存储形式为:

A	B	C	D	E	F	G	H	I	J
0	1	2	3	4	5	6	7	8	9

但是,对于一般的非完全二叉树,如果仍按从上至下和从左至右的次序存储在一维数组中,则结点之间的逻辑关系不能根据性质 5 计算得出。但此时,可首先在非完全二叉树中增添一些并不存在的空结点使之变成完全二叉树的形态,然后再用顺序存储结构存储。图 7-9(a)是一棵非完全二叉树,图 7-9(b)是图 7-9(a)的完全二叉树形态,图 7-9(c)是图 7-9(b)在数组中的存储形式。图 7-9(c)中,符号 ∧ 表示无数据元素的空结点。

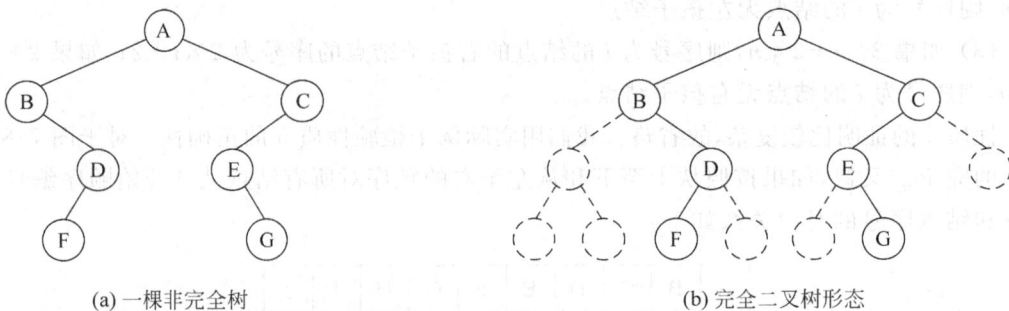

(a) 一棵非完全树　　　　　　　　　　　　(b) 完全二叉树形态

数组	A	B	C	∧	D	E	∧	∧	∧	F	∧	∧	G
下标	0	1	2	3	4	5	6	7	8	9	10	11	12

(c) 在数组中的存储形式

图 7-9　完全二叉树的顺序存储结构

显然,对于完全二叉树,用顺序存储结构存储时既能节省存储空间,又能使二叉树的操作实现非常简单。对于非完全二叉树,如果它接近于完全二叉树,即需要增加的空结点数目不多时,可采用顺序存储结构存储。

但是,对于非完全二叉树,如果需要增加的空结点数太多时,就不宜采用顺序存储结构存储。最坏的情况是右单支树,若右单支树采用顺序存储结构方法存储,则一棵深度为 k 的右单支树只有 k 个结点,却需分配 2^k-1 个存储单元。

2. 二叉树的链式存储结构

二叉树的链式存储结构是用指针建立二叉树中结点之间的关系。二叉树最常用的链式存储结构是二叉链。二叉链存储结构的每个结点包含三个域,分别是数据元素域 data、左孩子结点域 leftChild 和右孩子结点域 rightChild。二叉链存储结构中每个结点的图示结构为:

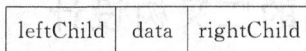

leftChild	data	rightChild

和单链表有不带头结点和带头结点两种类似,二叉链存储结构的二叉树也有不带头结点和带头结点两种。对于图 7-7(b)所示的二叉树,不带头结点的二叉链存储结构的二叉树如图 7-10(a)所示;带头结点的二叉链存储结构的二叉树如图 7-10(b)所示。

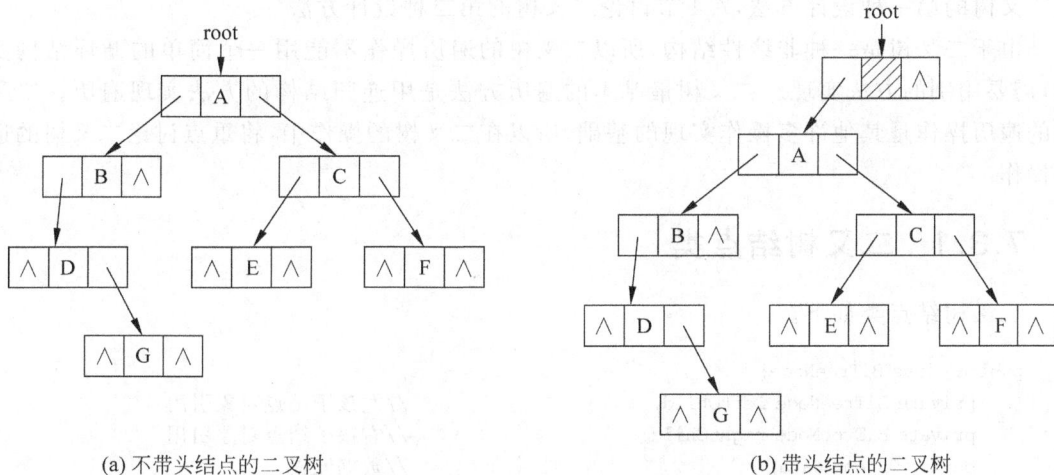

(a) 不带头结点的二叉树   (b) 带头结点的二叉树

图 7-10 二叉链存储结构的二叉树

二叉树的二叉链存储结构是一种常用的二叉树存储结构。二叉链存储结构的优点是结构简单,可以方便地构造任意需要的二叉树,可以方便地实现二叉树的大多数操作。二叉链存储结构的缺点是查找当前结点的双亲结点操作实现起来比较麻烦。

链式存储结构二叉树的另一种形式是三叉链。三叉链是在二叉链存储结构的基础上再增加一个双亲结点域 parent。三叉链除具有二叉链的优点外,对于查找当前结点的双亲结点操作实现起来也很容易。相对于二叉链存储结构,三叉链只是每个结点增加了一个表示双亲结点域的内存空间,所以用三叉链构造二叉树既不复杂,且操作实现方便。

3. 二叉树的仿真指针存储结构

二叉树的仿真指针存储结构是用数组存储二叉树中的结点,数组中每个结点除数据元素域外,再增加仿真指针域用于仿真常规指针构造二叉树中结点之间的逻辑关系。二叉树的仿真指针存储结构有仿真二叉链存储结构和仿真三叉链存储结构。图 7-11 是图 7-10(a)的仿真二叉链存储结构,其中,data 域为结点的数据元素,leftChild 域和 rightChild 域中的数值分别为左孩子结点和右孩子结点在数组中的下标序号。-1 表示仿真指针为空的情况。

要注意图 7-11 的二叉树的仿真二叉链存储结构

	data	leftChild	rightChild
0	A	1	2
1	B	3	-1
2	C	4	5
3	D	-1	6
4	E	-1	-1
5	F	-1	-1
6	G	-1	-1

图 7-11 二叉树的仿真二叉链存储结构

和图 7-9(c)的二叉树的顺序存储结构的不同。

7.3　以结点类为基础的二叉树设计

在二叉链存储结构下,一个二叉树是由若干个结点组成的。二叉树的实现有两种基本方法:一种方法是首先设计二叉树结点类,然后在二叉树结点类的基础上,用 static 成员函数实现二叉树的操作。另一种方法是在二叉树结点类的基础上,再设计二叉树类。本节讨论二叉树的第一种设计方法,7.4 节讨论二叉树的第二种设计方法。

由于二叉树是一种非线性结构,所以二叉树的遍历操作不能用一个简单的循环结构实现,需要用别的方法实现。二叉树最基本的遍历方法是用递归结构的方法实现遍历。二叉树的遍历操作是其他许多操作实现的基础,所以在二叉树的操作中,将重点讨论二叉树的遍历操作。

7.3.1　二叉树结点类

二叉树结点类如下。

```java
public class BiTreeNode{
    private BiTreeNode leftChild;              //左孩子结点对象引用
    private BiTreeNode rightChild;             //右孩子结点对象引用
    public Object data;                        //数据元素

    BiTreeNode(){
        leftChild = null;
        rightChild = null;
    }

    BiTreeNode(Object item, BiTreeNode left, BiTreeNode right){
        data = item;
        leftChild = left;
        rightChild = right;
    }

    public BiTreeNode getLeft(){
        return leftChild;
    }

    public BiTreeNode getRight(){
        return rightChild;
    }

    public Object getData(){
        return data;
    }
}
```

设计说明:和单链表有带头结点和不带头结点两种情况类似,二叉树也有带头结点(或称根结点)和不带头结点两种情况。这里设计了两个构造函数,第一个可用于带头结点结构中头结点对象的创建,第二个用于常规结点对象的创建。

7.3.2 二叉树的遍历

1. 二叉树遍历的基本方法

从二叉树的定义知,一棵二叉树由三部分组成:根结点、左子树和右子树。若规定 D,L,R 分别代表"访问根结点"、"遍历根结点的左子树"和"遍历根结点的右子树",则共有 6 种组合:LDR,DLR,LRD,RDL,DRL,RLD。由于先遍历左子树和先遍历右子树在算法设计上没有本质区别,所以只讨论 6 种组合的前三种:DLR,LDR,LRD。根据遍历算法访问根结点的次序,称这三种遍历算法分别为前序遍历(DLR)、中序遍历(LDR)和后序遍历(LRD)。

由于二叉树是递归定义的。显然,可以把二叉树遍历操作设计成递归算法。

前序遍历(DLR)递归算法为:

若二叉树为空则算法结束;否则:

(1) 访问根结点;

(2) 前序遍历根结点的左子树;

(3) 前序遍历根结点的右子树。

对于图 7-7(b)所示的二叉树,前序遍历访问结点的次序为:

A B D G C E F

中序遍历(LDR)递归算法为:

若二叉树为空则算法结束;否则:

(1) 中序遍历根结点的左子树;

(2) 访问根结点;

(3) 中序遍历根结点的右子树。

对于图 7-7(b)所示的二叉树,中序遍历访问结点的次序为:

D G B A E C F

后序遍历(LRD)递归算法为:

若二叉树为空则算法结束;否则:

(1) 后序遍历根结点的左子树;

(2) 后序遍历根结点的右子树;

(3) 访问根结点。

对于图 7-7(b)所示的二叉树,后序遍历访问结点的次序为:

G D B E F C A

除前序、中序和后序遍历算法外,二叉树还有层序遍历。层序遍历的要求是:按二叉树的层序次序(即从根结点层至叶结点层),同一层中按先左子树再右子树的次序遍历二叉树。

由分析可知,二叉树层序遍历的特点是,在所有未被访问结点的集合中,排列在已访问结点集合中最前面结点的左子树的根结点将最先被访问,然后是该结点的右子树的根结点。这样,如果把已访问的结点放在一个队列中,那么,所有未被访问结点的访问次序就可以由存放在队列中的已访问结点的出队列次序决定。因此可以借助队列实现二叉树的层序遍历。

二叉树的层序遍历算法如下。

（1）初始化设置一个队列;

（2）把根结点指针入队列;

（3）当队列非空时,循环执行步骤（3.a）到步骤（3.c）:

　　（3.a）出队列取得当前队头结点,访问该结点;

　　（3.b）若该结点的左孩子结点非空,则将该结点的左孩子结点指针入队列;

　　（3.c）若该结点的右孩子结点非空,则将该结点的右孩子结点指针入队列;

（4）结束。

对于图 7-7(b)所示的二叉树,层序遍历访问结点的次序为:

A B C D E F G

虽然二叉树是一种非线性结构,二叉树不能像单链表那样每个结点都有一个唯一的前驱结点和唯一的后继结点,但当对一个二叉树用一种特定的遍历方法（如前序遍历方法、中序遍历方法等）来遍历时,其遍历序列一定是线性的,且是唯一的。

2．二叉树的遍历方法和二叉树的结构

由于二叉树是非线性结构,每个结点会有零个、一个或两个孩子结点,所以一个二叉树的遍历序列不能决定一棵二叉树,例如图 7-7(a)和图 7-7(b)的前序遍历序列是相同的,但它们是两棵不同的二叉树。

但某些不同的遍历序列组合可以唯一确定一棵二叉树。可以证明,给定一棵二叉树的前序遍历序列和中序遍历序列,可以唯一确定一棵二叉树的结构。

例如,若给出一个二叉树的前序遍历序列是 A B D G C E F,中序遍历序列是 D G B A E C F,则可以唯一地确定该二叉树的结构为如图 7-7(b)所示的二叉树。

3．访问结点

在前面的二叉树遍历算法中,多次提到"访问该结点"。在二叉树遍历算法中,访问结点表示什么含义呢? 怎样进行设计呢?

在二叉树遍历算法中,"访问该结点"表示遍历到二叉树的某个结点时,对该结点进行的具体操作。这样的具体操作会随着问题的不同而不同。

在不同的问题中,遍历过程中要进行的具体操作将不同。因此应该设计成一种通用的形式。这里采用的设计方法是:定义一个访问类 Visit,再在该类中定义一个实现访问结点具体操作的成员函数。为简明起见,这里规定访问结点的操作都是输出结点的数据元素值。

类 Visit 类设计如下。

```
public class Visit{
    public void print(Object item){
```

```
        System.out.print(item + " ");
    }
}
```

4. 二叉树遍历操作的实现

二叉树遍历类 Traverse 如下。

```
public class Traverse{
    public static void preOrder(BiTreeNode t, Visit vs){
    //前序遍历二叉树 t,访问结点操作为 vs.print(t.data)
        if(t != null){
            vs.print(t.data);
            preOrder(t.getLeft(),vs);
            preOrder(t.getRight(),vs);
        }
    }

    public static void inOrder(BiTreeNode t, Visit vs){
    //中序遍历二叉树 t,访问结点操作为 vs.print(t.data)
    if(t != null){
            inOrder(t.getLeft(),vs);
            vs.print(t.data);
            inOrder(t.getRight(),vs);
        }
    }

    public static void postOrder(BiTreeNode t, Visit vs){
    //后序遍历二叉树 t,访问结点操作为 vs.print(t.data)
        if(t != null){
            postOrder(t.getLeft(),vs);
            postOrder(t.getRight(),vs);
            vs.print(t.data);
        }
    }

    public static void levelOrder(BiTreeNode t, Visit vs) throws Exception{
    //层序遍历二叉树 t,访问结点操作为 vs.print(t.data)
        LinQueue q = new LinQueue();            //创建链式队列类对象
        if(t == null) return;
        BiTreeNode curr;
        q.append(t);                            //根结点入队列
        while(! q.isEmpty()){                   //当队列非空时循环
            curr = (BiTreeNode)q.delete();      //出队列
            vs.print(curr.data);                //访问该结点
            if(curr.getLeft() != null)
                q.append(curr.getLeft());       //左孩子结点入队列
            if(curr.getRight() != null)
                q.append(curr.getRight());      //右孩子结点入队列
        }
    }
}
```

设计说明：

（1）前序、中序和后序遍历成员函数的设计方法很简单，只要按照前面讨论的算法思想，分别设计相应的递归函数，遍历过程中访问结点的操作为 vs. print(t. data)就可以了。

（2）设计层序遍历成员函数时，需要使用队列，这里使用了链式队列类 LinQueue。链式队列有可能抛出异常，因此该成员函数也要抛出异常。参照前面讨论的层序遍历算法思想，即可理解层序遍历成员函数的设计方法。但是，要实际编译运行上述类，需要在同一个目录下存在链式队列类文件 LinQueue. java 或已编译链式队列类文件 LinQueue. class。

7.3.3　二叉树遍历的应用

对二叉树的许多操作实际都是二叉树遍历操作的具体应用，下面给出几个典型的二叉树遍历操作应用问题，以及相应的成员函数设计。

1. 打印二叉树

把二叉树逆时针旋转 90°，按照二叉树的凹入表示法打印二叉树。显然，可把此函数设计成递归函数。由于把二叉树逆时针旋转 90°后，在屏幕上方的首先是右子树，然后是根结点，最后是左子树，所以打印二叉树算法是一种特殊的中序遍历算法。

```java
public static void printBiTree(BiTreeNode root, int level){
//二叉树 root 第 level 层结点数据元素值的横向输出
    if(root != null){
        //子二叉树 root.getRight()第 level＋1层结点数据元素值的横向输出
        printBiTree(root.getRight(),level + 1);

        if(level != 0){
            //走过 6＊(level－1)个空格
            for(int i = 0; i < 6 * (level - 1); i ++){
                System.out.print(" ");
            }
            System.out.print(" --- ");                    //输出横线
        }
        System.out.println(root.data);                    //输出结点的数据元素值

        //子二叉树 root.getLeft()第 level＋1层结点数据元素值的横向输出
        printBiTree(root.getLeft(),level + 1);
    }
}
```

分析上述成员函数可以看出，该成员函数是前面讨论过的中序遍历算法的变种。该成员函数由三部分组成，分别是：递归遍历右子树，访问结点，递归遍历左子树。其中，递归遍历右子树的语句是 printBiTree(root. getRight(),level ＋ 1)，递归遍历左子树的语句是printBiTree(root. getLeft(),level ＋ 1)，其余语句是本问题具体的访问结点操作语句。

2. 查找数据元素

在二叉树中查找数据元素操作的要求是：在 t 为根结点的二叉树中查找数据元素 x，若

查找到数据元素 x 时返回该结点；若查找不到数据元素 x 时返回空。

在二叉树 t 中查找数据元素 x 函数可设计成前序遍历函数，即首先在根结点查找，然后在左子树查找，最后在右子树查找。但是，和常规递归算法不同的是，此函数当一个分支上的结点比较完，但仍未查找到数据元素 x 时，要返回到该结点的双亲结点处继续查找。因此，这是回溯算法的一个应用。

```
public static BiTreeNode search(BiTreeNode t, Object x){
    BiTreeNode temp;

    if(t == null) return null;                  //查找失败出口
    if(t.data.equals(x)) return t;              //查找成功出口

    if(t.getLeft() != null){
        temp = search(t.getLeft(),x);          //在左子树查找
        if(temp != null) return temp;          //查找成功则结束递归
    }

    if(t.getRight() != null){
        temp = search(t.getRight(),x);         //在右子树查找
        if(temp != null) return temp;          //查找成功则结束递归
    }

    return null;                                //查找失败出口
}
```

有兴趣深入学习回溯算法设计方法的读者，可以图 7-10(a)的二叉树为要查找的二叉树，以 $x=$ 'E'(或 $x=$ 'W')为要查找的结点，认真分析这个算法的执行过程。

7.3.4　应用举例

例 7-1　编写一个程序，首先建立如图 7-10(a)所示的不带头结点的二叉链存储结构的二叉树，并打印该二叉树，然后分别输出前序、中序、后序和层序遍历该二叉树时，各结点的数据元素值，最后再查找该二叉树中是否存在结点 C。

完整的程序设计如下。

```
public class Exam7_1{
    public static void printBiTree(BiTreeNode root, int level){
    //二叉树 root 各层结点数据元素值的横向输出
        if(root != null){
            //子二叉树 root.getRight()第 level + 1 层结点数据元素值的横向输出
            printBiTree(root.getRight(),level + 1);

            if(level != 0){
                //走过 6 * (level - 1)个空格
                for(int i = 0; i < 6 * (level - 1); i ++){
                    System.out.print(" ");
                }
                System.out.print(" --- ");          //输出横线
```

```
        }
            System.out.println(root.data);              //输出结点的数据元素值

            //子二叉树 root.getLeft()第 level + 1 层结点数据元素值的横向输出
            printBiTree(root.getLeft(),level + 1);
        }
    }

    public static BiTreeNode search(BiTreeNode t, Object x){
    //在二叉树 t 中查找数据元素 x
        BiTreeNode temp;

        if(t == null) return null;                       //查找失败出口
        if(t.data.equals(x)) return t;                   //查找成功出口

        if(t.getLeft() != null){
            temp = search(t.getLeft(),x);                //在左子树查找
            if(temp != null) return temp;                //查找成功结束递归
        }

        if(t.getRight() != null){
            temp = search(t.getRight(),x);               //在右子树查找
            if(temp != null) return temp;                //查找成功则结束递归
        }

        return null;                                     //查找失败出口
    }

    public static BiTreeNode getTreeNode(Object item, BiTreeNode left, BiTreeNode right){
    //构造二叉树
        BiTreeNode temp = new BiTreeNode(item,left,right);
        return temp;
    }

    public static BiTreeNode makeTree(){
    //构造图 7 - 10(a)所示的不带头结点的二叉链存储结构的二叉树
        BiTreeNode b, c, d, e, f, g;

        g = getTreeNode(new Character('G'), null, null);
        d = getTreeNode(new Character('D'), null, g);
        b = getTreeNode(new Character('B'), d, null);
        e = getTreeNode(new Character('E'), null, null);
        f = getTreeNode(new Character('F'), null, null);
        c = getTreeNode(new Character('C'), e, f);
        return getTreeNode(new Character('A'), b, c);
    }

    public static void main(String[] args){
        BiTreeNode root1;
        BiTreeNode temp;
```

```
        Visit vs = new Visit();                          //创建 Visit 类对象 vs

        root1 = makeTree();
        System.out.println("二叉树为: ");
        printBiTree(root1,0);
        System.out.println();

        System.out.print("前序遍历结点序列为: ");
        Traverse.preOrder(root1,vs);                     //调用 Traverse 类的 preOrder()成员函数
        System.out.println();

        System.out.print("中序遍历结点序列为: ");
        Traverse.inOrder(root1,vs);
        System.out.println();

        System.out.print("后序遍历结点序列为: ");
        Traverse.postOrder(root1,vs);
        System.out.println();

        System.out.print("层序遍历结点序列为: ");
        try{
            Traverse.levelOrder(root1,vs);
        }
        catch(Exception e){
            e.printStackTrace();
        }
        System.out.println();

        temp = search(root1,new Character('C'));
        if(temp != null)
            System.out.println("查找到的结点数据值为: " + temp.data);
        else
            System.out.println("查找失败");
    }
}
```

程序运行输出结果如下。

```
二叉树为:
        --- F
--- C
        --- E
A
--- B
            --- G
        --- D
```

前序遍历结点序列为: A B D G C E F
中序遍历结点序列为: D G B A E C F
后序遍历结点序列为: G D B E F C A
层序遍历结点序列为: A B C D E F G
查找到的结点数据值为: C

7.3.5　非递归的二叉树遍历算法

在6.6节讨论递归算法到非递归算法的转换时曾说过,所有递归算法都可以借助堆栈转换成循环结构的非递归算法,这样的转换通常有两种方法:一种方法是形式化模拟转换,另一种方法是根据要求解问题的特点,设计借助堆栈的循环结构算法。本节设计的非递归的二叉树遍历算法就是使用的第二种方法。

下面以前序遍历算法为例来讨论非递归结构的二叉树遍历算法。

前序遍历算法要求首先访问根结点,然后前序遍历左子树和前序遍历右子树。此遍历算法的特点是,在所有未被访问的结点中,最后访问结点的左子树的根结点将最先被访问。这和堆栈的特点吻合,因此可以借助堆栈,设计出非递归的二叉树前序遍历算法。

非递归的二叉树前序遍历算法如下。

(1) 初始化设置一个堆栈;

(2) 把根结点指针入栈;

(3) 当堆栈非空时,循环执行步骤(3.a)到步骤(3.c):

　　(3.a) 出栈取得栈顶结点,访问该结点;

　　(3.b) 若该结点的右孩子结点非空,则将该结点的右孩子结点指针入栈;

　　(3.c) 若该结点的左孩子结点非空,则将该结点的左孩子结点指针入栈;

(4) 结束。

对照此算法和二叉树层序遍历算法,可以发现,两个算法的结构非常类似,只是此算法利用了堆栈,而二叉树层序遍历算法利用了队列;另外,此算法进栈的次序是先右孩子结点,后左孩子结点,而二叉树层序遍历算法进队列的次序是先左孩子结点,后右孩子结点。

对于图7-7(b)所示的二叉树,非递归的二叉树前序遍历算法的执行过程如表7-1所示。表7-1的堆栈内容中,左端表示栈顶,右端表示栈底。符号A表示结点A的数据元素,符号&A表示结点A的指针(Java语言实现时为对象引用)。

表7-1　非递归二叉树前序遍历算法执行过程

步骤	操作	堆栈内容	当前访问结点
0	进栈	&A	
1	退栈		A
2	进栈	&C	
3	进栈	&B, &C	
4	退栈	&C	B
5	进栈	&D, &C	
6	退栈	&C	D
7	进栈	&G, &C	
8	退栈	&C	G
9	退栈		C
10	进栈	&F	
11	进栈	&E, &F	
12	退栈	&F	E
13	退栈		F
14	栈空		

从表 7-1 可知,非递归的二叉树前序遍历算法访问结点的次序为:

A B D G C E F

这和递归的二叉树前序遍历算法访问结点的次序一样。

非递归的二叉树前序遍历成员函数如下。

```java
public static void preOrderNoRecur(BiTreeNode root) throws Exception{
    LinStack s = new LinStack();                //创建链式堆栈类对象
    if(root == null) return;
    BiTreeNode curr;
    s.push(root);                               //根结点入栈
    while(! s.isEmpty()){                        //当堆栈不空时循环
        curr = (BiTreeNode)s.pop();             //出栈得到栈顶结点
        System.out.print(" " + curr.data);      //输出结点的数据元素值
        if(curr.getRight() != null)             //若右孩子结点非空
            s.push(curr.getRight());            //右孩子结点入栈
        if(curr.getLeft() != null)              //若左孩子结点非空
            s.push(curr.getLeft());             //左孩子结点入栈
    }
}
```

7.4　二叉树类

本节讨论二叉树设计的第二种方法,即在二叉树结点类的基础上再设计一个二叉树类的方法。为简单起见,这里设计的二叉树类只实现最基本的创建二叉树操作和遍历二叉树操作。

二叉树类设计如下。

```java
public class BiTree{
    private BiTreeNode root;                    //根指针

    private void preOrder(BiTreeNode t, Visit vs){    //前序遍历
        if(t != null){
            vs.print(t.data);
            preOrder(t.getLeft(),vs);
            preOrder(t.getRight(),vs);
        }
    }

    private void inOrder(BiTreeNode t, Visit vs){    //中序遍历
        if(t != null){
            inOrder(t.getLeft(),vs);
            vs.print(t.data);
            inOrder(t.getRight(),vs);
        }
    }
```

```
            private void postOrder(BiTreeNode t, Visit vs){    //后序遍历
                if(t != null){
                    postOrder(t.getLeft(),vs);
                    postOrder(t.getRight(),vs);
                    vs.print(t.data);
                }
            }

            BiTree(){                                           //构造函数
                root = null;
            }

            BiTree(Object item, BiTree left, BiTree right){    //构造函数
                BiTreeNode l, r;
                if(left == null)      l = null;
                else                  l = left.root;
                if(right == null)     r = null;
                else                  r = right.root;
                root = new BiTreeNode(item, l, r);
            }

            public void preOrder(Visit vs){                     //前序遍历
                preOrder(root, vs);
            }

            public void inOrder(Visit vs){                      //中序遍历
                inOrder(root, vs);
            }

            public void postOrder(Visit vs){                    //后序遍历
                postOrder(root,vs);
            }
        }
```

设计说明:

(1) 和单链表类似,一个二叉链结构的二叉树也可以由指向该二叉树的根指针表示,所以,二叉树类的成员变量为指向该二叉树的根指针 root。

(2) 从 7.3 节的讨论可知,递归结构的二叉树前序遍历算法需要有两个参数,一个参数是二叉树的根指针 t,另一个参数是前序遍历二叉树时的具体访问方法,即 Visit 类的虚参对象 vs。但对于使用前序遍历成员函数的应用程序来说,只需要给出前序遍历二叉树时的 Visit 类的实参对象即可。所以,二叉树类中设计了两个前序遍历成员函数,其中公有成员函数 preOrder(vs)只有一个参数,公有成员函数 preOrder(vs)通过调用私有成员函数 preOrder(root, vs)实现二叉树的前序遍历。私有成员函数 preOrder(root, vs)有两个参数。中序遍历二叉树和后序遍历二叉树成员函数的设计方法类似。

例 7-2   编写一个程序,首先建立如图 7-10(a)所示的不带头结点的二叉链存储结构的二叉树,然后分别输出前序、中序和后序遍历该二叉树时,各结点的数据元素值。

```
        public class Exam7_2{
```

```java
public static void main(String[ ] args){
    //构造图 7-10(a)所示的二叉树
    BiTree g = new BiTree(new Character('G'), null, null);
    BiTree d = new BiTree(new Character('D'), null, g);
    BiTree b = new BiTree(new Character('B'), d, null);
    BiTree e = new BiTree(new Character('E'), null, null);
    BiTree f = new BiTree(new Character('F'), null, null);
    BiTree c = new BiTree(new Character('C'), e, f);
    BiTree a = new BiTree(new Character('A'), b, c);

    Visit vs = new Visit();                    //创建 Visit 类对象
    System.out.print("前序遍历结点序列为：");
    a.preOrder(vs);
    System.out.println();

    System.out.print("中序遍历结点序列为：");
    a.inOrder(vs);
    System.out.println();

    System.out.print("后序遍历结点序列为：");
    a.postOrder(vs);
    System.out.println();
    }
}
```

程序运行结果为：

前序遍历结点序列为：A B D G C E F
中序遍历结点序列为：D G B A E C F
后序遍历结点序列为：G D B E F C A

说明：Visit 类前面已给出。只要本程序文件和 Visit.java 文件放在一个目录下，本程序就可运行。

上机练习：在本例的基础上，增加层序遍历成员函数并测试。

7.5　二叉树的分步遍历

在讨论二叉树的遍历方法时曾指出，虽然二叉树是一种非线性结构，二叉树不能像单链表那样每个结点都有一个唯一的前驱结点和唯一的后继结点，但当对一个二叉树用一种特定的遍历方法（如前序遍历方法、中序遍历方法等）来遍历时，其遍历序列一定是线性的，且是唯一的。

二叉树的遍历有两种情况，一种是一次性遍历，如前面讨论的一次性遍历显示二叉树结点的数据元素值；另一种是分步遍历。

二叉树的分步遍历是指，在规定了一棵二叉树的遍历方法后，每次只访问当前结点的数据元素值，然后使当前结点为当前结点的后继结点，直到到达二叉树的最后一个结点为止。这种情况就像操作单链表一样，处理完当前结点后，当前结点即为当前结点的后继结点，直到到达单链表的表尾为止。

分步遍历提供了对二叉树进行循环遍历操作的工具。本节讨论的二叉树游标类将使应用程序能够像操作单链表一样操作二叉树。

7.5.1　二叉树游标类

显然，分步遍历不能使用前述的中序递归遍历、前序递归遍历和后序递归遍历算法。因为这样的递归算法必须一次运行完。虽然层序遍历算法不是递归的，但也不能直接使用。

要满足分步遍历操作的需要，首先要有可分解的遍历算法，并要分解这样的遍历算法为几个子算法。然后再把这样的子算法设计成几个控制遍历过程的成员函数。这样，应用程序就可通过这几个成员函数，方便地对二叉树进行分步遍历操作。本节所讨论的就是这样的一种类，我们把它称作二叉树游标类。

由于二叉树遍历的具体方法有许多种，而每种遍历方法相应类的成员函数名都一样，因此先设计一个基类，再把二叉树中序游标类、二叉树前序游标类、二叉树后序游标类和二叉树层序游标类设计为该基类的派生类。这样，一方面，对于派生类中共同的成员变量和成员函数可一次性设计完成；另一方面，由于各二叉树游标类都是基类的派生类，所以其遍历的控制过程完全相同，从而可方便使用和维护。

二叉树游标类设计如下。

```java
public class BiTreeInterator{
    BiTreeNode root;                              //根指针
    BiTreeNode current;                           //当前结点
    int iteComplete;                              //到达尾部标记

    BiTreeInterator(){                            //构造函数
    }

    BiTreeInterator(BiTreeNode tree){            //构造函数
        root = tree;
        current = tree;
        iteComplete = 1;
    }

    public void reset(){                          //重置
    }

    public void next(){                           //下一个结点
    }

    public boolean endOfBiTree(){                 //结束否
        return iteComplete == 1;
    }

    public Object getData(){                      //取数据元素
        if(current == null)
            return null;
```

```
        else
            return current.data;
    }
}
```

设计说明:

(1) 当前结点 current 成员变量和到达尾部标记 iteComplete 成员变量是控制遍历过程必需的成员变量。

(2) 分步遍历的控制过程需要三个基本操作:重置、下一个结点和结束否,因此设计三个相应的成员函数 reset( )、next( )和 endOfBiTree( )。

reset( )成员函数的功能是让 current 成员变量指示在第一个结点上(只要给出了遍历方法,第一个结点就是确定的),并根据情况标记 iteComplete 成员变量的值;next( )成员函数则每次查找到当前结点的下一个结点(不同的遍历方法找下一个结点的方法不同),并根据情况标记 iteComplete 成员变量的值;endOfBiTree( )成员函数返回 iteComplete 的值,即遍历未结束时返回 0,遍历结束时返回 1。这样,应用程序就可以利用这三个成员函数,编写二叉树的循环遍历程序。

(3) 无论哪种遍历方法都以尾部标记 iteComplete 的值等于 1 作为已到达尾部的标志,所以 endOfBiTree( )成员函数可以在基类中实现;对于不同的遍历操作,reset( )成员函数和 next( )成员函数的实现方法将不同,所以 reset( )成员函数和 next( )成员函数设计成无任何语句的空函数,然后在派生类中再覆盖这两个成员函数。

7.5.2 二叉树中序游标类

对二叉树的中序遍历,由于中序递归遍历算法是算法本身的不断自调用实现的,所以中序递归遍历算法是不可分解的。但若借助一个堆栈模仿系统的运行时栈,则有非递归的二叉树中序遍历算法。

非递归的二叉树中序遍历算法如下。

(1) 设置一个堆栈并初始化;

(2) 使结点对象引用 t 等于二叉树根指针,如 t 非空令结束标记为 0;否则为 1;

(3) 当 t 的左孩子结点不空时循环;否则转向步骤(4);

　　(3.1) 把 t 入堆栈;

　　(3.2) t 等于 t 的左孩子结点;

(4) 如果 t 为空则令结束标记为 1;

(5) 如果结束标记为 1 转步骤(8);否则继续执行;

(6) 访问 t 结点;

(7) 如果 t 的右孩子结点非空,则使 t 等于 t 的右孩子结点,转到步骤(3);否则如果堆栈不空,则退栈使 t 等于栈顶结点,转向步骤(5);否则令结束标记为 1,转向步骤(5);

(8) 算法结束。

图 7-12 给出了一个有 5 个结点二叉树例子的上述算法执行过程的图示。图中 t 为当前结点的对象引用,初始时 t 等于根指针,堆栈为顺序堆栈。按照算法,首先分别使 &A 和 &B 入堆栈(符号 &A 和 &B 表示结点 A 和结点 B 的对象引用),结点 D 的左孩子为空,所

以访问结点 D；结点 D 的右孩子为空，但堆栈不空，退栈使 t 等于结点 B，访问结点 B；使 t 等于结点 B 的右孩子结点，结点 E 的左孩子为空，所以访问结点 E；退栈使 t 等于结点 A，访问结点 A；使 t 等于结点 A 的右孩子结点，因结点 C 的左孩子为空，所以访问结点 C；最后因 t 的右孩子空并且堆栈空所以算法结束。

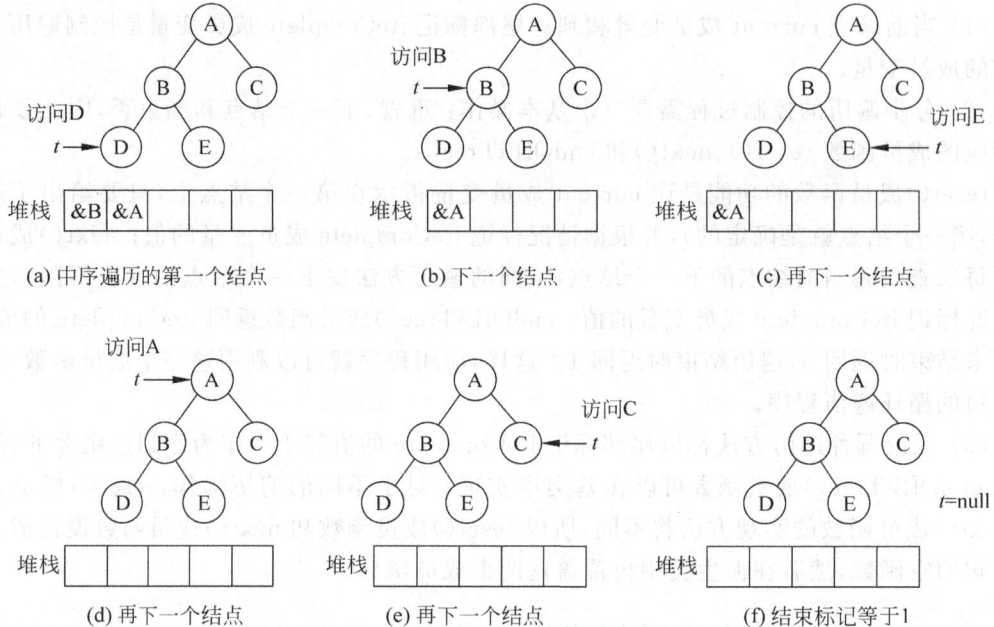

图 7-12　非递归的二叉树中序遍历算法执行过程

要指出的是，为了和下边要讨论的二叉树中序游标类的成员函数设计一致，有意把非递归的二叉树中序遍历算法写成如上的有些地方稍微有些重复的形式。

分解上述非递归的二叉树中序遍历算法，显然，步骤(1)至步骤(4)为寻找二叉树中序遍历算法的第一个结点的过程；步骤(5)为判断是否到达中序遍历二叉树的尾部；步骤(6)是访问操作；步骤(7)为寻找二叉树中序遍历的下一个结点过程。这样，借助堆栈就可实现分步的中序遍历二叉树。

下边的二叉树中序游标类中，reset()成员函数实现了步骤(1)至步骤(4)，next()成员函数实现了步骤(7)。由于成员函数中包含相同的部分——寻找最左孩子结点，所以，再分离这部分操作为私有成员函数 goFarLeft()。

二叉树中序游标类的具体设计如下。

```java
public class BiTrInIterator extends BiTreeInterator{
    private LinStack s = new LinStack();          //创建堆栈类对象 s

    BiTrInIterator(BiTreeNode t){                 //构造函数
        super(t);                                 //调用父类的构造函数
    }

    private BiTreeNode goFarLeft(BiTreeNode t){   //寻找最左孩子结点
        if(t == null) return null;
```

```
        while(t.getLeft() != null){
            s.push(t);
            t = t.getLeft();
        }
        return t;
    }

    public void reset(){                        //覆盖基类的重置成员函数
        if(root == null)  iteComplete = 1;      //置结束标记
        else   iteComplete = 0;

        if (root == null) return;
        current = goFarLeft(root);
    }

    public void next(){                         //覆盖基类的下一个结点成员函数
        if(iteComplete == 1){
            System.out.println("已到二叉树尾!");
            return;
        }

        if(current.getRight() != null){
            current = goFarLeft(current.getRight());
                                //寻找当前结点右孩子结点的最左孩子结点
        }
        else if (s.notEmpty()){                 //若堆栈非空
            try{
                current = (BiTreeNode)s.pop();  //退栈
            }
            catch(Exception e){
                e.printStackTrace();
            }
        }
        else
            iteComplete = 1;                    //置结束标记
    }
}
```

设计说明：

(1) 二叉树中序游标类 BiTrInIterator 是二叉树游标类 BiTreeIterator 的派生类。

(2) BiTrInIterator 类中重新设计了基类的 reset()成员函数和 next()成员函数。

这样，利用 BiTrInIterator 类提供的 reset()、next()成员函数，以及基类的 endOfBiTree() 成员函数，就可以用循环结构实现二叉树各结点的遍历。例 7-3 就是一个这样的例子。

例 7-3 编写一个程序，首先建立如图 7-10(a)所示的不带头结点的二叉链存储结构的二叉树，然后输出中序遍历二叉树时各结点的结点信息。

```
public class Exam7_3{
    public static BiTreeNode getTreeNode(Object item, BiTreeNode left, BiTreeNode right){
        BiTreeNode temp = new BiTreeNode(item,left,right);
```

```
                    return temp;
                }

        public static BiTreeNode makeTree(){
                BiTreeNode b, c, d, e, f, g;

                g = getTreeNode(new Character('G'), null, null);
                d = getTreeNode(new Character('D'), null, g);
                b = getTreeNode(new Character('B'), d, null);
                e = getTreeNode(new Character('E'), null, null);
                f = getTreeNode(new Character('F'), null, null);
                c = getTreeNode(new Character('C'), e, f);
                return getTreeNode(new Character('A'), b, c);
        }

        public static void main(String[] args){
                BiTreeNode root;

                root = makeTree();
                BiTrInIterator myIter = new BiTrInIterator(root);

                System.out.print("中序遍历序列为：");
                for(myIter.reset(); ! myIter.endOfBiTree(); myIter.next())
                        System.out.print(myIter.getData() + " ");
        }
}
```

程序的运行结果为：

中序遍历序列为：D G B A E C F

程序设计说明：

主函数中，通过二叉树中序游标类提供的 reset()成员函数、endOfBiTree()成员函数和 next()成员函数，用循环结构设计出了二叉树中序遍历的程序。即

```
for(myIter.reset(); ! myIter.endOfBiTree(); myIter.next())
    System.out.print(myIter.getData() + " ");
```

可见，二叉树中序游标类为许多应用程序操作非线性结构的二叉树提供了非常方便的工具。

7.5.3 二叉树层序游标类

二叉树层序遍历的次序是根结点，根结点的左孩子结点，根结点的右孩子结点，根结点的左孩子结点的左孩子结点，根结点的左孩子结点的右孩子结点，如此等等，一直到最下层最右边的结点为止。

前面讨论的借助队列实现的层序遍历算法虽然不是递归的，但也不能直接用在分步层序遍历二叉树上，需要把算法过程分解为几个子过程，由 reset()成员函数、endOfBiTree()成员函数和 next()成员函数来分别完成。

其中，reset()成员函数完成使当前结点等于根结点；next()成员函数完成让当前结点等于当前结点的下一个结点。

二叉树层序游标类的设计如下。

```
public class BiTrLeIterator extends BiTreeInterator{
    LinQueue q = new LinQueue();                    //创建链式队列类对象 q

    BiTrLeIterator(BiTreeNode t){                   //构造函数
        super(t);
    }

    public void reset(){                            //覆盖基类的重置成员函数
        if(root == null) iteComplete = 1;           //置结束标记
        else iteComplete = 0;

        if(root == null) return;
        current = root;
        try{
            if(root.getLeft() != null)
                q.append(root.getLeft());           //左孩子结点入队列
            if(root.getRight() != null)
                q.append(root.getRight());          //右孩子结点入队列
        }
        catch(Exception e){
            e.printStackTrace();
        }
    }

    public void next(){                             //覆盖基类的下一个结点成员函数
        if(iteComplete == 1){
            System.out.println("已到二叉树尾!");
            return;
        }
        if (q.notEmpty()){                          //若队列非空
            try{
                current = (BiTreeNode)q.delete();   //出队列
                if(current.getLeft() != null)
                    q.append(current.getLeft());    //左孩子结点入队列
                if(current.getRight() != null)
                    q.append(current.getRight());   //右孩子结点入队列
            }
            catch(Exception e){
                e.printStackTrace();
            }
        }
        else
            iteComplete = 1;                        //置结束标记
    }
}
```

可以按照相同的方法设计二叉树前序游标类和二叉树后序游标类。二叉树后序游标类的设计稍微复杂一些。这里不再详细讨论。

7.6　线索二叉树

7.5 节讨论了一种分步遍历二叉树的方法，线索二叉树是另一种分步遍历二叉树的方法。两者的不同之处是，二叉树游标类只能从前向后分步遍历二叉树，而线索二叉树既可以从前向后分步遍历二叉树，又可以从后向前分步遍历二叉树。

本节只讨论线索二叉树的基本概念和实现思想，不讨论线索二叉树类的编码实现问题。

二叉树是非线性结构，但从前边的讨论可知，当以某种规则（如前序、中序等）遍历二叉树时，将把二叉树中的结点按该规则排列成一个线性序列。但是，在 7.4 节设计的所有遍历算法中，遍历二叉树时都没有把遍历时得到的结点的后继结点信息和前驱结点信息保存下来，因此，不能像操作双向链表那样操作二叉树。在按某种规则遍历二叉树时，保存遍历时得到的结点的后继结点信息和前驱结点信息的最常用的方法，是建立线索二叉树。

对二叉链存储结构的二叉树分析可知，在有 n 个结点的二叉树中必定存在 $n+1$ 个空链域。我们希望能利用这些空链，建立起相应结点的前驱结点信息和后继结点信息。

我们做如下规定：当某结点的左孩子结点域为空时，令该域表示按某种方法遍历二叉树时得到的该结点的前驱结点；当某结点的右孩子结点域为空时，令该域表示按某种方法遍历二叉树时得到的该结点的后继结点。仅仅这样做会使我们不能区分左指针指向的结点到底是左孩子结点还是前驱结点，右指针指向的结点到底是右孩子结点还是后继结点。因此再在结点中增加两个线索标志位来区分这两种情况。线索标志位定义如下。

$$\text{leftThread} = \begin{cases} 0 & \text{leftChild 指向结点的左孩子结点} \\ 1 & \text{leftChild 指向结点的前驱结点} \end{cases}$$

$$\text{rightThread} = \begin{cases} 0 & \text{rightChild 指向结点的右孩子结点} \\ 1 & \text{rightChild 指向结点的后继结点} \end{cases}$$

这样，每个结点就包含如下所示的 5 个域：

leftThread	leftChild	data	rightChild	rightThread

结点中指向前驱结点和后继结点的指针称为**线索**。在二叉树的结点上加上线索的二叉树称作**线索二叉树**。对二叉树以某种方法（如前序、中序或后序方法）遍历使其变为线索二叉树的过程称作按该方法对二叉树进行的**线索化**。

为使算法设计方便，一般在设计线索二叉树时都包含头结点（其功能类似于单链表中的头结点）。头结点的 data 域为空，leftChild 指向二叉树的根结点，leftThread 为 0，rightChild 指向按某种方式遍历二叉树时的最后一个结点，rightThread 为 1。对于如图 7-13(a)所示的二叉树，图 7-13(b)是相应的中序线索二叉树，图 7-13(c)是相应的前序线索二叉树，图 7-13(d)是相应的后序线索二叉树。图中实线表示二叉树原来指针所指的结点，虚线表示线索二叉树所添加的线索。注意，中序、前序和后序线索二叉树中所有实线均相同,所有结点的线索标志位取值也完全相同,只是当线索标志位为 1 时,不同的线索二叉树的虚线将不同。

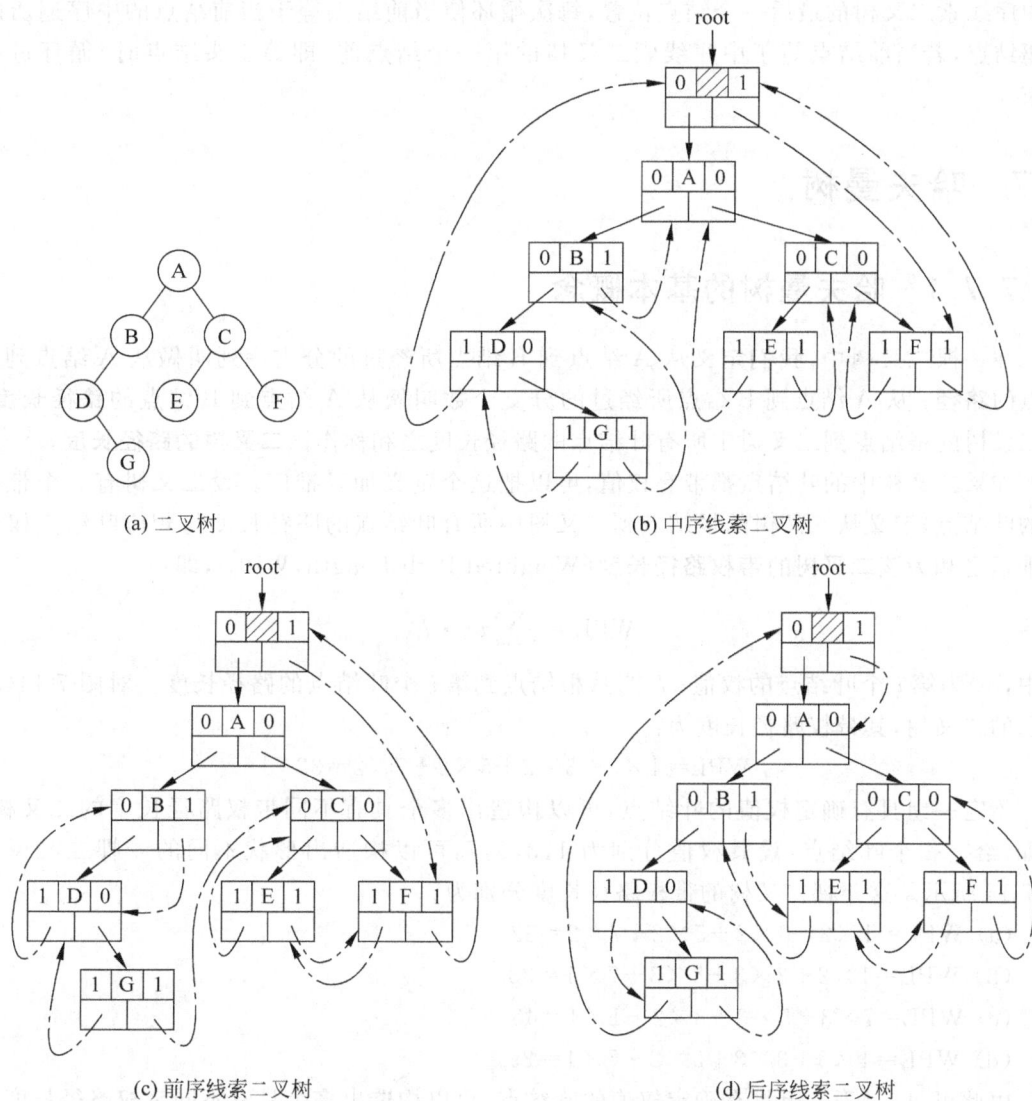

(a) 二叉树   (b) 中序线索二叉树

(c) 前序线索二叉树   (d) 后序线索二叉树

图 7-13　线索二叉树

　　如何把一棵二叉树变为一棵线索二叉树呢？方法是在遍历二叉树的过程中给每个结点添加线索。例如,要建立一棵中序线索二叉树,方法就是在中序遍历二叉树的过程中给每个结点添加中序线索;要建立一棵前序线索二叉树,方法就是在前序遍历二叉树的过程中给每个结点添加前序线索。

　　一旦建立了某种方式的线索二叉树后,用户程序就可以像操作双向链表一样操作该线索二叉树。例如,一旦建立了中序线索二叉树后,用户程序就可以设计一个正向循环结构,来遍历该二叉树的所有结点,循环初始定位在中序线索二叉树的第一个结点位置,每次循环使当前结点等于当前结点的中序遍历的后继结点,若当前结点等于中序线索二叉树的最后一个结点后（即等于头结点时）循环过程结束。

用户程序也可以设计一个反向循环结构，来遍历该二叉树的所有结点。循环初始定位在中序线索二叉树的最后一个结点位置，每次循环使当前结点等于当前结点的中序遍历的前驱结点，若当前结点等于中序线索二叉树的第一个结点前（即等于头结点时）循环过程结束。

7.7 哈夫曼树

7.7.1 哈夫曼树的基本概念

在一棵二叉树中，我们定义从 A 结点到 B 结点所经过的分支序列叫做从 A 结点到 B 结点的**路径**；从 A 结点到 B 结点所经过的分支个数叫做从 A 结点到 B 结点的**路径长度**；从二叉树的根结点到二叉树中所有叶结点的路径长度之和称作该**二叉树的路径长度**。

如果二叉树中的叶结点都带有权值，可以把这个定义加以推广。设二叉树有 n 个带权值的叶结点，定义从二叉树的根结点到二叉树中所有叶结点的路径长度与相应叶结点权值的乘积之和为该**二叉树的带权路径长度**（Weighted Path Length，WPL），即：

$$WPL = \sum_{i=0}^{n} w_i \cdot l_i$$

其中，w_i 为第 i 个叶结点的权值；l_i 为从根结点到第 i 个叶结点的路径长度。对图 7-14(a) 所示的二叉树，其带权路径长度为：

$$WPL = 1 \times 2 + 3 \times 2 + 5 \times 2 + 7 \times 2 = 32$$

给定一组具有确定权值的叶结点，可以构造出多个具有不同带权路径长度的二叉树。例如，给定 4 个叶结点，设其权值分别为 1,3,5,7，可以构造出形状不同的 4 棵二叉树如图 7-14 所示。这 4 棵二叉树的带权路径长度分别为：

(a) WPL＝1×2＋3×2＋5×2＋7×2＝32

(b) WPL＝1×2＋3×3＋5×3＋7×1＝33

(c) WPL＝7×3＋5×3＋3×2＋1×1＝43

(d) WPL＝1×3＋3×3＋5×2＋7×1＝29

由此可见，对于一组具有确定权值的叶结点，可以构造出多个具有不同带权路径长度的二叉树，其中具有最小带权路径长度的二叉树称作**哈夫曼（Huffman）树**（或称最优二叉树）。可以证明，图 7-14(d) 的二叉树是一棵哈夫曼树。

根据哈夫曼树的定义，要使一棵二叉树的带权路径长度 WPL 值最小，必须使权值越大的叶结点越靠近根结点。哈夫曼提出的**哈夫曼树构造算法**如下。

(1) 由给定的 n 个权值 $\{w_1, w_2, \cdots, w_n\}$ 构造 n 棵只有根结点的二叉树，从而得到一个二叉树森林 $F = \{T_1, T_2, \cdots, T_n\}$。

(2) 在二叉树森林 F 中选取根结点的权值最小和次小的两棵二叉树作为新的二叉树的左右子树构造新的二叉树，新的二叉树的根结点权值为左右子树根结点权值之和。

(3) 在二叉树森林 F 中删除作为新二叉树左右子树的两棵二叉树，将新二叉树加入到二叉树森林 F 中。

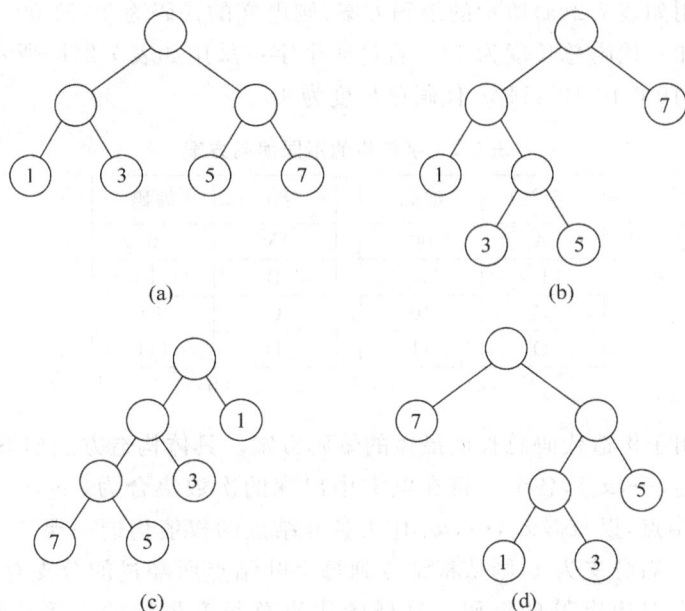

图 7-14 具有相同叶结点和不同带权路径长度的二叉树

（4）重复步骤（2）和（3），当二叉树森林 F 中只剩下一棵二叉树时，这棵二叉树就是所构造的哈夫曼树。

对于一组给定的叶结点，设它们的权值集合为 $\{7,5,3,1\}$，按哈夫曼树构造算法对此集合构造哈夫曼树的过程如图 7-15 所示。这和图 7-14(d)的结构完全相同。

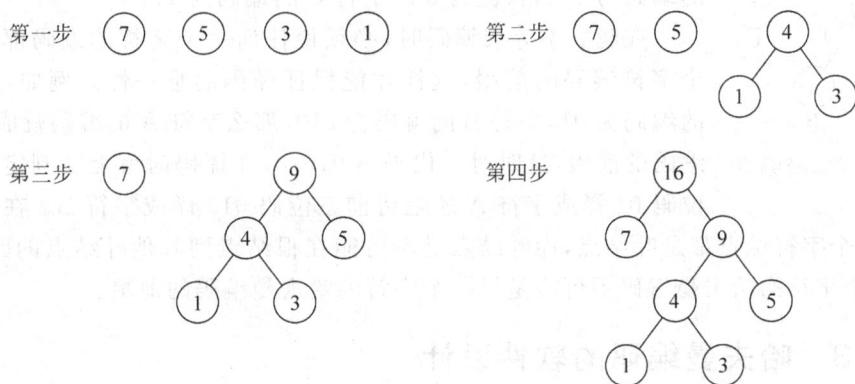

图 7-15 哈夫曼树的构造过程

哈夫曼树可用于解决最优化问题。例如，由哈夫曼树构造的哈夫曼编码可用于构造代码总长度最短的电文编码方案。

7.7.2 哈夫曼编码问题

在数据通信中，经常需要将传送的文字转换为二进制字符 0 和 1 组成的二进制串，这个过程称为编码。例如，假设要传送的电文为 ABACCDA，电文中只有 A，B，C，D 4 种字符，若这 4 个字符采用如表 7-2(a)所示的编码方案,则电文的代码为 00 01 00 10 10 11 00(空格是为方便阅读所加),代码总长度为 14。若这 4 个字符采用如表 7-2(b)所示的编码方案,则电文的代码为 0 110 0 10 10 111 0,代码总长度为 13。

表 7-2　字符集的不同编码方案

字符	编码	字符	编码
A	00	A	0
B	01	B	110
C	10	C	10
D	11	D	111
(a)		(b)	

哈夫曼树可用于构造代码总长度最短的编码方案。具体构造方法如下:设需要编码的字符集合为 $\{d_1, d_2, \cdots, d_n\}$,各个字符在电文中出现的次数集合为 $\{w_1, w_2, \cdots, w_n\}$,以 d_1,$d_2, \cdots, d_n$ 作为叶结点,以 $w_1, w_2, \cdots, w_n$ 作为各叶结点的权值构造一棵二叉树,规定哈夫曼树中的左分支为 0,右分支为 1,则从根结点到每个叶结点所经过的分支对应的 0 和 1 组成的序列便为该结点对应字符的编码。这样的代码总长度最短的不等长编码称为**哈夫曼编码**。

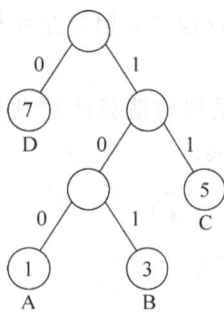

图 7-16　哈夫曼编码

对于图 7-15 所构造出的哈夫曼树,假设权值 1 对应字符 A,权值 3 对应字符 B,权值 5 对应字符 C,权值 7 对应字符 D,则字符集 $\{A, B, C, D\}$ 的哈夫曼编码如图 7-16 所示。因此,权值为 7 的字符 D 的编码为 0,权值为 1 的字符 A 的编码为 100,权值为 3 的字符 B 的编码为 101,权值为 5 的字符 C 的编码为 11。

在建立不等长编码时,必须使任何一个字符的编码都不是另一个字符编码的前缀,这样才能保证译码的唯一性。例如,若字符 A 的编码为 01,字符 B 的编码为 010,那么字符 A 的编码就成了字符 B 编码的前缀,这时对于代码串 01010,在译码时就无法判定是将前两位码 01 译成字符 A 还是将前三位码 010 译成字符 B。在哈夫曼树中,由于每个字符结点都是叶结点,而叶结点是不可能在根结点到其他叶结点的路径上,所以任何一个字符的哈夫曼编码不可能是另一个字符的哈夫曼编码的前缀。

7.7.3　哈夫曼编码的软件设计

1. 哈夫曼编码的数据结构设计

对于哈夫曼编码问题,在构造哈夫曼树时要求能方便地实现从双亲结点到左右孩子结点的操作,在进行哈夫曼编码时又要求能方便地实现从孩子结点到双亲结点的操作。因此我们设计哈夫曼树的结点存储结构为双亲孩子存储结构。

如 7.3.1 节所述,二叉树结点的双亲孩子存储结构既可以用常规指针实现,也可以用仿真指针实现,这里采用仿真指针实现。另外,每个结点还要有权值域;为了判断一个结点是否已加入到哈夫曼树中,每个结点还要有一个标志域 flag,flag=0 时表示该结点尚未加入到哈夫曼树中;flag=1 时表示该结点已加入到哈夫曼树中。这样,每个结点应包含如下

5个域：

weight	flag	parent	leftChild	rightChild

由图 7-16 所示的哈夫曼编码可见，从哈夫曼树求叶结点的哈夫曼编码，实际上是从叶结点到根结点路径分支的逐个遍历，每经过一个分支就得到一位哈夫曼编码值。因此需要一个数组 bit[maxBit]保存每个叶结点到根结点路径所对应的哈夫曼编码，由于是不等长编码，还需要一个数据域 start 表示每个哈夫曼编码在数组中的起始位置。这样每个叶结点的哈夫曼编码是从数组 bit 的起始位置 start 开始到数组结束位置中存放的 0 和 1 序列。存放哈夫曼编码的存储结构为：

start	Bit[0]	Bit[1]	···	Bit[maxBit-1]

2．哈夫曼编码的算法实现

基于双亲孩子仿真指针存储结构的哈夫曼树结点类如下。

```
public class HaffNode{                          //哈夫曼树的结点类
    int weight;                                 //权值
    int flag;                                   //标记
    int parent;                                 //双亲结点下标
    int leftChild;                              //左孩子下标
    int rightChild;                             //右孩子下标

    public HaffNode(){
    }
}
```

保存哈夫曼编码的哈夫曼编码类如下。

```
public class Code{                              //哈夫曼编码类
    int[] bit;                                  //编码用数组
    int start;                                  //编码的起始下标
    int weight;                                 //字符的权值

    public Code(int n){
        bit = new int[n];
        start = n - 1;
    }
}
```

构造哈夫曼树和哈夫曼编码的哈夫曼树类如下。

```
public class HaffmanTree{
    static final int maxValue = 10000;          //最大权值
    private int nodeNum;                        //叶结点个数

    public HaffmanTree(int n){
        nodeNum = n;
```

```
    }

    public void haffman(int[] weight, HaffNode[] node){
//构造权值为 weight 的哈夫曼树 haffTree
        int m1, m2, x1, x2;
        int n = nodeNum;

//哈夫曼树 haffTree 初始化。n 个叶结点的哈夫曼树共有 2n-1 个结点
        for(int i = 0; i < 2 * n - 1; i++){
            HaffNode temp = new HaffNode();
            if(i < n)
                temp.weight = weight[i];
            else
                temp.weight = 0;
            temp.parent = 0;
            temp.flag = 0;
            temp.leftChild = -1;
            temp.rightChild = -1;
            node[i] = temp;
        }

//构造哈夫曼树 haffTree 的 n-1 个非叶结点
        for(int i = 0; i < n - 1; i++){
            m1 = m2 = maxValue;
            x1 = x2 = 0;
            for(int j = 0; j < n + i; j++){
                if(node[j].weight < m1 && node[j].flag == 0){
                    m2 = m1;
                    x2 = x1;
                    m1 = node[j].weight;
                    x1 = j;
                }
                else if(node[j].weight < m2 && node[j].flag == 0){
                    m2 = node[j].weight;
                    x2 = j;
                }
            }

//将找出的两棵权值最小的子树合并为一棵子树
            node[x1].parent = n + i;
            node[x2].parent = n + i;
            node[x1].flag = 1;
            node[x2].flag = 1;
            node[n + i].weight = node[x1].weight + node[x2].weight;
            node[n + i].leftChild = x1;
            node[n + i].rightChild = x2;
        }
    }
```

```
public void haffmanCode(HaffNode[] node, Code[] haffCode){
//由哈夫曼树 haffTree 构造哈夫曼编码 haffCode
    int n = nodeNum;
    Code cd = new Code(n);
    int child, parent;

    //求 n 个叶结点的哈夫曼编码
    for(int i = 0; i < n; i ++){
        cd.start = n - 1;                    //不等长编码的最后一位为 n-1
        cd.weight = node[i].weight;          //取得编码对应的权值
        child = i;
        parent = node[child].parent;

        while(parent != 0){
        //由叶结点向上直到根结点循环
            if(node[parent].leftChild == child)
                cd.bit[cd.start] = 0;        //左孩子结点编码 0
            else
                cd.bit[cd.start] = 1;        //右孩子结点编码 1
            cd.start -- ;
            child = parent;
            parent = node[child].parent;
        }

        Code temp = new Code(n);

        //保存叶结点的编码和不等长编码的起始位
        for(int j = cd.start + 1; j < n; j++)
            temp.bit[j] = cd.bit[j];
        temp.start = cd.start;
        temp.weight = cd.weight;
        haffCode[i] = temp;
    }
}
```

下面以例子说明上述算法的设计思想。设有字符集{A，B，C，D}，各字符在电文中出现的次数集为{1，3，5，7}，则上述哈夫曼树构造函数 Haffman() 的初始化过程如图 7-17(a) 所示，其中 leftChild 和 rightChild 等于-1表示此结点无孩子结点，flag 等于 0 表示该结点在集合中；构造权值为 4 的非叶结点过程如图 7-17(b) 所示，其中，下标为 0 结点的 parent 域等于 4 表示该结点的双亲结点存放在下标为 4 的数组元素中，下标为 0 和下标为 1 结点的 flag 域等于 1 表示这些结点已不在集合中，下标为 4 结点的 flag 域等于 0 表示此结点在集合中；构造权值为 9 的非叶结点过程如图 7-17(c) 所示，构造权值为 16 的根结点过程如图 7-17(d) 所示。显然，该哈夫曼树的结构和手工构造得到的图 7-15 所示的哈夫曼树结构相同。最后得到的哈夫曼编码如图 7-17(e) 所示，显然，该哈夫曼编码结果和手工方法得到的图 7-16 所示的哈夫曼编码结果相同。

下标	weight	leftChild	rightChild	parent	flag
0	1	−1	−1	−1	0
1	3	−1	−1	−1	0
2	5	−1	−1	−1	0
3	7	−1	−1	−1	0
4	0	−1	−1	−1	0
5	0	−1	−1	−1	0
6	0	−1	−1	−1	0

(a)初始化

下标	weight	leftChild	rightChild	parent	flag
0	1	−1	−1	4	1
1	3	−1	−1	4	1
2	5	−1	−1	−1	0
3	7	−1	−1	−1	0
4	4	0	1	−1	0
5	0	−1	−1	−1	0
6	0	−1	−1	−1	0

(b)第一步的结果

下标	weight	leftChild	rightChild	parent	flag
0	1	−1	−1	4	1
1	3	−1	−1	4	1
2	5	−1	−1	5	1
3	7	−1	−1	−1	0
4	4	0	1	5	1
5	9	4	2	−1	0
6	0	−1	−1	−1	0

(c)第二步的结果

下标	weight	leftChild	rightChild	parent	flag
0	1	−1	−1	4	1
1	3	−1	−1	4	1
2	5	−1	−1	5	1
3	7	−1	−1	6	1
4	4	0	1	5	1
5	9	4	2	6	1
6	16	3	5	−1	0

(d)哈夫曼树构造结果

0	1	2	3	start	weight
	1	0	0	7	1
	1	0	1	7	3
		1	1	8	5
			0	9	7
	bit			start	weight

(e)哈夫曼编码结果

图 7-17　哈夫曼树构造过程

3. 应用程序举例

例 7-4 设有字符集{A，B，C，D}，各字符在电文中出现的次数集为{1，3，5，7}，设计各字符的哈夫曼编码。

程序设计如下。

```
public class Exam7_4{
    public static void main(String[] args){
        int n = 4;
        HaffmanTree myHaff = new HaffmanTree(n);
        int[] weight = {1, 3, 5, 7};
        HaffNode[] node = new HaffNode[2 * n + 1];
        Code[] haffCode = new Code[n];

        myHaff.haffman(weight, node);
        myHaff.haffmanCode(node, haffCode);

        for(int i = 0; i < n; i ++){
            System.out.print("Weight = " + haffCode[i].weight + " Code = ");
            for(int j = haffCode[i].start + 1; j < n; j ++)
                System.out.print(haffCode[i].bit[j]);
            System.out.println();
        }
    }
}
```

程序运行输出结果如下。

```
Weight = 1 Code = 100
Weight = 3 Code = 101
Weight = 5 Code = 11
Weight = 7 Code = 0
```

该编码结果和图 7-16 所示的该问题的手工方法设计的哈夫曼编码方案完全一样。

7.8 等价问题

1. 等价关系和等价类

若集合 X 上的关系 R 是自反的、对称的和传递的，则称关系 R 是集合 X 上的等价关系。

集合 X 上的等价关系 R 说明如下。

设关系 R 为定义在集合 X 上的二元关系，若对于每一个 $x \in X$，都有 $(x, x) \in R$，则称 R 是自反的。例如，相等关系就是自反关系。

设关系 R 为定义在集合 X 上的二元关系，若对于任意的 $x, y \in X$，若当 $(x, y) \in R$ 时，有 $(y, x) \in R$，则称 R 是对称的。例如，相等关系就是对称关系。

设关系 R 为定义在集合 X 上的二元关系，如果对于任意的 $x, y, z \in X$，当 $(x, y) \in R$

且$(y,z)\in R$时,有$(x,z)\in R$,则称关系R是传递的。例如,设集合$X=\{1,2,3\}$,关系$R=\{(1,2),(2,3),(1,3)\}$,则关系R是传递的。另外,相等关系也是传递关系。

等价关系的实质是将集合中的元素分类。

若关系R是集合X上的一个等价关系,则可以按R将集合X划分成若干互不相交的子集$X_1,X_2,X_3\cdots$,这些子集的并$X_1\bigcap X_2\bigcap X_3\bigcap\cdots$为集合$X$,称这些子集为集合$X$的关于$R$的等价类。

2. 等价类的应用

等价关系是现实世界中广泛存在的一种关系。许多应用问题可以归结为按给定的等价关系划分某集合为等价类,通常称这类问题为等价问题。

例如,要测试一个软件是否存在问题,这个软件所有允许的输入数据构成了集合,这个集合中的元素通常很多。把软件所有允许的输入数据域划分成若干子集合,然后从每一个子集合中选取少数具有代表性的数据作为测试用例。这样的测试用例设计方法可以有效地避免大量的冗余测试。这种方法是一种常用的软件黑盒测试用例设计方法。

3. 确定等价类的并查算法

并查(UNION/FIND)算法是确定等价类的有效算法。并查算法思想如下。

(1) 令有n个元素的集合X中的每个元素各自构成一个只含单个元素的子集$X_1,X_2,X_3,\cdots,X_n$。

(2) 重复读入m个等价对(x,y)。对于每个读入的等价对(x,y),设$x\in X_i,y\in X_j$,如果$X_i=X_j$,则不做任何操作;如果$X_i\neq X_j$,则将X_j并入X_i中,并将X_j置为空(或将X_i并入X_j中,并将X_i置为空)。

则上述算法执行完后,子集合$X_1,X_2,X_3,\cdots,X_n$中所有非空子集合即为X的关于等价关系R的等价类。

上述算法之所以称为并查算法,是因为该算法主要由并操作和查操作组成:查操作完成查找一个元素的根结点,并操作完成两个互不相交子集的合并。

4. 等价类与树结构

等价类可以采用树结构表示。用一棵树代表一个集合,如果两个结点在同一棵树中,则认为这两个结点在同一个集合中。

用树结构表示的等价类,在大多数情况下,其存储方法采用双亲表示法。具体的存储结构是,元素集合存储在一个数组中,所有相同的等价类放在同一个根结点的树中,树用双亲表示法表示。

例7-5 设集合$X=\{x\mid 1\leqslant x\leqslant 10,$且$x$是整数$\}$,$R$是$X$上的等价关系:
$$R=\{(1,3),(3,5),(3,7),(2,4),(4,6),(2,8)\}$$
求集合X的关于R的等价类。

说明:这里省略了自反关系(如$(1,1)$)、对称关系(如$(3,1)$)及部分传递关系(如$(1,5)$)。

设计:集合中的元素全部存放在数组X中,数组元素包括两个域,data域表示集合的元素,parent域为该元素的双亲元素的仿真指针。初始时,每个元素自成一棵树,所以

parent 域均为–1。初始状态如图 7-18(a)所示。

依次建立等价关系,建立等价关系(1,3)就是让元素 3 的 parent 域指向元素 1(也可以让元素 1 的 parent 域指向元素 3),并把元素 1 的 parent 域值改为－2。－2 表示以元素 1 为根结点的树共有两个元素。通常,让元素个数少的根结点的 parent 域指向个数多的元素,这样树的高度会低一些,从而提高查操作的速度。建立等价关系(1,3),(3,5),(3,7)后的状态如图 7-18(b)所示。建立等价关系(2,4),(4,6),(2,8)后的状态如图 7-18(c)所示。

data	parent
1	−1
2	−1
3	−1
4	−1
5	−1
6	−1
7	−1
8	−1
9	−1
10	−1

(a) 初始状态

data	parent
1	−4
2	−1
3	1
4	−1
5	3
6	−1
7	3
8	−1
9	−1
10	−1

(b) (1, 3), (3, 5), (3, 7)
后的状态

data	parent
1	−4
2	−4
3	1
4	2
5	3
6	4
7	3
8	2
9	−1
10	−1

(c) (2, 4), (4, 6), (2, 8)
后的状态

图 7-18 求等价类过程

建立完如图 7-18(c)所示的等价关系后,其表示的等价类的树结构如图 7-19 所示。

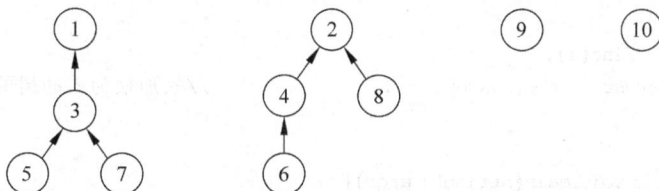

图 7-19 等价类的树结构

5. 设计举例

例 7-6 根据前面讨论的并查算法,设计一个程序,完成例 7-5 的等价类建立。

```
class ESetNode{                              //结点类
    int data;                                //数据元素
    int parent;                              //双亲结点
    public ESetNode()
        {}
}

public class ESet{                           //集合(树)类
    private ESetNode []x;                    //集合元素
```

```
    private int n;                                      //元素个数

public ESet( int nn)
//构造函数.初始时,每个树都只有一个子树
{
    this.n = nn;
    this.x = new ESetNode[n];

    for(int e = 1; e < n; e++)
    {
        x[e] = new ESetNode();                          //每个类类型数组元素需单独创建
        x[e].data = e;
        x[e].parent = -1;                               //初始时无父结点
    }
}


int Find(int i)
//查.函数返回包含结点 i 的树的根结点
{
    int e = i;
    while(x[e].parent >= 0)
        e = x[e].parent;                                //上移一层
    return e;                                           //返回结点 i 所在子树的根结点
}

void Union( int i, int j)
//并.将根为 j 的树并到根为 i 的树上
{
    x[j].parent = i;

    int e = Find(i);
    x[e].parent = x[e].parent - 1;                      //累加根为 i 的树的元素个数
}

public static void main(String[] args){
    final int n = 10;
    ESet e = new ESet(n + 1);

    //R = {(1,3),(3,5),(3,7),(2,4),(4,6),(2,8)}
    if( e.Find(1) != e.Find(3))
        e.Union(1, 3);
    if( e.Find(3) != e.Find(5))
        e.Union(3, 5);
    if( e.Find(3) != e.Find(7))
        e.Union(3, 7);
    if( e.Find(2) != e.Find(4))
        e.Union(2, 4);
    if( e.Find(4) != e.Find(6))
        e.Union(4, 6);
    if( e.Find(2) != e.Find(8))
        e.Union(2, 8);
```

```
        //输出
        for(int i = 1; i <= n; i++)
            System.out.print(e.x[i].data + " " + e.x[i].parent + "\n");
    }
}
```

程序运行结果如下。

```
1    -4
2    -4
3     1
4     2
5     3
6     4
7     3
8     2
9    -1
10   -1
```

程序运行结果与图 7-18(c)所示的等价类树完全相同。

7.9 树与二叉树的转换

树和二叉树是两种不同的数据结构,树实现起来比较麻烦,二叉树实现起来比较容易。但树可以转换为二叉树进行处理,处理完以后再把二叉树还原为树。

实际上,树的孩子兄弟表示法就是把树转换为二叉树,当我们认为孩子兄弟表示法中的第一个孩子结点指针是二叉树的左孩子结点指针,右兄弟结点指针是二叉树的右孩子结点指针时,树就转换为二叉树了。

本节介绍树和二叉树之间转换的图示方法。实际上这种图示转换方法,在原理上和树的孩子兄弟表示法把树转换为二叉树是一致的。

1. 树转换为二叉树

树转换为二叉树的方法如下。

(1) 树中所有相同双亲结点的兄弟结点之间加一条连线。

(2) 对树中不是双亲结点第一个孩子的结点,只保留新添加的该结点与左兄弟结点之间的连线,删去该结点与双亲结点之间的连线。

(3) 整理所有保留的和添加的连线,使每个结点的第一个孩子结点连线位于左孩子指针位置,使每个结点的右兄弟结点连线位于右孩子指针位置。

图 7-20 给出了一棵树转换为二叉树的过程和转换后的二叉树结构。这样,如图 7-20(a)所示树的孩子兄弟表示法存储结构就转换成了如图 7-20(d)所示的二叉树。

2. 二叉树还原为树

二叉树还原为树的方法如下。

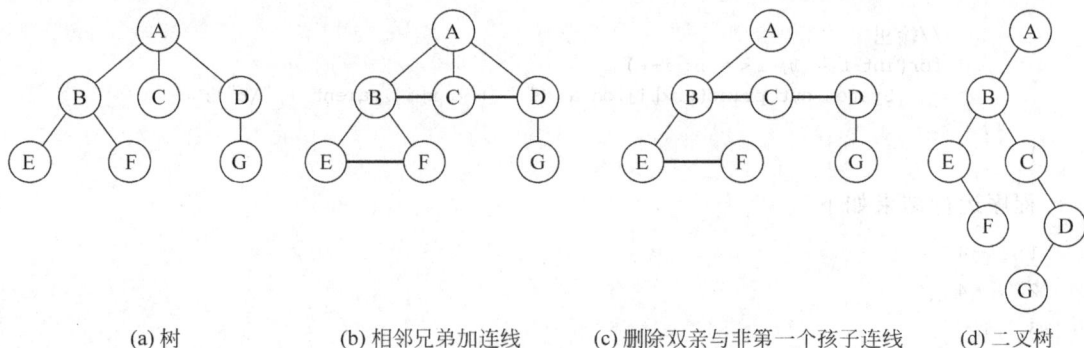

(a) 树　　　　(b) 相邻兄弟加连线　　(c) 删除双亲与非第一个孩子连线　　(d) 二叉树

图 7-20　树转换为二叉树的过程

（1）若某结点是其双亲结点的左孩子，则把该结点的右孩子、右孩子的右孩子……都与该结点的双亲结点用线连起来。

（2）删除原二叉树中所有双亲结点与右孩子结点的连线。

（3）整理所有保留的和添加的连线，使每个结点的所有孩子结点位于相同层次高度。

图 7-21 给出了一棵二叉树还原为树的过程和还原后的树结构。

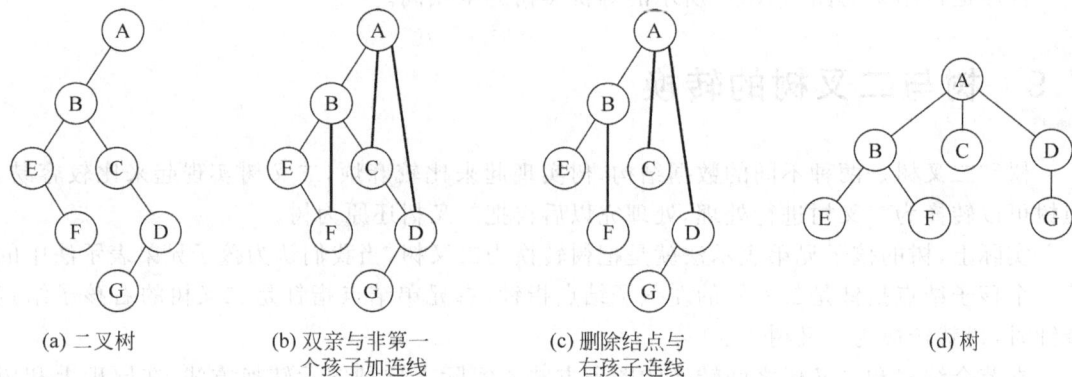

(a) 二叉树　　(b) 双亲与非第一个孩子加连线　　(c) 删除结点与右孩子连线　　(d) 树

图 7-21　二叉树还原为树的过程

7.10　树的遍历

树的遍历操作是指按某种方式访问树中的每一个结点且每一个结点只被访问一次。对于线性结构，通过 for 循环或 while 循环就可访问其中的每一个数据元素且每一个数据元素只被访问一次。对于树这种非线性结构，要对树进行遍历就要考虑其他方法。树的遍历算法主要有先根遍历算法和后根遍历算法两种。因为树是递归定义的，因此树的先根遍历和后根遍历算法都可以设计成递归算法。

1. 先根遍历

树的先根遍历递归算法如下。

（1）访问根结点；

（2）按照从左到右的次序先根遍历根结点的每一棵子树。

对于如图 7-22 所示树，先根遍历得到的结点序列为：

A B E J F C G K L D H I

注意：树的先根遍历序列一定和该树转换的二叉树的前序遍历序列相同。

2．后根遍历

树的后根遍历递归算法如下。

（1）按照从左到右的次序后根遍历根结点的每一棵子树；

（2）访问根结点。

对于如图 7-22 所示树，后根遍历得到的结点序列为：

J E F B K L G C H I D A

注意：树的后根遍历序列一定和该树转换的二叉树的中序遍历序列相同。

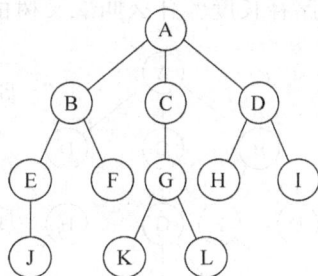

图 7-22　一棵树

习题

基本概念题

7-1　什么叫有序树？什么叫无序树？一棵度为 2 的树和一棵二叉树的区别是什么？

7-2　什么叫满二叉树？什么叫完全二叉树？各画出一个满二叉树和一个完全二叉树的例子。

7-3　分别画出具有三个结点的树和具有三个结点的二叉树的所有不同形态。

7-4　给出如图 7-23 所示二叉树的前序遍历、中序遍历、后序遍历和层序遍历的结点序列。

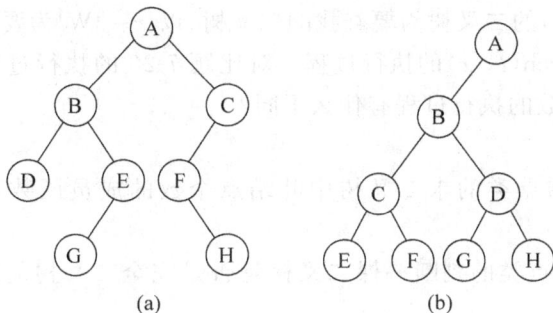

图 7-23　二叉树

7-5　简叙二叉树游标类的用途和构造方法。

7-6　简叙线索二叉树的用途，画出如图 7-23(a) 所示二叉树的前序线索二叉树、中序线索二叉树和后序线索二叉树。

7-7   在一棵二叉树中,什么叫从 A 结点到 B 结点的路径? 什么叫从 A 结点到 B 结点的路径长度? 什么叫二叉树的路径长度?

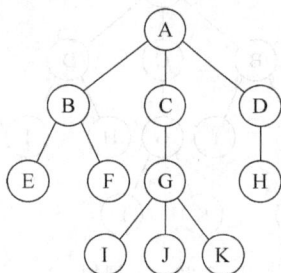

图 7-24   树

7-8   在一棵叶结点带权的二叉树中,什么叫二叉树的带权路径长度? 什么叫哈夫曼树? 哈夫曼树有什么用途?

7-9   研究树和二叉树相互之间转换方法的意义是什么?

7-10   画出如图 7-24 所示树的先根遍历和后根遍历结点序列。

7-11   把如图 7-24 所示树转换为二叉树。给出该二叉树的前序遍历、中序遍历和后序遍历结果,并对比分析此遍历结果和习题 7-10 得出的树的先根遍历和后根遍历结果。

7-12   把如图 7-23 所示二叉树转换为树。

复杂概念题

7-13   画出和下列已知结点序列对应的二叉树:①该二叉树的中序遍历结点序列为 DCBGEAHFIJK;②该二叉树的后序遍历结点序列为 DCEGBFHKJIA。

7-14   高度为 h 的完全二叉树中,最多有多少个结点? 最少有多少个结点?

7-15   设二叉树中所有非叶子结点均有非空左右子二叉树,并且叶子结点数目为 n,问: 该二叉树中共有多少个结点?

7-16   假设用于通信的电文仅由 5 个字母{A,B,C,D,E}组成,字母在电文中出现的次数分别为 2,4,5,7,8。试为这 5 个字母设计哈夫曼编码。

7-17   若一棵树有 m_1 个度为 1 的结点,有 m_2 个度为 2 的结点,……,有 m_k 个度为 k 的结点,问: 树中共有多少个叶结点?

7-18   证明:若哈夫曼树中有 n 个叶结点,则该哈夫曼树中共有 $2n-1$ 个结点。

*7-19   证明:如果给出了二叉树的前序遍历序列和中序遍历序列,则可构造出唯一的一棵二叉树。

7-20   以图 7-10(a)的二叉树为要查找的二叉树,以 $x=$'E'为要查找的结点,分析查找数据元素成员函数 search(t, x)的执行过程。

7-21   以图 7-10(a)的二叉树为要查找的二叉树,以 $x=$'W'为要查找的结点,分析查找数据元素成员函数 search(t, x)的执行过程。对比题 7-20 的执行过程,说明查找到和没有查找到两种情况下,函数的执行过程有什么不同?

算法设计题

7-22   编写基于结点类的求二叉树中叶结点个数的成员函数(提示:这是一个遍历问题)。

7-23   编写基于结点类的判断一棵二叉树是否是完全二叉树的成员函数(提示:这是一个遍历问题)。

7-24   仿照基于结点类的横向打印二叉树成员函数,编写基于二叉树类的打印二叉树成员函数。

7-25   仿照基于结点类的查找二叉树结点成员函数,编写基于二叉树类的查找二叉树结点成员函数。

7-26   仿照基于结点类的层序遍历二叉树成员函数,编写基于二叉树类的层序遍历二叉树成员函数。

7-27 编写基于结点类的求二叉树高度的成员函数(提示:这是一个遍历问题)。

*7-28 编写基于结点类的纵向打印二叉树成员函数。

上机实习题

7-29 二叉树前序遍历游标类设计。要求:

(1)设计二叉树前序遍历游标类。

(2)编写一个测试程序。测试程序首先建立如图 7-23(a)所示不带头结点的二叉树,然后用循环结构输出该二叉树的前序遍历结点信息。

*7-30 前序线索二叉树类设计。要求:

(1)设计前序线索二叉树类。

(2)编写一个测试程序。测试程序首先建立如图 7-23(a)所示的二叉树,然后用正向循环结构和反向循环结构输出该二叉树的前序遍历结点信息。

第8章 图

图是一种非线性数据结构。在图结构中,结点之间的关系是多对多的。本章首先介绍有关图的一些基本概念和图的基本操作,然后重点讨论了深度和广度优先遍历算法,以及邻接矩阵存储结构下深度和广度优先遍历算法的函数实现,最后讨论了图的最小生成树问题、最短路径问题、拓扑排序问题和关键路径问题。

本章主要知识点

- 图的基本概念;
- 图的存储结构,主要是邻接矩阵存储结构和邻接表存储结构;
- 图的遍历,主要是深度优先算法和广度优先遍历算法;
- 最小生成树的基本概念,以及普里姆算法和克鲁斯卡尔算法;
- 最短路径的基本概念,狄克斯特拉算法思想和弗洛伊德算法;
- 拓扑排序问题;
- 关键路径问题。

8.1 图概述

8.1.1 图的基本概念

图是由结点集合及结点间的关系集合组成的一种数据结构。图 G 的定义是:

$$G = (V, E)$$

其中,

$$V = \{x \mid x \in \text{某个数据元素集合}\}$$
$$E = \{(x, y) \mid x, y \in V\}$$

或

$$E = \{<x, y> \mid x, y \in V \text{ 并且 Path}(x, y)\}$$

其中,(x, y) 表示从 x 到 y 的一条双向通路,即 (x, y) 是无方向的;$\text{Path}(x, y)$ 表示从 x 到 y 的一条单向通路,即 $\text{Path}(x, y)$ 是有方向的,或者说,$<x, y>$ 是有方向的。

也可以说,图是这样一种结点集合,若规定了其中某个结点为初始结点,则图中每个结点可以有零至多个直接前驱结点和零至多个直接后继结点。

图有许多复杂结构,本课程只讨论最基本的图。因此,本章讨论的图中不包括如图 8-1 所示两种形式的图。图 8-1(a)中有从自身到自身的边存在,称为带自身环的图,图 8-1(b)

中从结点 B 到结点 D 有两条无向边,称为多重图。

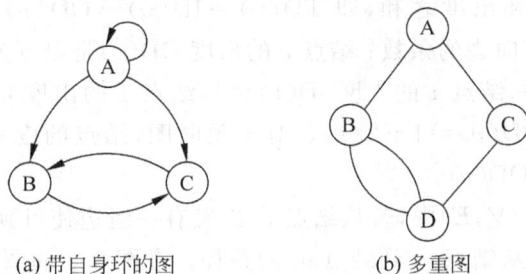

(a) 带自身环的图   (b) 多重图

图 8-1 带自身环的图和多重图

下面首先给出图的基本术语。为方便术语解释,图 8-2 给出了 4 个典型图例。

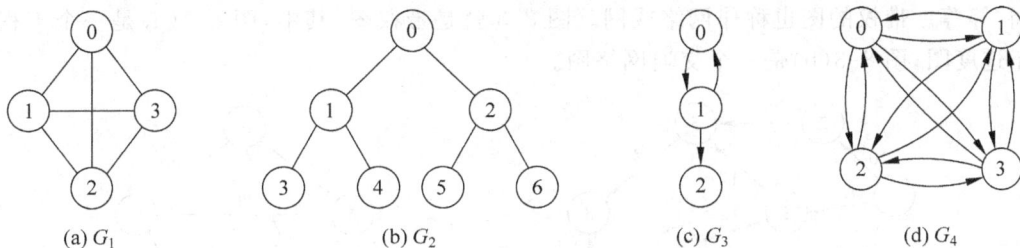

(a) G_1 (b) G_2 (c) G_3 (d) G_4

图 8-2 4 个图例

(1) **结点(顶点)和边**:图中的顶点也称作结点,图中的第 i 个结点记作 v_i。两个结点 v_i 和 v_j 相关联称作结点 v_i 和 v_j 之间有一条边,图中的第 k 条边记作 e_k,$e_k = (v_i, v_j)$ 或 $<v_i, v_j>$。

(2) **有向图和无向图**:在有向图中,结点对 $<x, y>$ 是有序的,结点对 $<x, y>$ 称为从结点 x 到结点 y 的一条有向边,因此,$<x, y>$ 与 $<y, x>$ 是两条不同的边。有向图中的结点对 $<x, y>$ 用一对尖括号括起来,x 是有向边的始点,y 是有向边的终点,有向图中的边也称作弧;在无向图中,结点对 (x, y) 是无序的,结点对 (x, y) 称为与结点 x 和结点 y 相关联的一条边。(x, y) 等价于 $<x, y>$ 和 $<y, x>$。

图 8-2 给出的 4 个图例中,图 G_1 和 G_2 是无向图。G_1 的结点集合为 $V(G_1) = \{0, 1, 2, 3\}$,边集合为 $E(G_1) = \{(0,1), (0,2), (0,3), (1,2), (1,3), (2,3)\}$;图 G_3 和 G_4 是有向图,G_3 的结点集合为 $V(G_3) = \{0, 1, 2\}$,边集合为 $E(G_3) = \{<0,1>, <1,0>, <1,2>\}$。对于有向边,边的方向用箭头画出,箭头从有向边的始点指向有向边的终点。

(3) **完全图**:在有 n 个结点的无向图中,若有 $n(n-1)/2$ 条边,即任意两个结点之间有且只有一条边,则称此图为无向完全图。图 8-2 中的 G_1 就是无向完全图;在有 n 个结点的有向图中,若有 $n(n-1)$ 条边,即任意两个结点之间有且只有方向相反的两条边,则称此图为有向完全图。

(4) **邻接结点**:在无向图 G 中,若 (u, v) 是 $E(G)$ 中的一条边,则称 u 和 v 互为邻接结点,并称边 (u, v) 依附于结点 u 和 v。在图 8-2 的无向图 G_1 中,结点 0 的邻接结点有结点 1、结点 2 和结点 3;在有向图 G 中,若 $<u, v>$ 是 $E(G)$ 中的一条边,则称结点 u 邻接到结点 v,结点 v 邻接自结点 u,并称边 $<u, v>$ 和结点 u 和结点 v 相关联。在图 8-2 的有向图 G_3 中,结点 1 因边 $<1, 2>$ 邻接到结点 2。

(5) **结点的度**: 结点 v 的度是与它相关联的边的条数,记作 $\mathrm{TD}(v)$。对于有向图,结点的度等于该结点的入度和出度之和,即 $\mathrm{TD}(v)=\mathrm{ID}(v)+\mathrm{OD}(v)$。其中,结点 v 的入度 $\mathrm{ID}(v)$ 是以 v 为终点的有向边的条数;结点 v 的出度 $\mathrm{OD}(v)$ 是以 v 为始点的有向边的条数。在图 8-2 的有向图 G_3 中,结点 1 的入度 $\mathrm{ID}(1)=1$,结点 1 的出度 $\mathrm{OD}(1)=2$,所以,结点 1 的度 $\mathrm{TD}(v)=\mathrm{ID}(v)+\mathrm{OD}(v)=1+2=3$。对于无向图,结点的度等于该结点的入度或出度,即 $\mathrm{TD}(v)=\mathrm{ID}(v)=\mathrm{OD}(v)$。

(6) **路径**: 在图 $G=(V,E)$ 中,若从结点 v_i 出发有一组边使可到达结点 v_j,则称结点 v_i 到结点 v_j 的结点序列为从结点 v_i 到结点 v_j 的路径。在图 8-2 的图 G_2 中,从结点 0 到结点 3 的路径为结点 0,结点 1,结点 3。

(7) **权**: 有些图的边附带有数据信息,这些附带的数据信息称为权。第 i 条边的权用符号 w_i 表示。权可以表示实际问题中从一个结点到另一个结点的距离、花费的代价、所需的时间,等等。带权的图也称作网络或网。图 8-3 就是带权图,其中,图 8-3(a)是一个工程的施工进度图,图 8-3(b)是一个交通网络图。

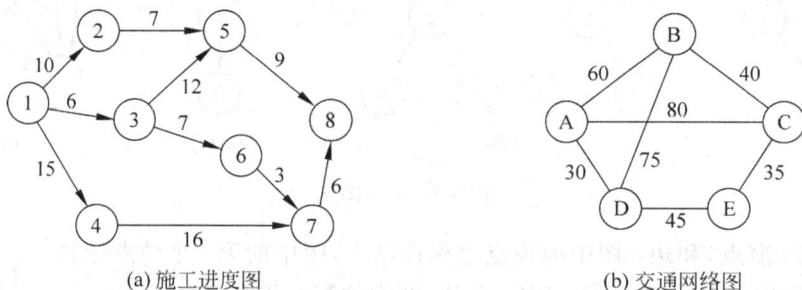

(a) 施工进度图   (b) 交通网络图

图 8-3 带权图

(8) **路径长度**: 对于不带权的图,一条路径的路径长度是指该路径上的边的条数;对于带权的图,一条路径的路径长度是指该路径上各个边权值的总和。在图 8-2 的无向图 G_2 中,路径结点 0,结点 1,结点 3 的路径长度为 2;在图 8-3(a)的带权图中,路径结点 1,结点 3,结点 6,结点 7 的路径长度为 16。

(9) **子图**: 设有图 $G_1=\{V_1,E_1\}$ 和图 $G_2=\{V_2,E_2\}$,若 $V_2\subseteq V_1$ 且 $E_2\subseteq E_1$,则称图 G_2 是图 G_1 的子图。

(10) **连通图和强连通图**: 在无向图中,若从结点 v_i 到结点 v_j 有路径,则称结点 v_i 和结点 v_j 是连通的。如果图中任意一对结点都是连通的,则称该图是连通图。图 8-2 的无向图 G_1 和 G_2 都是连通图。

在有向图中,若对于任意一对结点 v_i 和结点 $v_j(v_i\neq v_j)$ 都存在路径,则称图 G 是强连通图。图 8-2 的有向图 G_4 是强连通图。

(11) **生成树**: 一个连通图的最小连通子图称作该图的生成树。有 n 个结点的连通图的生成树有 n 个结点和 $n-1$ 条边。

(12) **简单路径和回路**: 若路径上各结点 $v_1,v_2,\cdots,v_m$ 互不重复,则称这样的路径为简单路径;若路径上第一个结点 v_1 与最后一个结点 v_m 重合,则称这样的路径为回路或环。

8.1.2 图的抽象数据类型

数据集合：由一组结点集合$\{v_i\}$和一组边$\{e_j\}$集合组成。当为带权图时每条边上权w_j还构成权集合$\{w_j\}$。

操作集合：

(1) 初始化 initiate(n)：初始化图，n为结点个数。

(2) 插入结点 insertVertex(vertex)：在图中插入结点 vertex。

(3) 插入边 insertEdge(v_1，v_2，weight)：在图中插入边$<v_1$，$v_2>$，边$<v_1$，$v_2>$的权值为 weight。

(4) 删除边 deleteEdge(v_1，v_2)：删除图中的边$<v_1$，$v_2>$。

(5) 删除结点 deleteVertex(vertex)：删除图中的结点 vertex 以及和该结点相关的所有边。

(6) 第一个邻接结点 getFirstVex(v)：在图中寻找结点v的第一个邻接结点。

注：图中每个结点的若干个邻接结点之间是没有先后次序的，但对于一个具体的图，一旦该图建立完毕，则图中每一个结点的所有邻接结点之间就有次序之分。

(7) 下一个邻接结点 getNextVex(int v_1，v_2)：在图中寻找结点v_1的邻接结点v_2的下一个邻接结点。

(8) 遍历 depthFirstSearch(vs)：遍历图中的每一个结点且每个结点只被遍历一次。vs 为访问结点类的对象，vs 提供访问结点的方法。图的遍历方法主要有深度优先遍历方法和广度优先遍历方法两种。

8.2 图的存储结构

从图的定义可知，图的信息包括两部分，图中结点的信息和描述结点之间关系的边的信息。结点信息的描述问题是一个简单的线性表存储结构问题，可采用第 2 章讨论的顺序表或单链表来存储。对于一个有 n 个结点的图，由于每个结点都可能和其他 $n-1$ 个结点成为邻接结点，所以边之间的关系的描述问题实际上是一个 $n\times n$ 矩阵的计算机存储问题。

图的存储结构主要是图中边的存储结构，存储边信息主要有邻接矩阵和邻接表两种方法。

8.2.1 图的邻接矩阵存储结构

首先定义邻接矩阵。假设图 $G=(V,E)$ 有 n 个结点，即 $V=\{v_0,v_1,\cdots,v_{n-1}\}$，$E$ 可用如下形式的矩阵 A 描述，对于 A 中的每一个元素 a_{ij}，满足：

$$a_{ij}=\begin{cases}1 & 若(v_i,v_j)\in E 或 <v_i,v_j>\in E \\ 0 & 否则\end{cases}$$

由于矩阵 A 中的元素 a_{ij} 表示了结点 v_i 和结点 v_j 之间边的关系，或者说，A 中的元素 a_{ij} 表

示了结点 v_i 和结点 $v_j (0 \leqslant j \leqslant n-1)$ 的邻接关系,所以矩阵 A 称作邻接矩阵。

在图的邻接矩阵存储结构中,结点信息使用一维数组存储,边信息的邻接矩阵使用二维数组存储。图 8-4(a)是一个无向图,图 8-4(b)是该图的邻接矩阵存储结构,其中,V 表示了图的结点集合,A 表示了图的邻接矩阵。无向图的邻接矩阵一定是对称矩阵。

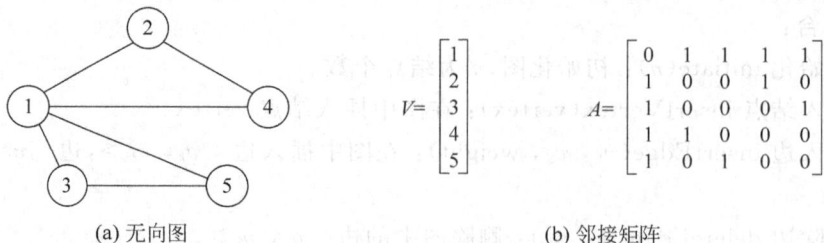

$$V=\begin{bmatrix}1\\2\\3\\4\\5\end{bmatrix} \qquad A=\begin{bmatrix}0&1&1&1&1\\1&0&0&1&0\\1&0&0&0&1\\1&1&0&0&0\\1&0&1&0&0\end{bmatrix}$$

(a) 无向图　　　　　　　　　　　(b) 邻接矩阵

图 8-4　无向图及其邻接矩阵

图 8-5(a)是一个有向图,图 8-5(b)是对应的邻接矩阵存储结构,其中,V 表示了图的结点集合,A 表示了图的邻接矩阵。有向图的邻接矩阵一般是非对称矩阵。

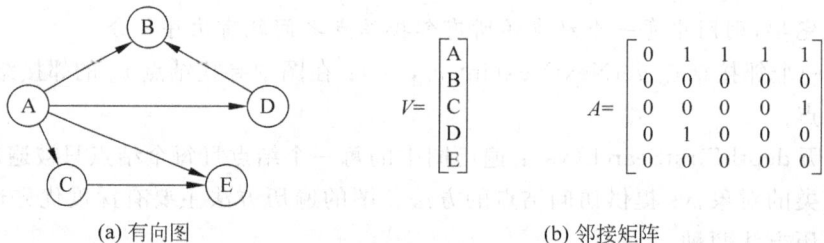

$$V=\begin{bmatrix}A\\B\\C\\D\\E\end{bmatrix} \qquad A=\begin{bmatrix}0&1&1&1&1\\0&0&0&0&0\\0&0&0&0&1\\0&1&0&0&0\\0&0&0&0&0\end{bmatrix}$$

(a) 有向图　　　　　　　　　　　(b) 邻接矩阵

图 8-5　有向图及其邻接矩阵

对于带权图,邻接矩阵 A 定义为:

$$a_{ij}=\begin{cases}w_{ij} & \text{若}(v_i,v_j)\in E \text{ 或} (v_i,v_j)\in E\\0 & \text{否则}\end{cases}$$

其中,$w_{ij}>0$,有一种特殊的带权图允许 w_{ij} 为负值,这里不做讨论。根据不同的应用问题,邻接矩阵 A 也可定义为:

$$a_{ij}=\begin{cases}w_{ij} & \text{若}(v_i,v_j)\in E \text{ 或} (v_i,v_j)\in E\\\infty & \text{否则}\end{cases}$$

邻接矩阵 A 还可定义为(本书带权图的邻接矩阵采用此定义):

$$a_{ij}=\begin{cases}w_{ij} & \text{若}(v_i,v_j)\in E \text{ 或} (v_i,v_j)\in E\\\infty & \text{否则且} i\neq j\\0 & \text{否则且} i=j\end{cases}$$

图 8-6(a)是一个带权图,图 8-6(b)是对应的邻接矩阵存储结构,其中,V 表示了图的数据元素集合,A 表示了图的邻接矩阵。对于带权图,邻接矩阵第 i 行中所有 $0<a_{ij}<\infty$ 的元素个数等于第 i 个结点的出度,邻接矩阵第 j 列中所有 $0<a_{ij}<\infty$ 的元素个数等于第 j 个结点的入度。

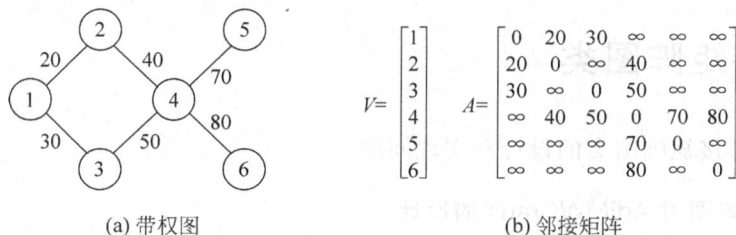

(a) 带权图　　　　　　　　　　　(b) 邻接矩阵

图 8-6　带权图及其邻接矩阵

8.2.2　图的邻接表存储结构

图的邻接矩阵存储结构的主要特点是把图的边信息存储在一个 $n \times n$ 矩阵中,其中 n 为图中的结点个数。当这个 $n \times n$ 矩阵是稠密矩阵时,图的邻接矩阵存储结构是最常用也是最高效的存储结构。但当图的边数少于结点个数且结点个数值较大时,$n \times n$ 矩阵的存储问题就变成了稀疏矩阵的存储问题,此种情况时邻接表就是一种较邻接矩阵更为节省存储空间的存储结构。

图 8-7(a)是一个有向图,图 8-7(b)是该有向图的邻接表存储结构。

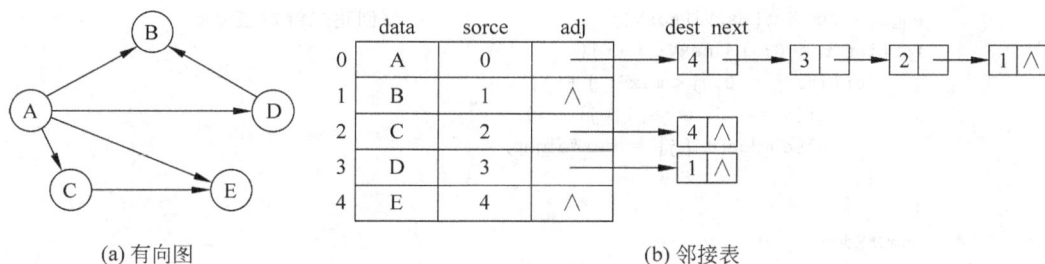

(a) 有向图　　　　　　　　　　　(b) 邻接表

图 8-7　有向图及其邻接表

图 8-7(b)中数组的 data 域存储图中结点的数据元素,sorce 域存储该结点在数组中的下标序号,这个序号也是所有以该结点为弧尾的边在数组中的下标序号,adj 域为该结点的邻接结点单链表的头指针。第 i 行单链表中的 dest 域存储起始结点为 v_i 的邻接结点 v_j 在数组中的下标序号,next 域为下一个邻接结点的指针域。如果是带权图,单链表中需再增加 cost 域,用来存储边 $<v_i, v_j>$ 的权值 w_{ij}。

对比图 8-7(b)和图 5-11 行指针数组结构的三元组链表,可以发现,两者讨论的是同一种存储结构。

当图中结点数目较小且边较多时,采用图的邻接矩阵存储结构效率较高;当图中结点数目较大且边的数目远小于相同结点的完全图的边数时,采用图的邻接表存储结构空间效率较高。

另外,图的存储结构还有十字链表存储结构等。图的十字链表存储结构原理和图 5-12 所示的三元组十字链表存储结构的原理完全相同,此处不再细述。

8.3　邻接矩阵图类

本节讨论邻接矩阵图类的设计和实现问题。

1. 邻接矩阵图类 AdjMWGraph 的设计

在邻接矩阵存储结构下,图结点的数据元素存储在一个线性表中,这里具体采用顺序表存储结点的数据元素;图的边权值信息用一个二维数组存储。

邻接矩阵图类设计如下。

```java
public class AdjMWGraph{
    static final int maxWeight = 10000;

    private SeqList vertices;                //存储结点的顺序表
    private int[][] edge;                     //存储边的二维数组
    private int numOfEdges;                   //边的个数

    public AdjMWGraph(int maxV){              //构造函数,maxV 为结点个数
        vertices = new SeqList(maxV);         //创建顺序表 vertices
        edge = new int[maxV][maxV];           //创建二维数组 edge
        for(int i = 0; i < maxV; i ++){
            for(int j = 0; j < maxV; j ++){
                if(i == j) edge[i][j] = 0;
                else edge[i][j] = maxWeight;
            }
        }
        numOfEdges = 0;
    }

    public int getNumOfVertices(){            //返回结点个数
        return vertices.size;
    }

    public int getNumOfEdges(){               //返回边的个数
        return numOfEdges;
    }

    public Object getValue(int v) throws Exception{    //返回结点 v 的数据元素
        return vertices.getData(v);
    }

    public int getWeight(int v1, int v2) throws Exception{        //返回边<v1,v2>的权值
        if(v1 < 0 || v1 >= vertices.size || v2 < 0 || v2 >= vertices.size)
            throw new Exception("参数 v1 或 v2 越界出错!");
        return edge[v1][v2];
    }

    public void insertVertex(Object vertex) throws Exception{    //插入结点
```

```
        vertices.insert(vertices.size, vertex);        //调用顺序表的插入函数
    }

    public void insertEdge(int v1, int v2, int weight) throws Exception{
    //插入边<v1,v2>,权值为 weight
        if(v1 < 0 || v1 >= vertices.size || v2 < 0 || v2 >= vertices.size)
            throw new Exception("参数 v1 或 v2 越界出错!");
        edge[v1][v2] = weight;                          //置边的权值
        numOfEdges ++;                                  //边的个数加1
    }

    public void deleteEdge(int v1, int v2) throws Exception{        //删除边<v1,v2>
        if(v1 < 0 || v1 > vertices.size || v2 < 0 || v2 > vertices.size)
            throw new Exception("参数 v1 或 v2 越界出错!");
        if(edge[v1][v2] == maxWeight || v1 == v2)
            throw new Exception("该边不存在!");

        edge[v1][v2] = maxWeight;                       //置边的权值为无穷大
        numOfEdges --;                                  //边的个数减1
    }

    public int getFirstNeighbor(int v) throws Exception{
    //取结点 v 的第一个邻接结点.若存在返回该结点的下标序号,否则返回 -1
        if(v < 0 || v >= vertices.size)
            throw new Exception("参数 v 越界出错!");
        for(int col = 0; col < vertices.size; col ++)
            if(edge[v][col] > 0 && edge[v][col] < maxWeight)
                return col;
        return -1;
    }

    public int getNextNeighbor(int v1, int v2) throws Exception{
    //取结点 v1 的邻接结点 v2 后的邻接结点。若存在返回该结点的下标序号,否则返回 -1
        if(v1 < 0 || v1 >= vertices.size || v2 < 0 || v2 >= vertices.size)
            throw new Exception("参数 v1 或 v2 越界出错!");
        for(int col = v2 + 1; col < vertices.size; col ++)
            if(edge[v1][col] > 0 && edge[v1][col] < maxWeight)
                return col;
        return -1;
    }
}
```

设计说明:

(1) vertices 定义为对象型成员变量。对象型成员变量和变量型成员变量不同,对象型成员变量只是定义了一个对象引用,并没有实际创建该对象。构造函数中的如下语句,完成实际对象的创建,以及把所创建的对象赋值给对象引用 vertices:

```
vertices = new SeqList(maxV);
```

其中,maxV 为最大结点个数。

　　edge 定义为 int 类型的二维数组,数组型成员变量和对象型成员变量类似,即数组型成员变量也是只定义了一个对象引用,并没有实际创建该对象。构造函数中的如下语句,完成实际对象的创建,以及把所创建的对象赋值给对象引用 edge:

```
edge = new int[maxV][maxV];
```

　　(2) 插入结点成员函数实现把结点 vertex 插入到顺序表的当前表尾位置,当前表尾位置即是 vertices. size 位置,所以如下语句实现了这样的功能:

```
vertices. insert(vertices.size, vertex);
```

　　(3) 前面曾经说过,从逻辑上说,一个结点的所有邻接结点之间并没有先后之分,但当图的存储结构确定后,一个结点的所有邻接结点之间就可以分出先后。在图的邻接矩阵存储结构下,下标值小的结点在下标值大的结点的前边。例如,对于图 8-4 的结点 1 来说,结点 1 的第一个邻接结点是结点 2,结点 1 的结点 2 后的下一个邻接结点是结点 3,结点 1 的结点 3 后的下一个邻接结点是结点 4,结点 1 的结点 4 后的下一个邻接结点是结点 5。

　　取第一个邻接结点 getFirstNeighbor(v)成员函数和取下一个邻接结点 getNextNeighbor(v1,v2)成员函数就是据此原理编写的。

　　和树的遍历类似,图的遍历也是图操作中最基础和最重要的操作,图的遍历成员函数设计方法放在 8.4 节专门讨论。

2. 邻接矩阵图类 AdjMWGraph 的测试

　　例 8-1　以如图 8-8 所示的带权有向图为例,编写测试邻接矩阵图类的程序。

　　为方便以后设计测试程序时调用方便,我们把创建图所需的数据和方法设计为类 RowColWeight。RowColWeight 类设计如下。

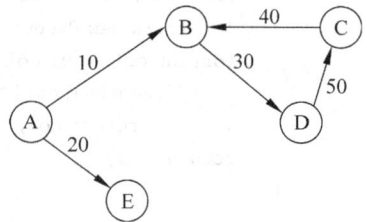

图 8-8　带权图

```
public class RowColWeight{
    int row;                              //行下标
    int col;                              //列下标
    int weight;                           //权值

    public RowColWeight(int r, int c, int w){     //构造函数
        row = r;
        col = c;
        weight = w;
    }

    public static void createGraph(AdjMWGraph g, Object[] v, int n, RowColWeight[] rc, int e)
    throws Exception{
    // static 成员函数,用所给参数创建 AdjMWGraph 类对象 g
    // v 为结点的数据元素集合,n 为结点个数,rc 为边的集合,e 为边的个数
        for(int i = 0; i < n; i ++)                //在图 g 中插入 n 个结点
            g. insertVertex(v[i]);
        for(int k = 0; k < e; k ++)                //在图 g 中插入 e 条边
```

```
            g.insertEdge(rc[k].row, rc[k].col, rc[k].weight);
        }
    }
```

程序设计如下。

```
public class Exam8_1{
    public static void main(String[] args){
        int n = 5, e = 5;
        AdjMWGraph g = new AdjMWGraph(n);
        Character[] a = {new Character('A'),
                    new Character('B'),
                    new Character('C'),
                    new Character('D'),
                    new Character('E')};
        RowColWeight[] rcw = {new RowColWeight(0,1,10),
                    new RowColWeight(0,4,20),
                    new RowColWeight(1,3,30),
                    new RowColWeight(2,1,40),
                    new RowColWeight(3,2,50)};
        try{
            RowColWeight.createGraph(g,a,n,rcw,e);
            System.out.println("结点个数为: " + g.getNumOfVertices());
            System.out.println("边的个数为: " + g.getNumOfEdges());

            g.deleteEdge(0,4);                          //删除有向边<0,4>

            System.out.println();
            System.out.println("结点个数为: " + g.getNumOfVertices());
            System.out.println("边的个数为: " + g.getNumOfEdges());

        }
        catch (Exception ex){
            ex.printStackTrace();
        }
    }
}
```

程序运行输出结果如下。

```
结点个数为: 5
边的个数为: 5

结点个数为: 5
边的个数为: 4
```

8.4 图的遍历

8.4.1 图的深度和广度优先遍历算法

和树的遍历操作类似,图的遍历是访问图中的每一个结点且每个结点只被访问一次。
图的遍历方法主要有两种:一种是深度优先遍历,另一种是广度优先遍历。图的深度优先遍历类似于树的先根遍历,图的广度优先遍历类似于树的层序遍历。

图的遍历算法设计需要考虑三个问题:①图的特点是没有首尾之分,所以算法的参数要指定访问的第一个结点;②对图的遍历路径有可能构成一个回路,从而造成死循环,所以算法设计要考虑遍历路径可能出现的死循环问题;③一个结点可能和若干个结点都是邻接结点,要使一个结点的所有邻接结点按照某种次序被访问。

1. 图的深度优先遍历算法

对于连通图,从初始结点出发,一定存在路径和图中的所有其他结点相连。所以,对于连通图,从初始结点出发,一定可以遍历该图。图的深度优先遍历算法是遍历时深度优先的算法,即在图的所有邻接结点中,每次都在访问完当前结点后首先访问当前结点的第一个邻接结点,这样的算法是一个递归算法。连通图的深度优先遍历递归算法如下:

(1)访问结点 v 并标记结点 v 为已访问;

(2)查找结点 v 的第一个邻接结点 w;

(3)若结点 v 的邻接结点 w 存在,则继续执行,否则算法结束;

(4)若结点 w 尚未被访问则深度优先搜索递归访问结点 w;

(5)查找结点 v 的 w 邻接结点的下一个邻接结点 w,转到步骤(3)。

上述递归算法属于回溯算法,当寻找结点 v 的邻接结点 w 成功时继续进行,当寻找结点 v 的邻接结点 w 失败时回溯到上一次递归调用的地方继续进行。

对于图 8-8 所示的有向连通图,若结点 A 为初始访问的结点,则深度优先遍历的结点访问顺序是:A B D C E。

2. 图的广度优先遍历算法

图的广度优先遍历算法是一个分层搜索的过程,和 7.3.2 节讨论的二叉树层序遍历算法类似,图的广度优先遍历算法也需要一个队列以保持访问过的结点的顺序,以便按访问过的结点的顺序来访问这些结点的邻接结点。连通图的广度优先遍历算法如下。

(1)访问初始结点 v 并标记结点 v 为已访问;

(2)结点 v 入队列;

(3)当队列非空时则继续执行,否则算法结束;

(4)出队列取得队头结点 u;

(5)查找结点 u 的第一个邻接结点 w;

(6)若结点 u 的邻接结点 w 不存在,则转到步骤(3),否则循环执行:

    (6.1)若结点 w 尚未被访问,则访问结点 w,并标记结点 w 为已访问;

    (6.2)结点 w 入队列;

    (6.3)查找结点 u 的 w 邻接结点后的下一个邻接结点 w,转到步骤(6)。

对于图 8-8 所示的有向连通图,若结点 A 为初始访问的结点,则广度优先遍历的结点访问顺序是:A B E D C。

3. 非连通图的遍历

对于连通图,从图的任意一个结点开始深度或广度优先遍历,一定可以访问图中的所有结点。但对于非连通图,从图的任意一个结点开始深度或广度优先遍历,并不能访问图中的所有结点。对于非连通图,从图的任意一个结点开始深度或广度优先遍历只能访问和初始结点连通的所有结点。

但是,把每一个结点都作为一次初始结点进行深度优先遍历或广度优先遍历,并根据结点的访问标记来判断是否需要访问该结点,就一定可以访问非连通图(当然包括连通图)中的所有结点。

8.4.2 图的深度和广度优先遍历成员函数设计

1. 访问结点

和第 7 章的访问结点概念相同,所以这里列出的 Visit 类和第 7 章的完全相同。

```
public class Visit{
    public void print(Object item){
        System.out.print(item + " ");
    }
}
```

2. 深度和广度优先遍历成员函数设计

根据 8.4.1 节的讨论,可以补充图的深度优先遍历和广度优先遍历成员函数的设计如下。为节省篇幅,下面给出的 AdjMWGraph 类中,8.3 节已讨论过的构造函数和成员函数没有列出。

```
public class AdjMWGraph{
    static final int maxWeight = 10000;

    private SeqList vertices;
    private int[][] edge;
    private int numOfEdges;

    (省略前面已列出的成员函数)

    private void depthFirstSearch(int v, boolean[] visited, Visit vs) throws Exception{
    //连通图以 v 为初始结点序号、访问操作为 vs 的深度优先遍历
    //数组 visited 标记了相应结点是否已访问过,0 表示未访问,1 表示已访问
        vs.print(getValue(v));                       //访问该结点
        visited[v] = true;                           //置已访问标记

        int w = getFirstNeighbor(v);                 //取第一个邻接结点
        while(w != -1){                              //当邻接结点存在时循环
            if(! visited[w])                         //如果没有访问过
                depthFirstSearch(w, visited, vs);    //以 w 为初始结点递归
            w = getNextNeighbor(v, w);               //取下一个邻接结点
        }
    }
```

```java
private void broadFirstSearch(int v, boolean[] visited, Visit vs) throws Exception{
//连通图以 v 为初始结点序号、访问操作为 vs 的广度优先遍历
//数组 visited 标记了相应结点是否已访问过,0 表示未访问,1 表示已访问
    int u, w;
    SeqQueue queue = new SeqQueue();              //创建顺序队列 queue

    vs.print(getValue(v));                        //访问结点 v
    visited[v] = true;                            //置已访问标记

    queue.append(new Integer(v));                 //结点 v 入队列
    while(! queue.isEmpty()){                     //队列非空时循环
        u = ((Integer)queue.delete()).intValue(); //出队列
        w = getFirstNeighbor(u);                  //取结点 u 的第一个邻接结点
        while(w != - 1){                          //当邻接结点存在时循环
            if(! visited[w]){                     //若该结点没有访问过
                vs.print(getValue(w));            //访问结点 w
                visited[w] = true;                //置已访问标记
                queue.append(new Integer(w));     //结点 w 入队列
            }

            //取结点 u 的邻接结点 w 的下一个邻接结点
            w = getNextNeighbor(u, w);
        }
    }
}

public void depthFirstSearch(Visit vs) throws Exception{
//非连通图的深度优先遍历
    boolean[] visited = new boolean[getNumOfVertices()];

    for(int i = 0; i < getNumOfVertices(); i ++)
        visited[i] = false;                       //置所有结点均未访问过

    for(int i = 0; i < getNumOfVertices(); i ++)  //对每个结点循环
        if(! visited[i])                          //如果该结点未访问
            depthFirstSearch(i, visited, vs);
            //以结点 i 为初始结点深度优先遍历
}

public void broadFirstSearch(Visit vs) throws Exception{
//非连通图的广度优先遍历
    boolean[] visited = new boolean[getNumOfVertices()];

    for(int i = 0; i < getNumOfVertices(); i ++)
        visited[i] = false;                       //置所有结点均未访问过

    for(int i = 0; i < getNumOfVertices(); i ++)  //对每个结点循环
        if(! visited[i])                          //如果该结点未访问过
            broadFirstSearch(i, visited, vs);
            //以结点 i 为初始结点广度优先遍历
}
}
```

设计说明：只有一个参数的广度优先遍历成员函数 broadFirstSearch(vs)和深度优先遍历成员函数 depthFirstSearch(vs)设计为 public 成员函数，而带有三个参数的广度优先遍历成员函数 broadFirstSearch(i，visited，vs)和深度优先遍历成员函数 depthFirstSearch(i，visited，vs)设计为 private 成员函数。这是因为，对于应用程序来说，遍历图时只需给出访问结点的方法就可以了。

3．测试程序

例 8-2　以图 8-8 所示的带权有向图为例，编写测试上述图的深度优先和广度优先遍历成员函数的程序。

测试程序设计如下。

```
public class Exam8_2{
    public static void createGraph(AdjMWGraph g, Object[] v, int n, RowColWeight[] rc, int e)
throws Exception{
        for(int i = 0; i < n; i ++)
            g.insertVertex(v[i]);
        for(int k = 0; k < e; k ++)
            g.insertEdge(rc[k].row, rc[k].col, rc[k].weight);
    }
    public static void main(String[] args){
        final int maxVertices = 100;

        MyVisit vs = new MyVisit();
        AdjMWGraph g = new AdjMWGraph(maxVertices);
        Character[] a = {new Character('A'),
                    new Character('B'),
                    new Character('C'),
                    new Character('D'),
                    new Character('E')};
        RowColWeight[] rcw = {new RowColWeight(0,1,10),
                    new RowColWeight(0,4,20),
                    new RowColWeight(1,3,30),
                    new RowColWeight(2,1,40),
                    new RowColWeight(3,2,50)};
        int n = 5, e = 5;
        try{
            createGraph(g,a,n,rcw,e);
            System.out.print("深度优先搜索序列为：");
            g.depthFirstSearch(vs);
            System.out.println();

            System.out.print("广度优先搜索序列为：");
            g.broadFirstSearch(vs);
            System.out.println();
        }
        catch (Exception ex){
            ex.printStackTrace();
        }
    }
}
```

程序运行结果如下。

深度优先搜索序列为：A B D C E
广度优先搜索序列为：A B E D C

8.5　最小生成树

8.5.1　最小生成树的基本概念

一个有 n 个结点的连通图的**生成树**是原图的极小连通子图，它包含原图中的所有 n 个结点，并且有保持图连通的最少的边。

由生成树的定义可知：①若在生成树中删除一条边，就会使该生成树因变成非连通图而不再满足生成树的定义；②若在生成树中增加一条边，就会使该生成树中因存在回路而不再满足生成树的定义；③一个连通图的生成树可能有许多。

使用不同的寻找方法可以得到不同的生成树。另外，从不同的初始结点出发也可以得到不同的生成树。图 8-9 给出了一个无向图和它的两棵不同的生成树。

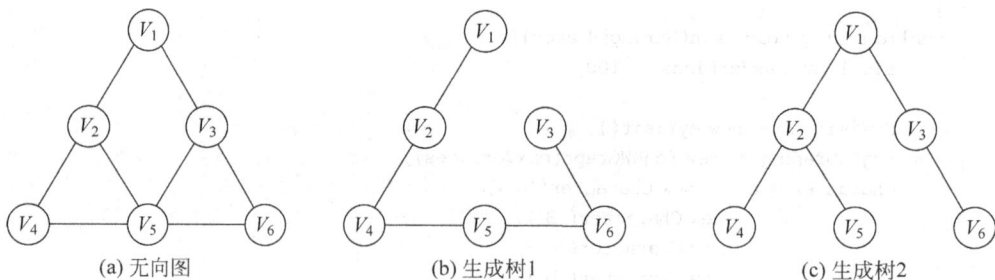

图 8-9　无向图和它的不同的生成树

从生成树的定义显然可以证明，对于有 n 个结点的无向连通图，无论它的生成树的形状如何，一定有且只有 $n-1$ 条边。

如果无向连通图是一个带权图，那么它的所有生成树中必有一棵边的权值总和最小的生成树，这棵生成树称为**最小代价生成树**，简称**最小生成树**。

许多应用问题都是一个求无向连通图的最小生成树问题。例如，要在 n 个城市之间铺设光缆，铺设光缆的费用很高，且各个城市之间铺设光缆的费用不同。如果设计目标是既要使这 n 个城市的任意两个之间都可以直接或间接通信，又要使铺设光缆的总费用最低，则这样的问题就是一个求最小生成树问题。解决这个问题的方法就是，在由 n 个城市结点、$n(n-1)/2$ 条不同费用的边构成的无向连通图中找出最小生成树。按该最小生成树的方案在城市之间铺设光缆，就可以达到既使这 n 个城市的任意两个之间都可以直接或间接通信，又满足铺设光缆的总费用最低的设计目标。

从最小生成树的定义可知，构造有 n 个结点的无向连通带权图的最小生成树，必须满足以下三条。

（1）构造的最小生成树必须包括 n 个结点；

（2）构造的最小生成树中有且只有 $n-1$ 条边；

（3）构造的最小生成树中不存在回路。

构造最小生成树的方法有许多种，典型的构造方法有两种，一种称作普里姆（Prim）算法，另一种称作克鲁斯卡尔（Kruskal）算法。

8.5.2 普里姆算法

1. 普里姆算法思想

假设 $G=(V,E)$ 为一个带权图，其中 V 为带权图中结点的集合，E 为带权图中边的权值集合。设置两个新的集合 U 和 T，其中 U 用于存放带权图 G 的最小生成树的结点的集合，T 用于存放带权图 G 的最小生成树的边的集合。

普里姆算法思想是：令集合 U 的初值为 $U=\{u_0\}$（即假设构造最小生成树时从结点 u_0 开始），集合 T 的初值为 $T=\{\}$。从所有结点 $u\in U$ 和结点 $v\in V-U$ 的带权边中选出具有最小权值的边 (u,v)，将结点 v 加入集合 U 中，将边 (u,v) 加入集合 T 中。如此不断重复，当 $U=V$ 时则最小生成树构造完毕。此时集合 U 中存放着最小生成树结点的集合，集合 T 中存放着最小生成树边的权值集合。

图 8-10 给出了用普里姆算法构造最小生成树的过程。图 8-10(a)为一个有 7 个结点 10 条无向边的带权图。初始时集合 $U=\{A\}$，集合 $V-U=\{B,C,D,E,F,G\}$，$T=\{\}$，如图 8-10(b)所示；此时存在两条一个结点在集合 U、另一个结点在集合 $V-U$ 中的边，具有最小权值的是边 (A,B)，权值为 50，把结点 B 从集合 $V-U$ 加入到集合 U 中，把边 (A,B) 加入到 T 中，如图 8-10(c)所示；在所有 u 为集合 U 中结点、v 为集合 $V-U$ 中结点的边 (u,v) 中寻找具有最小权值的边 (u,v)，寻找到的是边 (B,E)，权值为 40，把结点 E 从集合 $V-U$ 加入到集合 U 中，把边 (B,E) 加入到 T 中，如图 8-10(d)所示；随后依次从集合 $V-U$ 加入到集合 U 中的结点为 D,F,G,C，依次加入到 T 中的边为：(E,D)，权值为 50；(D,F)，权值为 30；(D,G)，权值为 42；(G,C)，权值为 45，分别如图 8-10(e)～图 8-10(h)所示。最后得到的图 8-10(h)就是原带权连通图的最小生成树。

2. 普里姆函数设计

下面讨论普里姆算法的函数实现。这里令当弧头结点等于弧尾结点时权值等于 0（即图的邻接矩阵的对角线元素值为 0）。

函数的参数设计：

普里姆函数应有两个参数，一个参数是图 g，这里图 g 定义为邻接矩阵存储结构图类的对象；另一个参数是通过函数得到的最小生成树的结点数据和相应结点的边的权值数据 closeVertex。

MinSpanTree 类定义如下：

```
public class MinSpanTree{
    Object vertex;                      //边的弧头结点数据
    int weight;                         //权值

    MinSpanTree(){
```

```
    }

    MinSpanTree(Object obj, int w){
        vertex = obj;
        weight = w;
    }
}
```

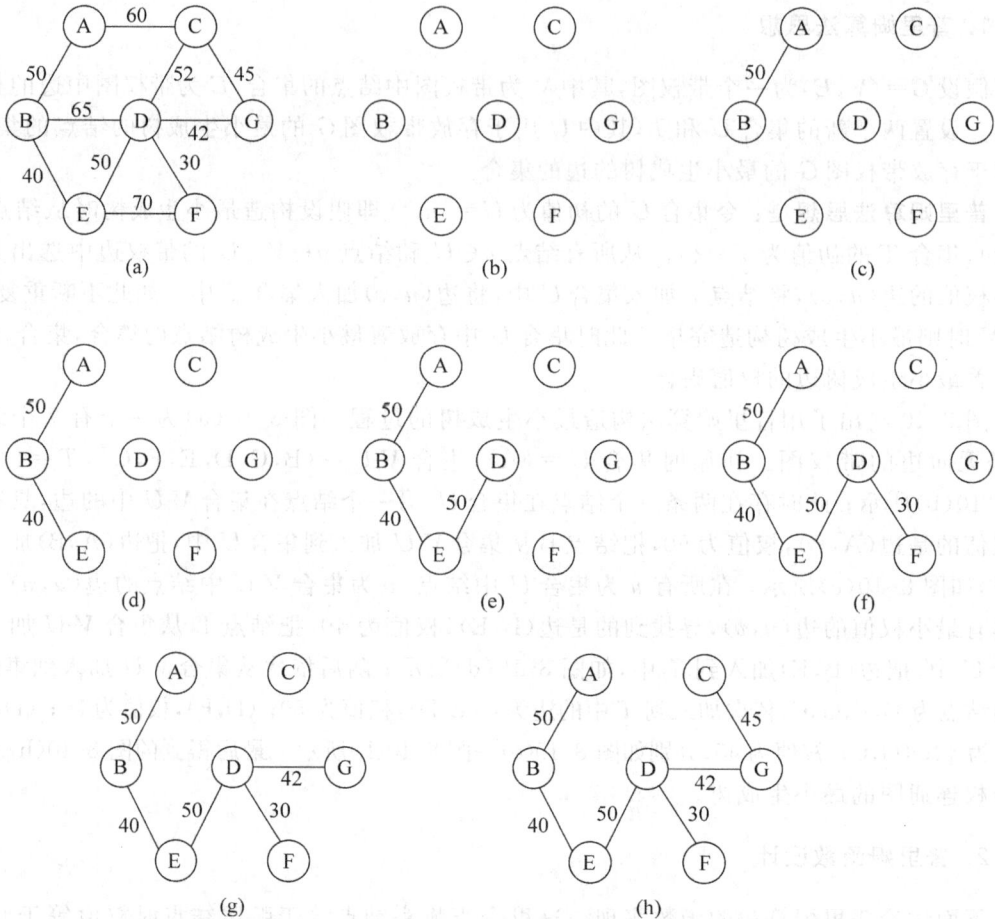

图 8-10　普里姆算法构造最小生成树的过程

　　其中,vertex 用来保存最小生成树每条边的弧头结点数据,weight 用来保存最小生成树的相应边的权值。

　　普里姆函数设计:

```
public class Prim{
    static final int maxWeight = 9999;
    public static void prim(AdjMWGraph g, MinSpanTree[] closeVertex) throws Exception{
    //用普里姆算法建立带权图 g 的最小生成树
        int n = g.getNumOfVertices();
        int minCost;
        int[] lowCost = new int[n];
```

```
        int k = 0;

        for(int i = 1; i < n; i ++)
            lowCost[i] = g.getWeight(0, i);            //lowCost 的初始值

        MinSpanTree temp = new MinSpanTree();

        //从结点 0 出发构造最小生成树
        temp.vertex = g.getValue(0);
        closeVertex[0] = temp;                         //保存结点 0
        lowCost[0] = - 1;                              //标记结点 0

        for(int i = 1; i < n; i ++){
        // 寻找当前最小权值的边所对应的弧头结点 k
            minCost = maxWeight;                       //MaxWeight 为定义的最大权值
            for(int j = 1; j < n; j ++){
                if(lowCost[j] < minCost && lowCost[j] > 0){
                    minCost = lowCost[j];
                    k = j;
                }
            }

            MinSpanTree curr = new MinSpanTree();
            curr.vertex = g.getValue(k);               //保存弧头结点 k
            curr.weight = minCost;                     //保存相应权值
            closeVertex[i] = curr;
            lowCost[k] = - 1;                          //标记结点 k

            //根据加入集合 U 的结点 k 修改 lowCost 中的数值
            for(int j = 1; j < n; j ++){
                if(g.getWeight(k, j) < lowCost[j])
                    lowCost[j] = g.getWeight(k, j);
            }
        }
    }
}
```

设计说明：

（1）函数中定义一个临时数组 lowCost，数组元素 $lowCost[j]$（$j=0,1,2,\cdots,n-1$）中保存了集合 U 中结点 u_i 与集合 $V\text{-}U$ 中结点 v_j 的所有边中当前具有最小权值的边 (u,v)。

（2）集合 U 的初值为 $U=\{$序号为 0 的结点$\}$。lowCost 的初始值为邻接矩阵数组中第 0 行的值，这样初始时 lowCost 中就存放了从集合 U 中结点 0 到集合 $V\text{-}U$ 中各个结点的权值。

（3）每次从 lowCost 中寻找具有最小权值的边。根据 lowCost 的定义，这样的边其弧尾结点必然为集合 U 中的结点，其弧头结点必然为集合 $V\text{-}U$ 中的结点。当选到一条这样的边 (u,v)，就保存其结点数据和权值数据到参数 closeVertex 中，并将 $lowCost[v]$ 置为 -1，表示结点 v 加入了集合 U 中。

（4）当结点 v 从集合 $V\text{-}U$ 加入到集合 U 后，若存在一条边 (u,v)，u 是集合 U 的结点，v

是集合 V-U 的结点，且边 (u,v) 较原先 lowCost[v]的代价更小，则用这样的权值替换原先 lowCost[v]中的相应权值。

以图 8-10(a)所示的无向连通带权图为例，调用普里姆函数时，数组 lowCost 的动态变化过程如图 8-11 所示。其中，图 8-11(a)表示初始时结点 0（即图 8-10(a)中的结点 A）在集合 U 中（图中的 -1 表示加入到了集合 U），结点 0 到其他结点有两条边，权值分别为 50 和 60；图 8-11(b)表示结点 1 加入到集合 U 中，结点 1 加入集合 U 后，因结点 1 到结点 3 存在一条权值为 65 的边，该权值小于原先的无穷大，所以把 lowCost[3]修改为等于 65。因结点 1 到结点 4 存在一条权值为 40 的边，该权值小于原先的无穷大，所以把 lowCost[4]修改为等于 40；图 8-11(c)表示结点 4 加入到集合 U 后的状态；图 8-11(d)表示结点 3 加入到集合 U 后的状态；图 8-11(e)表示结点 5 加入到集合 U 后的状态；图 8-11(f)表示结点 6 加入到集合 U 后的状态；图 8-11(g)表示结点 2 加入到集合 U 后的状态。

	lowCost		lowCost		lowCost		lowCost		lowCost		lowCost		lowCost
0	−1	0	−1	0	−1	0	−1	0	−1	0	−1	0	−1
1	50	1	−1	1	−1	1	−1	1	−1	1	−1	1	−1
2	60	2	60	2	60	2	52	2	52	2	45	2	−1
3	∞	3	65	3	50	3	−1	3	−1	3	−1	3	−1
4	∞	4	40	4	−1	4	−1	4	−1	4	−1	4	−1
5	∞	5	∞	5	70	5	30	5	−1	5	−1	5	−1
6	∞	6	∞	6	∞	6	42	6	42	6	−1	6	−1
	(a)		(b)		(c)		(d)		(e)		(f)		(g)

图 8-11　普里姆算法运行时数组 lowCost 的变化过程

分析上述普里姆函数，函数主要是一个两重循环，其中每一重循环的次数均为结点个数 n，所以该算法的时间复杂度为 $O(n^2)$。由于该算法的时间复杂度只与图中结点的个数有关，而与图中边的条数无关，所以对于结点个数不很多，而边比较稠密的图，此算法的时间效率较好。

3．测试程序

例 8-3　以图 8-10(a)所示的无向连通带权图为例设计测试上述 prim()函数的程序。测试程序设计如下。

```java
public class Exam8_3{
    static final int maxVertices = 100;

    public static void createGraph(AdjMWGraph g, Object[] v, int n, RowColWeight[] rc, int e)
    throws Exception{
        for(int i = 0; i < n; i ++)
            g.insertVertex(v[i]);
        for(int k = 0; k < e; k ++)
            g.insertEdge(rc[k].row, rc[k].col, rc[k].weight);
    }

    public static void main(String[] args){
        AdjMWGraph g = new AdjMWGraph(maxVertices);
```

```
Character[] a = {new Character('A'),new Character('B'),new Character('C'),
    new Character('D'),new Character('E'),new Character('F'),
    new Character('G')};
RowColWeight[] rcw = {new RowColWeight(0,1,50),new RowColWeight(1,0,50),
new RowColWeight(0,2,60),new RowColWeight(2,0,60),new RowColWeight(1,3,65),
new RowColWeight(3,1,65),new RowColWeight(1,4,40),new RowColWeight(4,1,40),
new RowColWeight(2,3,52),new RowColWeight(3,2,52),new RowColWeight(2,6,45),
new RowColWeight(6,2,45),new RowColWeight(3,4,50),new RowColWeight(4,3,50),
new RowColWeight(3,5,30),new RowColWeight(5,3,30),new RowColWeight(3,6,42),
new RowColWeight(6,3,42),new RowColWeight(4,5,70),new RowColWeight(5,4,70)};
int n = 7, e = 20;

try{
    createGraph(g,a,n,rcw,e);                    //创建图 8 - 10
    MinSpanTree[] closeVertex = new MinSpanTree[7];
    Prim.prim(g, closeVertex);                   //调用 prim 函数

    //输出 Prim 函数得到的最小生成树的结点序列和权值序列
    System.out.println("初始顶点 = " + closeVertex[0].vertex);
    for(int i = 1; i < n; i++)
        System.out.print("顶点 = " + closeVertex[i].vertex);
        System.out.println(" 边的权值 = " + closeVertex[i].weight);
}
catch (Exception ex){
    ex.printStackTrace();
}
}
}
```

程序的运行结果为:

```
初始顶点 = A
顶点 = B 边的权值 = 50
顶点 = E 边的权值 = 40
顶点 = D 边的权值 = 50
顶点 = F 边的权值 = 30
顶点 = G 边的权值 = 42
顶点 = C 边的权值 = 45
```

程序输出的结点序列和边的权值序列对应了图 8-10(b)~图 8-10(h)的最小生成树构造过程。在解决实际问题时,可根据上述程序运行的结果,再结合原问题的带权图,即可构造出图 8-10(a)的最小生成树图 8-10(h)。

进一步讨论:如运行结果所示,这里设计的 prim()函数的输出参数 closeVertex 中,除初始结点为边的弧尾结点外,其他都只有最小生成树每条边的弧头结点和边的权值。这样设计的 prim()函数比较简明,但要得到完整的最小生成树的每条边需要参照原带权图。可以把上述 prim()函数修改为包含每条边的弧尾结点和弧头结点,但这样的算法比较复杂。有兴趣的读者可以作为练习自己设计实现。

8.5.3　克鲁斯卡尔算法

不同于普里姆算法,克鲁斯卡尔算法是一种按照带权图中边的权值的递增顺序构造最小生成树的方法。

克鲁斯卡尔算法是：设无向连通带权图 $G=(V,E)$,其中 V 为结点的集合,E 为边的集合。设带权图 G 的最小生成树 T 由结点集合和边的集合构成,其初值为 $T=(V,\{\})$,即初始时最小生成树 T 只由带权图 G 中的结点集合组成,各结点之间没有一条边。这样,最小生成树 T 中的各个结点各自构成一个连通分量。然后,按照边的权值递增的顺序考察带权图 G 中的边集合 E 中的各条边。若被考察的边的两个结点属于 T 的两个不同的连通分量,则将此边加入到最小生成树 T,同时把两个连通分量连接为一个连通分量；若被考察的边的两个结点属于 T 的同一个连通分量,则将此边舍去。如此下去,当 T 中的连通分量个数为 1 时,T 中的该连通分量即为带权图 G 的一棵最小生成树。

对于图 8-10(a)所示的无向连通带权图,按照克鲁斯卡尔算法构造最小生成树的过程如图 8-12 所示。如图 8-12(f)所示就是所构造的最小生成树。

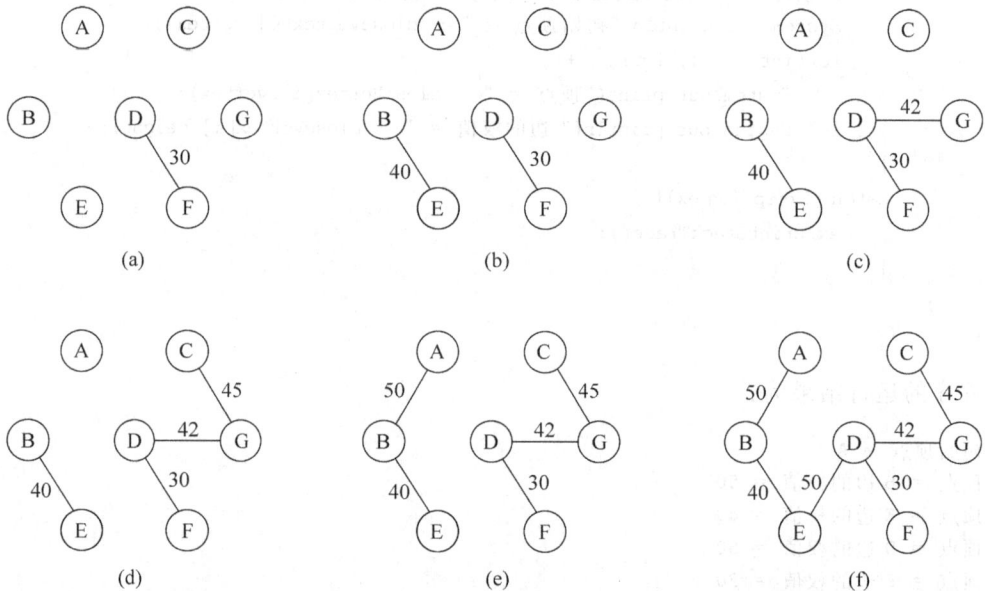

图 8-12　克鲁斯卡尔算法构造最小生成树的过程

克鲁斯卡尔算法主要包括两个部分：首先是带权图 G 中 e 条边的权值的排序,其次是判断新选取的边的两个结点是否属于同一个连通分量。对带权图 G 中 e 条边的权值的排序方法可以有很多种,各种排序算法的时间复杂度均不相同。对 e 条边的权值排序算法时间复杂度较好的算法有快速排序法、堆排序法等,这些排序算法的时间复杂度为 $O(elbe)$。常用的冒泡排序、直接插入排序等排序算法的时间复杂度为 $O(e^2)$。判断新选取的边的两个结点是否属于同一个连通分量的问题,是一个在最多有 n 个结点的生成树中遍历寻找新选取的边的两个结点是否存在的问题,此算法的时间复杂度最坏情况下为 $O(n)$。

从上述分析可以得出,克鲁斯卡尔算法的时间复杂度主要由排序方法决定。而这样的排序算法只与带权图中边的个数有关，与图中结点的个数无关。当使用时间复杂度为 $O(elbe)$ 的排序算法时，克鲁斯卡尔算法的时间复杂度即为 $O(elbe)$，因此当带权图的结点个数较多、而边的条数较少时，使用克鲁斯卡尔算法构造最小生成树效果较好。

8.6 最短路径

8.6.1 最短路径的基本概念

在一个图中，若从一个结点到另一个结点存在着路径，定义**路径长度**为一条路径上所经过的边的数目。图中从一个结点到另一个结点可能存在着多条路径，路径长度最短的那条路径叫做**最短路径**，其路径长度叫做**最短路径长度**或**最短距离**。

在一个带权图中，若从一个结点到另一个结点存在着一条路径，则称该路径上所经过边的权值之和为该路径上的**带权路径长度**。带权图中从一个结点到另一个结点可能存在着多条路径，带权路径长度值最小的那条路径也叫做**最短路径**，其带权路径长度也叫做**最短路径长度**或**最短距离**。

实际上，不带权的图上的最短路径问题也可以归结为带权图上的最短路径问题。因为只要把不带权的图上的所有边的权值均定义为 1，则不带权的图上的最短路径问题也就归结为带权图上的最短路径问题。因此不失一般性，这里只讨论带权图上的最短路径问题。

带权图分为无向带权图和有向带权图，当把无向带权图中的每一条边 (v_i,v_j) 都定义为弧 $<v_i,v_j>$ 和弧 $<v_j,v_i>$，则无向带权图就变成有向带权图。因此不失一般性，这里只讨论有向带权图上的最短路径问题。

图 8-13 是一个有向带权图及其邻接矩阵。该带权图从结点 A 到结点 D 有三条路径，分别为路径 (A,D)，其带权路径长度为 30；路径 (A,C,F,D)，其带权路径长度为 22；路径 (A,C,B,E,D)，其带权路径长度为 32。路径 (A,C,F,D) 称为最短路径，其带权路径长度 22 称为最短距离。

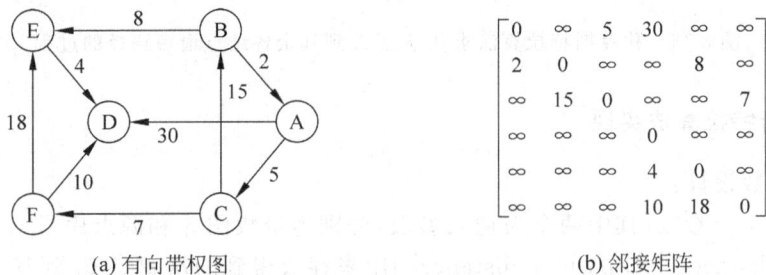

(a) 有向带权图　　　(b) 邻接矩阵

图 8-13　有向带权图及其邻接矩阵

8.6.2 从一个结点到其余各结点的最短路径

1. 狄克斯特拉算法思想

对于有向带权图中从一个确定结点（称为源点）到其余各结点的最短路径问题，狄克斯特拉(Dijkastra)提出了一个按路径长度递增的顺序逐步产生最短路径的构造算法。

狄克斯特拉算法是：设置两个结点的集合 S 和 T，集合 S 中存放已找到最短路径的结点，集合 T 中存放当前还未找到最短路径的结点。初始状态时，集合 S 中只包含源点，设为 v_0，然后从集合 T 中选择到源点 v_0 路径长度最短的结点 u 加入到集合 S 中，集合 S 中每加入一个新的结点 u 都要修改源点 v_0 到集合 T 中剩余结点的当前最短路径长度值，集合 T 中各结点的新的当前最短路径长度值，为原来的当前最短路径长度值与从源点过结点 u 到达该结点的路径长度中的较小者。此过程不断重复，直到集合 T 中的结点全部加入到集合 S 中为止。

对于图 8-13 所示的有向带权图，图 8-14 给出了狄克斯特拉算法求从结点 A 到其余各结点的最短路径的过程。图中虚线表示当前可选择的边，实线表示算法已确定包括到集合 S 中的结点所对应的边。

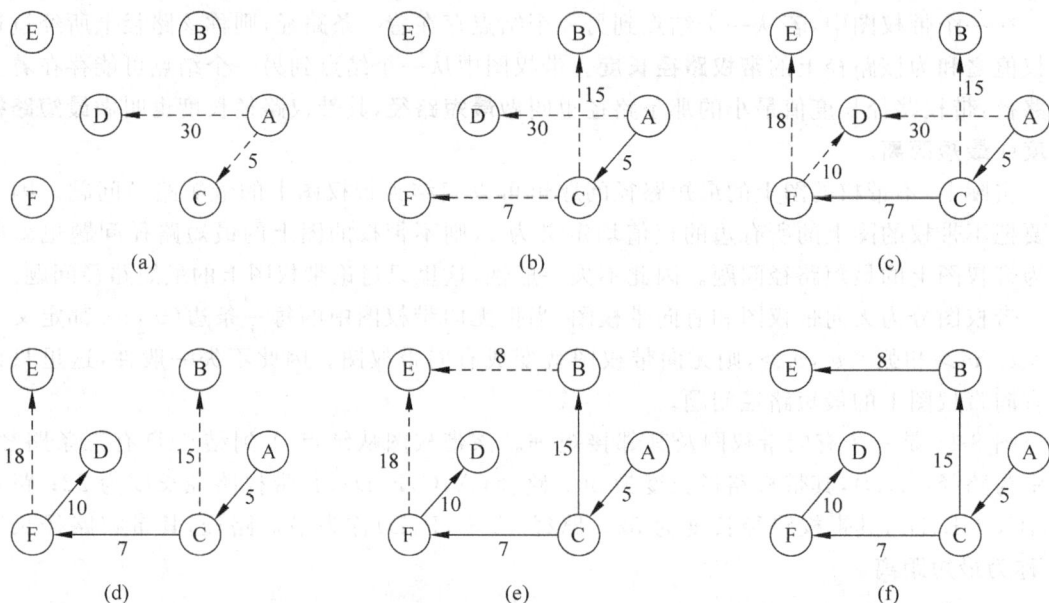

图 8-14　狄克斯特拉算法求从结点 A 到其余各结点最短路径的过程

2. 狄克斯特拉算法实现

函数的参数设计：

函数共有 4 个参数，其中两个为输入参数，分别为带权图 g 和源点序号 v_0；两个为输出参数，分别为 distance[] 和 path[]，distance[] 用来存放得到的从源点 v_0 到其余各结点的最短距离数值，path[] 用来存放得到的从源点 v_0 到其余各结点的最短路径上到达目标结点的前一结点下标(注意：这和前面的 prime() 函数的参数设计方法类似)。

狄克斯特拉类和狄克斯特拉函数设计如下。

```
public class Dijkstra{

    static final int maxWeight = 9999;
```

```
public static void dijkstra(AdjMWGraph g, int v0, int[] distance, int path[]) throws
Exception{
//带权图 g 从下标 v0 结点到其他结点的最短距离 distance
//和相应的目标结点的前一结点下标 path

    int n = g.getNumOfVertices();
    int[] s = new int[n];                          // s 用来存放 n 个结点的标记
    int minDis, u = 0;

    //初始化
    for(int i = 0; i < n; i ++){
        distance[i] = g.getWeight(v0, i);
        s[i] = 0;                                  //初始均标记为 0
        if(i != v0 && distance[i] < maxWeight)
            path[i] = v0;                          //初始的目标结点的前一结点均为 v0
        else
            path[i] = -1;
    }
    s[v0] = 1;                                     //标记结点 v0 已从集合 T 加入到集合 S 中

    //在当前还未找到最短路径的结点集中选取具有最短距离的结点 u
    for(int i = 1; i < n; i ++){
        minDis = maxWeight;
        for(int j = 0; j < n; j ++)
            if(s[j] == 0 && distance[j] < minDis){
                u = j;
                minDis = distance[j];
            }

        //当已不存在路径时算法结束；此语句对非连通图是必需的
        if(minDis == maxWeight) return;

        s[u] = 1;                                  //标记结点 u 已从集合 T 加入到集合 S 中

        //修改从 v0 到其他结点的最短距离和最短路径
        for(int j = 0; j < n; j ++)
            if(s[j] == 0 && g.getWeight(u, j) < maxWeight && distance[u]
                    + g.getWeight(u, j) < distance[j]){
                //结点 v0 经结点 u 到其他结点的最短距离和最短路径
                distance[j] = distance[u] + g.getWeight(u, j);
                path[j] = u;
            }
    }
}
```

设计说明：

（1）初始状态时若从源点 v_0 到某一下标为 i 的结点有边，则 distance[i]为该边的权值，且令 path[i]为源点 v_0；若从源点 v_0 到下标为 i 的结点无边，则 distance[i]为最大权值 MaxWeight，且令 distance[i]为-1。初始时 $s[i]=0(i=1,2,\cdots,n)$，$s[i]$用来标识结点 i

是否已从集合 T 移到集合 S 中，$s[i]=0$ 表示结点 i 在集合 T 中，$s[i]=1$ 表示结点 i 已从集合 T 移到集合 S 中.

（2）函数设计成一个循环迭代过程。设从源点 v_0 到其余各结点中最短的一条路径为 $(v_0,\text{结点 } i)$，其中结点 i 满足：

$$\text{distance}[i] = \min \{ \text{distance}[i] \mid s[i] = 0 , i = 1,2,\cdots,n\}$$

则首先令 $s[i]=1$，即标识结点 i 已从集合 T 移到集合 S 中，然后修改 $\text{distance}[j]$（$j=1,2,\cdots,n$）。

修改 $\text{distance}[j]$ 的方法如下：假设原先从源点 v_0 到结点 j 的最短距离为 $\text{distance}[j]$，则目前从源点 v_0 到结点 j 的最短距离，是路径（v_0，结点 j）的距离，和过结点 i 的路径，即路径（v_0，结点 i，结点 j）的距离中的较短者。因此，修改 $\text{distance}[j]$ 的方法是：

$$\text{distance}[j] = \min \{ \text{distance}[j], \text{distance}[i] + \text{边（结点 } i\text{，结点 } j\text{）的权值} \mid$$
$$j = 1,2,\cdots,n \}$$

这样的迭代过程一直进行到所有结点都从集合 T 移到了集合 S 中，或目前已不存在任何一条边可选择为止。

（3）对于上述迭代过程，要确定从源点 v_0 到某个结点（如结点 j）的最短路径序列（如 $(v_0$，结点 i，结点 j））的算法将很复杂，但要确定从源点 v_0 到某个结点的最短路径的前一个结点却很容易。因此，数组 path 中存放了从源点 v_0 到其他各个结点的最短路径的前一个结点的下标。

上述 Dijkstra 函数的主体是两个循环次数为结点个数 n 的循环，所以该函数的时间复杂度为 $O(n^2)$。

3. 测试程序

例 8-4 以图 8-13 的有向带权图为例设计测试上述 dijkstra() 函数的程序。

测试程序设计如下。

```java
public class Exam8_4{
    static final int maxVertices = 100;

    public static void createGraph(AdjMWGraph g, Object[] v, int n, RowColWeight[] rc, int e)
    throws Exception{
        for(int i = 0; i < n; i ++)
            g.insertVertex(v[i]);
        for(int k = 0; k < e; k ++)
            g.insertEdge(rc[k].row, rc[k].col, rc[k].weight);
    }

    public static void main(String[] args){
        AdjMWGraph g = new AdjMWGraph(maxVertices);
        Character[] a = {new Character('A'),new Character('B'),
                        new Character('C'),new Character('D'),
                        new Character('E'),new Character('F')};
        RowColWeight[] rcw = {new RowColWeight(0,2,5),new RowColWeight(0,3,30),
```

```
                      new RowColWeight(1,0,2),new RowColWeight(1,4,8),
                      new RowColWeight(2,1,15),new RowColWeight(2,5,7),
                      new RowColWeight(4,3,4),new RowColWeight(5,3,10),
                      new RowColWeight(5,4,18)};
        int n = 6, e = 9;

        try{
            createGraph(g,a,n,rcw,e);

            int[] distance = new int[n];
            int[] path = new int[n];

                    Dijkstra.dijkstra(g, 0, distance, path);

            System.out.println("从顶点 A 到其他各顶点的最短距离为：");
            for(int i = 1; i < n; i ++)
                System.out.println("到顶点" + g.getValue(i) + "的最短距离为：" +
distance[i]);

            System.out.println("从顶点 A 到其他各顶点的前一顶点分别为：");
            for(int i = 0; i < n; i ++)
                if(path[i] != -1)
                System.out.println("到顶点" + g.getValue(i) + "的前一顶点为：" + g.
getValue(path[i]));
        }
        catch (Exception ex){
            ex.printStackTrace();
        }
    }
}
```

程序的运行结果如下。

从顶点 A 到其他各顶点的最短距离为：
到顶点 B 的最短距离为：20
到顶点 C 的最短距离为：5
到顶点 D 的最短距离为：22
到顶点 E 的最短距离为：28
到顶点 F 的最短距离为：12
从顶点 A 到其他各顶点的前一顶点分别为：
到顶点 B 的前一顶点为：C
到顶点 C 的前一顶点为：A
到顶点 D 的前一顶点为：F
到顶点 E 的前一顶点为：B
到顶点 F 的前一顶点为：C

从程序的运行结果，再结合图 8-13 的有向带权图，可以得出从结点 A 到其他各结点的最短路径及其距离分别如下。

从结点 A 到结点 C 的最短路径为：(A,C)，其距离为：5。

从结点 A 到结点 B 的最短路径为：(A,C,B)，其距离为：20。

从结点 A 到结点 F 的最短路径为：(A，C，F)，其距离为：12。

从结点 A 到结点 D 的最短路径为：(A，C，F，D)，其距离为：22。

从结点 A 到结点 E 的最短路径为：(A，C，B，E)，其距离为：28。

这和图 8-14 的构造过程和构造结果完全相同。

8.6.3　每对结点之间的最短路径

对于一个带权有向图，每对结点之间的最短路径问题，显然可通过调用前述的狄克斯特拉算法实现。具体方法是：每次以不同的结点作为源点，调用狄克斯特拉算法求出从该源点到其余结点的最短路径。这样，重复调用 n 次狄克斯特拉算法，就可求出每对结点之间的最短路径。由于狄克斯特拉算法的时间复杂度为 $O(n^2)$，所以这种算法的时间复杂度为 $O(n^3)$。

弗洛伊德(Floyd)也提出了一种解决每对结点之间最短路径问题的算法，称为弗洛伊德算法。本节讨论弗洛伊德算法的算法思想和实现方法。

弗洛伊德算法是：设矩阵 cost 用来存放带权有向图 G 的权值，即矩阵元素 $cost[i][j]$ 中存放着下标为 i 的结点到下标为 j 的结点之间的权值，可以通过递推构造一个矩阵序列 $A_0,A_1,A_2,\cdots,A_N$ 来求每对结点之间的最短路径。其中，$A_k[i][j]$($0\leqslant k\leqslant n$)表示从结点 v_i 到结点 v_j 的路径上所经过的结点下标不大于 k 的最短路径长度。初始时有，$A_0[i][j]=cost[i][j]$。当已经求出 A_k，要递推求解 A_{k+1}(即要递推求解从结点 v_i 到结点 v_j 的路径上所经过的结点下标不大于 $k+1$ 的最短路径长度)时，可分两种情况来考虑：一种情况是该路径不经过下标为 $k+1$ 的结点，此时该路径长度与从结点 v_i 到结点 v_j 的路径上所经过的结点下标不大于 k 的最短路径长度相同；另一种情况是该路径经过下标为 $k+1$ 的结点，此时该路径可分为两段，一段是从结点 v_i 到结点 v_{k+1} 的最短路径，另一段是从结点 v_{k+1} 到结点 v_j 的最短路径，此时的最短路径长度等于这两段最短路径长度之和。这两种情况中的路径长度较小者，就是要求的从结点 v_i 到结点 v_j 的路径上所经过的结点下标不大于 $k+1$ 的最短路径长度。

弗洛伊德算法的算法思想可用如下递推公式描述：

$$A_0[i][j] = cost[i][j]$$
$$A_{k+1}[i][j] = \min\{A_k[i][j], A_k[i][k+1]+A_k[k+1][j]\} \quad (0\leqslant k\leqslant n-1)$$

也就是说，初始时，$A_0[i][j]=cost[i][j]$，然后进行递推，每递推一次，从结点 v_i 到结点 v_j 的最短路径上就多考虑了一个经过的中间结点，这样，经过 n 次递推后得到的 $A_n[i][j]$ 就是考虑了经过图中所有结点情况下的从结点 v_i 到结点 v_j 的最短路径长度。

8.7　拓扑排序

1. 偏序关系和全序关系

拓扑排序是指由某个集合上的偏序关系得到该集合上的全序关系。

若集合 X 上的关系 R 是自反的、反对称的和传递的，则称关系 R 是集合 X 上的偏序关系(或称半序关系)。

集合 X 上的偏序关系 R 说明如下。

设关系 R 为定义在集合 X 上的二元关系,若对于每一个 $x \in X$,都有 $(x,x) \in R$,则称 R 是自反的。

设关系 R 为定义在集合 X 上的二元关系,如果对于任意的 $x,y,z \in X$,当 $(x,y) \in R$ 且 $(y,z) \in R$ 时,有 $(x,z) \in R$,则称关系 R 是传递的。

关于自反关系和传递关系的举例参见 7.8 节。下面解释反对称关系。

设关系 R 为定义在集合 X 上的二元关系,若对于所有的 $x,y \in X$,当 $(x,y) \in R$ 且 $(y,x) \in R$ 时,有 $x = y$,则称关系 R 是反对称的。例如,设 X 是实数集合,R 为小于等于关系,即 $R = \{(x,y) \mid x \in X \wedge y \in X \wedge x \leqslant y\}$,由于当 $x \leqslant y$ 且 $y \leqslant x$ 时有 $x = y$,因此,关系 R 是反对称关系。另外,相等关系也是反对称关系。

设关系 R 是集合 X 上的偏序关系,若对所有的 $x,y \in X$,有 $(x,y) \in R$ 或 $(y,x) \in R$,则称关系 R 是集合 X 上的全序关系。

偏序关系的实质是在集合 X 的元素之间建立层次结构。这种层次结构是依赖于偏序关系的可比性建立起来的。但是,偏序关系不能保证集合 X 中的任意两个元素之间都能进行比较,而全序关系可以保证集合中的任意两个元素之间都可以进行比较。

2. 有向图在实际问题中的应用

一个有向图可以表示一个施工流程图、产品生产流程图、数据流图等。设图中每一条有向边表示两个子工程之间的先后次序关系。若以有向图中的顶点来表示活动,以有向边来表示活动之间的先后次序关系,则这样的有向图称为顶点表示活动的网(Activity On Vertex Network),简称 AOV 网。如图 8-15 所示就是一个 AOV 网。

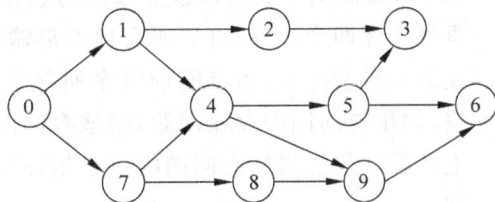

图 8-15 AOV 网

AOV 网表示的有向图要解决的一个问题,就是如何得到一个完成整个工程项目的各子工程的序列。这就是有向图的拓扑排序问题。

3. 拓扑排序在有向图中的应用

把有向图中的所有顶点看作集合中的元素,把有向图中的有向边看作集合中的关系(通常是先于关系),可以证明,如果有向图中不存在回路(或称环),则对应的集合上的关系满足偏序关系。因此,如何得到 AOV 网表示的施工流程图的一个完成整个工程项目的各子工程的序列问题,就是一个 AOV 网表示的有向图的拓扑排序问题。

对一个有向图进行拓扑排序,就是将有向图中的所有顶点排成一个线性序列,使得对有向图中任意一对顶点 u 和 v,若 $<u,v>$ 是有向图中的一条有向边,则顶点 u 在该线性序列中出现在顶点 v 之前。这样的线性序列称为满足拓扑次序的序列,简称为拓扑序列。对有向图建立拓扑序列的过程称为对有向图的拓扑排序。

对于 AOV 网的拓扑排序就是将 AOV 网中的所有顶点排成一个线性序列。

拓扑排序实际上就是要由某个集合上的一个偏序关系得到该集合上的一个全序关系。

例如,如图 8-16 所示的两个有向图,由于图 8-16(a)中顶点 B 无法和顶点 C 比较,所以图 8-16(a)表示的是偏序关系。如果在图 8-16(a)中人为添加一条顶点 B 到顶点 C 的有向边,则图 8-16(b)表示的就是全序关系。

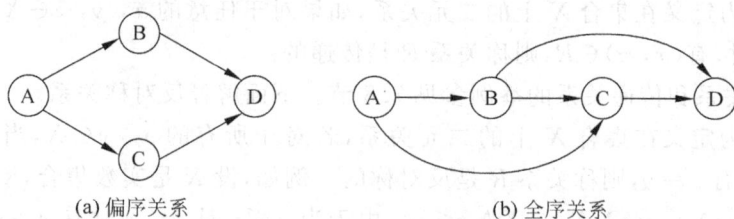

(a) 偏序关系　　　　　　　　　　　(b) 全序关系

图 8-16　偏序关系和全序关系

如果对一个有向图进行拓扑排序,得到了该有向图中所有顶点的一个线性序列,因为线性序列中所有顶点均可以比较,也就相当于通过人为添加一些有向边,把有向图对应的偏序关系变成了全序关系。

4. 有向图的拓扑排序算法

有向图的拓扑排序算法如下。

(1) 在有向图中选择一个没有前驱的顶点,并把它输出;

(2) 从有向图中删去该顶点以及与它相关的有向边。

重复上述两个步骤,直到所有顶点都输出,或者剩余的顶点中找不到没有前驱的顶点为止。在前一种情况下,顶点的输出序列就是一个拓扑序列;后一种情况则说明有向图中存在回路,如果有向图中存在回路,则该有向图一定无法得到一个拓扑序列。

上述算法仅能得到有向图的一个拓扑序列。改进上述算法,可以得到有向图的所有拓扑序列。

如果一个有向图存在一个拓扑序列,通常表示该有向图对应的某个施工流程图的一种施工方案切实可行;而如果一个有向图不存在一个拓扑序列,则说明该有向图对应的某个施工流程图存在设计问题,不存在切实可行的任何一种施工方案。

例 8-5　对于如图 8-15 所示的 AOV 网,写出利用拓扑排序算法得到的一个拓扑序列。

解:根据拓扑排序算法,得到的一个拓扑序列为 0, 1, 7, 2, 4, 8, 5, 9, 3, 6。

AOV 网除了可以表示施工流程图外,还可以表示课程学习关系等。例如,设图 8-15 所示的 AOV 网中的顶点集合表示学生需要学习的所有课程,有向边表示课程之间的先修关系。例如,有向边<0, 1>表示课程 0 需要先于课程 1 学习,则所得到的一个拓扑序列 (0, 1, 7, 2, 4, 8, 5, 9, 3, 6),即表示了学生可以选择的一种课程学习方案。

5. 有向图的拓扑排序算法实现讨论

一个有向图的拓扑序列可能有多个,但上述拓扑排序算法输出的拓扑序列只有一个。至于输出哪一个拓扑序列,取决于存储结构中各顶点及其邻接顶点的排列顺序,以及算法的具体实现方法。

在通常情况下,为了避免每次都重复查找入度为 0 的顶点(即没有前驱的顶点),拓扑排序算法可利用一个堆栈或队列来暂存当前入度为 0 的所有顶点。当用堆栈来暂存当前入度为 0 的顶点,同时有多个入度为 0 的顶点时,拓扑排序算法总是先输出当前入度为 0 的所有顶点中的最后一个;当用队列来暂存入度为 0 的顶点,同时有多个入度为 0 的顶点时,拓扑排序算法总是先输出当前入度为 0 的所有顶点中的第一个。

在实现有 n 个顶点的拓扑排序算法时,用一个有 n 个元素的数组存放每个顶点的入度。要删除某条以某个入度为 0 的顶点为弧尾的有向边,可通过把该顶点的各个邻接顶点的入度减 1 来实现。

若已知一个有向图初始只有一个入度为 0 的顶点,并且已知该有向图无环,还可以修改图的深度优先算法为:每当退出深度优先遍历算法时才输出当前顶点,则深度优先遍历算法输出的顶点一定是出度为零的顶点(即没有后继的顶点),从而可以得到该有向图的一种逆拓扑序列。具体方法是:以入度为 0 的顶点为初始顶点,调用图的深度优先遍历算法(但算法修改为:每当退出深度优先遍历算法时才输出当前顶点),则算法得到的就是一个逆拓扑序列。

例如,对图 8-15 所示的有向图,这种拓扑排序算法得到的逆拓扑序列为(3,2,6,5,9,4,1,8,7,0)。算法执行的部分过程如下。

递归层 1:以顶点 0 调用深度优先遍历递归算法。
递归层 2:以顶点 1 递归调用深度优先遍历递归算法。
递归层 3:以顶点 2 递归调用深度优先遍历递归算法。
递归层 4:以顶点 3 递归调用深度优先遍历递归算法。由于顶点 3 出度为 0,输出顶点 3,返回递归层 3。
递归层 3:由于此时顶点 2 出度为 0,输出顶点 2,返回递归层 2。
递归层 2:以顶点 4 递归调用深度优先遍历递归算法。
递归层 3':以顶点 5 递归调用深度优先遍历递归算法。
递归层 4':以顶点 6 递归调用深度优先遍历递归算法。由于顶点 6 出度为 0,输出顶点 6,返回递归层 3'。

8.8 关键路径

1. 工程管理中的问题

在工程规划中,经常需要考虑这样的问题:完成整个工程最短需要多长时间,工程中的哪些工序是重要的工序,缩短这些重要工序的时间是否可以缩短整个工程的工期。在生产管理中,也存在这样的问题,一件产品有多道生产工序,缩短哪道工序所用的时间可以缩短产品的整个生产周期。诸如此类的问题,可以使用有向图进行描述和分析。下面首先给出描述这类问题的有关概念,然后讨论解决的方法。

2. AOE 网对工程管理问题的表示

在有向图中,如果顶点表示事件,有向边表示活动,有向边上的权值表示活动持续的时间,这样的有向图称为边表示活动的网(Activity On Edge Network),简称 AOE 网。如

图 8-17 所示就是一个 AOE 网。在这个 AOE 网中,共 10 个事件,15 个活动。

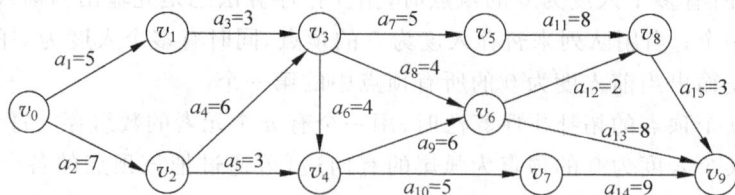

图 8-17　AOE 网

从图的角度看,AOE 网和 AOV 网的相同之处是两者都是有向图。它们的不同之处如下。

(1) AOV 网的有向边不考虑权值,而 AOE 网的有向边考虑权值。

(2) AOV 网的入度为 0 的顶点可以有多个,而 AOE 网的入度为 0 的顶点(即源点)只有一个;AOV 网的出度为 0 的顶点可以有多个,而 AOE 网的出度为 0 的顶点(即汇点)只有一个。

另外,后面的讨论将指出,AOE 网和 AOV 网都不允许出现环路。

AOE 网具有下列性质。

(1) 只有在进入某一顶点的各条有向边代表的活动结束后,该顶点所代表的事件才能发生。例如,在图 8-17 中,若活动 a_3 和活动 a_4 已经结束,则事件 v_3 可以发生。

(2) 只有在某个顶点代表的事件发生后,从该顶点出发的各条有向边所代表的活动才能开始。例如,在图 8-17 中,事件 v_3 发生,则活动 a_6、活动 a_7 和活动 a_8 可以开始。

(3) 在一个 AOE 网中,有一个入度为 0 的事件,称为源点,它表示整个工程的开始。同时有一个出度为 0 的事件,称为汇点,它表示整个工程的结束。在图 8-17 中,顶点 v_0 是源点,顶点 v_9 是汇点。

表示一个实际工程管理问题的 AOE 网应该是一个没有回路的带权有向图。由于整个工程只有一个开始点和一个结束点,因此 AOE 网中只有一个入度为 0 的顶点(即源点)和一个出度为 0 的顶点(即汇点)。

对于 AOE 网,需要研究的问题是:

(1) 完成整个工程需要多少时间?

(2) 哪些活动是影响工程进度的关键?

为此,先给出以下基本概念。

路径长度:AOE 网的一条路径上所有活动的总和称为该路径的长度。

关键路径:在 AOE 网中,从源点到汇点的所有路径中,具有最大路径长度的路径称为关键路径。

关键活动:关键路径上的活动称为关键活动。

显然,完成整个工程的最短时间就是 AOE 网中关键路径的长度,也就是 AOE 网中各关键活动所持续时间的总和。

例 8-6　找出如图 8-17 所示的 AOE 网中的关键路径。

解:在图 8-17 所示的 AOE 网中,从源点 v_0 到汇点 v_9 共有 15 条路径,分别计算这 15 条路径的长度,得到最大路径长度为 31。最大路径长度对应的关键路径为(v_0,v_2,v_3,

v_4，v_6，v_9）和（v_0，v_2，v_3，v_4，v_7，v_9）。

当一个工程计划用 AOE 网表示后，实际应用中所关心的问题，就是如何找出关键路径上的关键活动，从而增加关键活动的投入，缩短关键活动持续的时间，进而争取整个工程的提前完成。

3．几个参数的定义

寻找关键活动需要首先得到几个相关参数的数值。下面首先给出这几个参数的定义。

活动的持续时间 $\text{dut}(<j, k>)$：对于有向边 $<j, k>$ 代表的活动，$\text{dut}(<j, k>)$ 是该有向边 $<j, k>$ 的权值。

事件可能的最早开始时间 $\text{ve}(k)$：对于顶点 v_k 代表的事件，$\text{ve}(k)$ 是从源点到该顶点的最大路径长度。在一个有 $n+1$ 个事件的 AOE 网中，源点 v_0 的最早开始时间 $\text{ve}(0)$ 等于 0。事件 $v_k(k=1, 2, 3, \cdots, n)$ 可能的最早开始时间 $\text{ve}(k)$ 可用递推公式表示为：

$$\text{ve}(k) = \begin{cases} 0 & \text{顶点 } k = 0 \text{ 为源点} \\ \text{Max}\{\text{ve}(j) + \text{dut}(<j,k>)\} \mid <j,k> \text{ 为网中的有向边} & \text{其他顶点} \end{cases}$$

事件允许的最晚发生时间 $\text{vl}(k)$：对于顶点 v_k 代表的事件，$\text{vl}(k)$ 是在保证按时完成整个工程的前提下，该事件最晚必须发生的时间。在一个有 $n+1$ 个事件的 AOE 网中，汇点 v_n 的最晚发生时间 $\text{vl}(n)$ 为工程最后的完成时间，即 $\text{vl}(n)$ 等于 $\text{ve}(n)$。所以，事件 $v_k(k=0, 1, 2, \cdots, n-1)$ 的最迟发生时间 $\text{vl}(k)$ 可用递推公式表示为：

$$\text{vl}(k) = \begin{cases} \text{ve}(n) & \text{顶点 } k = n \text{ 为汇点} \\ \text{Min}\{\text{vl}(j) - \text{dut}(<k,j>)\} \mid <k,j> \text{ 为网中的有向边} & \text{其他顶点} \end{cases}$$

活动可能的最早开始时间 $e(i)$：对于有向边 a_i 代表的活动，$e(i)$ 是该活动的弧尾事件可能的最早发生时间。假设活动 a_i 代表的是有向边 $<j, k>$，即 a_i 是关联事件 j 和事件 k 的活动，则 $e(i) = \text{ve}(j)$。

活动允许的最晚开始时间 $l(i)$：对于有向边 a_i 代表的活动，$l(i)$ 是该活动的弧头事件允许的最晚发生时间减去该活动持续的时间。$l(i)$ 是在不推迟整个工程完成的前提下，活动 a_i 必须开始的时间。假设活动 a_i 代表的是有向边 $<j, k>$，即 a_i 是关联事件 j 和事件 k 的活动，则 $l(i) = \text{vl}(k) - \text{dut}(<j, k>)$。

这样，每个活动允许的时间余量就是 $l(i) - e(i)$。而关键活动就是 $l(i) - e(i) = 0$ 的那些活动，即可能的最早开始时间 $e(i)$ 等于允许的最晚开始时间 $l(i)$ 的那些活动就是关键活动。

例 8-7 对于图 8-17 所示的 AOE 网，要求：

（1）计算各个事件 v_k 的最早开始时间 $\text{ve}(k)$；

（2）给出整个工程需要的最少时间；

（3）计算各个事件 v_k 的最晚发生时间 $\text{vl}(k)$；

（4）计算各个活动 a_i 的最早开始时间 $e(i)$；

（5）计算各个活动 a_i 的最晚开始时间 $l(i)$；

（6）找出所有的关键活动和关键路径。

解：

（1）各个事件 v_k 的最早开始时间 $\text{ve}(k)$ 如表 8-1 所示。

表 8-1 v_k 的最早开始时间

事件	v_0	v_1	v_2	v_3	v_4	v_5	v_6	v_7	v_8	v_9
ve(k)	0	5	7	13	17	18	23	22	26	31

计算公式为

$$\text{Max}\{\text{ve}(j)+\text{dut}(<j,\,k>)\}$$

计算过程为：

源点 v_0 的最早开始时间 ve(0)=0；

从源点 v_0 到顶点 v_1 的最大路径长度是 5，所以，事件 v_1 最早开始时间 ve(1)等于 5；

从源点 v_0 到顶点 v_2 的最大路径长度是 7，所以，事件 v_2 的最早开始时间 ve(2)等于 7；

从源点 v_0 到顶点 v_3 的最大路径长度是 13，所以，事件 v_3 的最早开始时间 ve(3)等于 13；

……

（2）完成整个工程需要的最少时间是 31。

（3）各个事件 v_k 的最晚发生时间 vl(k)如表 8-2 所示。

表 8-2 v_k 的最晚发生时间

事件	v_0	v_1	v_2	v_3	v_4	v_5	v_6	v_7	v_8	v_9
vl(k)	0	10	7	13	17	20	23	22	28	31

最晚发生时间 vl(k)需要反向计算。计算公式为：$\text{Min}\{\text{vl}(j)-\text{dut}(<k,j>)\}$。

计算过程为：

已知完成整个工程最少需要的时间是 31，所以，事件 v_9 的最晚发生时间 vl(9)=31；

已知事件 v_9 的最晚发生时间 vl(9)=31，所以，事件 v_8 的最晚发生时间为

$$\text{vl}(8)=\text{vl}(9)-<8,9>=31-3=28$$

已知事件 v_9 的最晚发生时间 vl(9)=31，所以，事件 v_7 的最晚发生时间为

$$\text{vl}(7)=\text{vl}(9)-<7,9>=31-9=22$$

……

（4）各个活动 a_i 的最早开始时间 $e(i)$ 如表 8-3 所示。

表 8-3 a_i 的最早开始时间

活动	a_1	a_2	a_3	a_4	a_5	a_6	a_7	a_8	a_9	a_{10}	a_{11}	a_{12}	a_{13}	a_{14}	a_{15}
$e(i)$	0	0	5	7	7	13	13	13	17	17	18	23	23	22	26

计算公式为：假设活动 a_i 代表的是有向边 $<j,k>$，则 $e(i)=\text{ve}(j)$。

计算过程如下：

活动 a_1 代表的有向边是 $<0,1>$，而事件 v_0 的最早开始时间 ve(0)=0，所以 $e(1)=0$；

活动 a_2 代表的有向边是 $<0,2>$，而事件 v_0 的最早开始时间 ve(0)=0，所以 $e(2)=0$；

活动 a_3 代表的有向边是 $<1,3>$，而事件 v_1 的最早开始时间 ve(1)=5，所以 $e(3)=5$；

……

（5）各个活动 a_i 的最晚开始时间 $l(i)$ 如表 8-4 所示。

表 8-4 a_i 的最晚开始时间

活动	a_1	a_2	a_3	a_4	a_5	a_6	a_7	a_8	a_9	a_{10}	a_{11}	a_{12}	a_{13}	a_{14}	a_{15}
$l(i)$	5	0	10	7	14	13	15	19	17	17	20	26	23	22	28

最晚开始时间 $l(i)$ 需要反向计算。

计算公式为：假设活动 a_i 代表的是有向边 $<j,k>$，则 $l(i)=\mathrm{vl}(k)-\mathrm{dut}(<j,k>)$。

计算过程如下：

活动 a_{15} 代表的有向边是 $<8,9>$，而事件 v_9 的最晚发生时间 $\mathrm{vl}(9)=31$，活动持续时间 $\mathrm{dut}(<8,9>)=3$，所以，$l(15)=\mathrm{vl}(9)-\mathrm{dut}(<8,9>)=31-3=28$；

活动 a_{14} 代表的有向边是 $<7,9>$，而事件 v_9 的最晚发生时间 $\mathrm{vl}(9)=31$，活动持续时间 $\mathrm{dut}(<7,9>)=9$，所以，$l(14)=\mathrm{vl}(9)-\mathrm{dut}(<7,9>)=31-9=22$；

活动 a_{11} 代表的有向边是 $<5,8>$，而事件 v_8 的最晚发生时间 $\mathrm{vl}(8)=28$，活动持续时间 $\mathrm{dut}(<5,8>)=8$，所以，$l(11)=\mathrm{vl}(8)-\mathrm{dut}(<5,8>)=28-8=20$；

……

（6）对于任意一个活动 a_i，若满足 $l(i)=e(i)$，则这样的活动就是关键活动。所以，关键活动有 a_2，a_4，a_6，a_9，a_{10}，a_{13}，a_{14}。

从源点 v_0 到汇点 v_9 的只经过关键活动的路径就是关键路径。所以，关键路径为 $(v_0,v_2,v_3,v_4,v_6,v_9)$ 和 $(v_0,v_2,v_3,v_4,v_7,v_9)$。

4. 寻找关键活动的算法

根据前边的分析可知，要寻找 AOE 网中的关键活动，只需首先计算出所有事件的最早开始时间 $\mathrm{ve}(k)$ 和最晚发生时间 $\mathrm{vl}(k)$，然后计算出所有活动的最早开始时间 $e(i)$ 和最晚开始时间 $l(i)$ 值，最后找出所有 $e(i)=l(i)$ 的活动，这些活动就是 AOE 网中的关键活动。

在计算 AOE 网中所有事件的最早开始时间 $\mathrm{ve}(k)$ 时，需要按拓扑排序得到的拓扑序列来逐个计算，否则无法进行正向递推计算；在计算 AOE 网中所有事件的最晚开始时间 $l(i)$ 值时，需要按拓扑排序得到的逆拓扑序列来逐个计算，否则无法进行反向递推计算。

求 AOE 网中关键活动的算法步骤如下。

（1）建立包含 $n+1$ 个顶点、e 条有向边的 AOE 网。其中，顶点 v_0 为源点，顶点 v_n 为汇点。

（2）根据有向图的拓扑排序算法，求出 AOE 网的拓扑序列。如果 AOE 网中存在环，拓扑序列不存在，则无法得到 AOE 网的关键活动，算法失败退出。

（3）从源点 v_0 开始，令源点 v_0 的最早开始时间 $\mathrm{ve}[0]=0$，按拓扑序列求其余各顶点 $k(k=1,2,3,\cdots,n)$ 的最早开始时间 $\mathrm{ve}[k]$。

（4）从汇点 v_n 开始，令汇点 v_n 的最晚发生时间 $\mathrm{vl}[n]=\mathrm{ve}[n]$，按逆拓扑序列求其余各顶点 $k(k=n-1,n-2,\cdots,2,1,0)$ 的最晚发生时间 $\mathrm{vl}[k]$。

（5）计算每个活动的最早开始时间 $e[k](k=1,2,3,\cdots,e)$。

（6）计算每个活动的最晚开始时间 $l[k](k=1,2,3,\cdots,e)$。

（7）找出所有 $e[k]=l[k]$ 的活动 k，这些活动即为 AOE 网的关键活动。

5．AOE 网的应用

实践证明,用 AOE 网来估算工程的完成时间是非常有用的。另外,根据前面的讨论可知,AOE 网中的关键活动的持续时间是限制整个工程进度的主要因素,要缩短整个工程的时间进度,就要力争缩短关键活动的持续时间。

习题

基本概念题

8-1　已知图 $G=(V,E)$,其中 $V=\{a,b,c,d,e,f,g\}$,$E=\{<a,b>,<a,g>,<b,g>,<c,b>,<d,c>,<d,f>,<e,d>,<f,a>,<f,e>,<g,c>,<g,d>,<g,f>\}$,请画出图 G,并画出图 G 的邻接矩阵和图 G 的邻接表。

8-2　对于如图 8-18 所示的有向图,要求给出:

(1) 该有向图的邻接矩阵存储结构;

(2) 该有向图的邻接表存储结构;

(3) 设结点 A 为访问的第一个结点,按照邻接矩阵存储结构给出的每个结点的邻接结点次序,给出该有向图的深度优先遍历的结点访问序列;

(4) 设结点 A 为访问的第一个结点,按照邻接矩阵存储结构给出的每个结点的邻接结点次序,给出该有向图的广度优先遍历的结点访问序列。

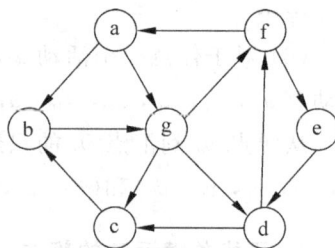

图 8-18　有向图

8-3　对于如图 8-19 所示的无向带权图,要求:

(1) 根据普里姆算法思想,画出构造该无向带权图最小生成树的过程;

(2) 根据克鲁斯卡尔算法思想,画出构造该无向带权图最小生成树的过程。

8-4　对于如图 8-20 所示的有向带权图,根据狄克斯特拉算法思想,画出生成从结点 v_1 到其余各结点最短路径的过程。

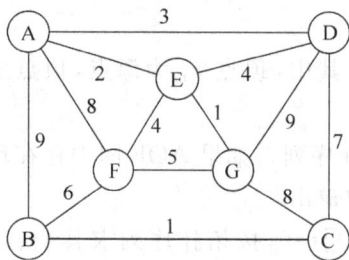

图 8-19　无向带权图

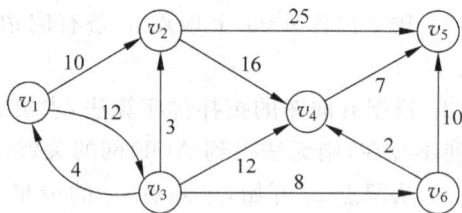

图 8-20　有向带权图

复杂概念题

8-5　证明:无向完全图中一定有 $n(n-1)/2$ 条边。

8-6　证明:有向完全图中一定有 $n(n-1)$ 条弧。

* 8-7　证明:在一个有 n 个结点的完全图中生成树的数目可以有 $2^{n-1}-1$ 个。

* 8-8 证明：对于一个无向图 $G=(V,E)$，若 G 中各结点的度均大于或等于 2，则 G 中必存在回路。

算法设计题

8-9 编写函数，求邻接矩阵图类的对象 G 中各结点的入度。

8-10 编写函数，求邻接矩阵图类的对象 G 中各结点的出度。

8-11 给出图的非递归的深度优先遍历算法。

（提示：可以用文字形式描述算法思想或编写函数）

* 8-12 编写函数，判断邻接矩阵图类的对象 G 中，两个结点 v_1 和 v_2 之间是否存在从 v_1 到 v_2 的路径。

（提示：利用深度优先遍历函数或广度优先遍历函数）

* 8-13 根据弗洛伊德算法思想，编写弗洛伊德算法的函数。

上机实习题

8-14 设计克鲁斯卡尔类。并以图 8-10(a)所示的无向连通带权图为例，设计一个测试程序进行测试。对比程序的运行结果是否和图 8-12 所示的结果一致。

* 8-15 邻接表图类设计。要求：

(1) 所设计的邻接表图类的成员函数包括和 8.3 节讨论的邻接矩阵图类相同的成员函数。

(2) 以图 8-18 为例，编写一个测试邻接表图类的主函数。

第 9 章

排序

在应用软件的设计中,排序问题是经常遇到的问题。排序是对数据元素序列建立某种有序排列的过程。本章介绍几类经常用到的排序算法,主要有插入排序、交换排序、选择排序、归并排序和基数排序算法。排序算法的实现方法中包含丰富的程序设计技巧,这对初学者提高软件设计能力帮助也很大。

本章主要知识点

- 排序的基本概念和衡量排序算法优劣的标准;
- 直接插入排序,希尔排序;
- 直接选择排序,堆排序;
- 冒泡排序,快速排序;
- 归并排序;
- 基数排序;
- 各种排序算法的性能比较。

9.1 排序的基本概念

排序是对数据元素序列建立某种有序排列的过程。更确切地说,排序是把一个数据元素序列整理成按关键字递增(或递减)排列的过程。

表 9-1 是一个学生成绩表,其中每个学生记录有学号、姓名、数学、语文、物理和英语。学号、姓名、数学、语文、物理和英语构成了学生记录的 6 个域(或称字段)。在排序时,如果用学号域来排序,则会得到一个有序序列;如果用数学域来排序,则会得到另外一个有序序列。

表 9-1 学生成绩表

序号	学号	姓名	数学	语文	物理	英语
0	1004	Wang Yun	84.0	70.0	78.0	77.0
1	1002	Zhang Pen	75.0	88.0	92.0	85.0
2	1012	Li Cheng	90.0	84.0	66.0	80.0
3	1008	Chen Hong	80.0	95.0	77.0	84.3
⋮	⋮	⋮	⋮	⋮	⋮	⋮
$n-1$	1022	Chu San	90.0	95.0	88.0	100.0

关键字是要排序的数据元素集合中的一个域,排序是以关键字为基准进行的。例如,对表 9-1 所示的学生成绩表,既可以按学号来排序,也可以按数学成绩来排序。按学号排序时学号域就是排序的关键字,按数学成绩排序时数学域就是排序的关键字。

关键字分为主关键字和次关键字两种。对要排序的数据元素集合来说,如果关键字满足数据元素值不同时该关键字的值也一定不同,这样的关键字称为**主关键字**。换句话说,主关键字是能够唯一区分各个不同数据元素的关键字。不满足主关键字定义的关键字称为**次关键字**。表 9-1 的学生成绩表中的学号域是主关键字,其他域均是次关键字。

排序分为内部排序和外部排序两种。**内部排序**是把待排数据元素全部调入内存中进行的排序。如果数据元素的数量太大,需要分批导入内存,分批导入内存的数据元素排好序后再分批导出到磁盘和磁带外存介质上的排序方法称作**外部排序**。外部排序算法的原理和内部排序算法的原理在很多地方都类似,但因内存的读写速度和外存的读写速度差别很大,所以评价标准差别很大。本章只讨论内部排序,不讨论外部排序。

对一个数据元素序列,存在许多不同的排序算法。通常比较排序算法优劣的标准有如下三条。

(1) 时间复杂度。时间复杂度是衡量排序算法好坏的最重要的标准。对于有 n 个数据元素的排序问题,因为从该集合中找出一个最大(或最小)数据元素时一定要遍历该集合,其时间复杂度为 $O(n)$。不考虑已排列有序的最大(或最小)数据元素,对其余数据元素再次找出一个最大(或最小)数据元素过程的时间复杂度为 $O(n-1)=O(n)$。这样,把 n 个数据元素均排列有序的最坏时间复杂度为 $O(n^2)$。在大多数排序算法中,排序最理想的情况是把排序过程对应成一棵二叉树,这样,把 n 个数据元素均排列有序的最好时间复杂度为 $O(n \times 1bn)$。一些利用排序关键字特点设计的排序算法(如基数排序算法),其时间复杂度可优于 $O(n \times 1bn)$,如基数排序算法的时间复杂度为 $O(m \times n)$。

(2) 空间复杂度。空间复杂度也是衡量排序算法好坏的一个重要标准。空间复杂度用于衡量算法中使用的额外内存空间的多少。当排序算法中使用的额外内存空间与要排序数据元素的个数 n 无关时,其空间复杂度为 $O(1)$,大多数排序算法的空间复杂度是 $O(1)$。也有一些时间复杂度性能好的排序算法,其空间复杂度会达到 $O(n)$。

(3) 稳定性。当使用主关键字排序时,任何排序算法的排序结果都必定是相同的。但当使用次关键字排序时,其排序结果有可能相同,也有可能不同。设待排序的数据元素共有 n 个,设 K_i 和 K_j 分别表示第 i 个数据元素的关键字和第 j 个数据元素的关键字,设 R_i 和 R_j 分别表示第 i 个数据元素和第 j 个数据元素。若 $K_i = K_j$,且在排序之前数据元素 R_i 排在数据元素 R_j 之前,在排序之后数据元素 R_i 仍排在数据元素 R_j 前边的排序算法称作**稳定的排序算法**;否则称作不稳定的排序算法。稳定的排序算法通常是应用问题所希望的,因此,排序算法的稳定性是衡量排序算法好坏的一个重要标准。

在各种具体的应用问题中,虽然待排序数据元素的数据域差别很大,但排序算法只与数据元素的关键字域有关,与其他域无关。考虑到本章的排序算法主要讨论的是排序算法的思想,因此,本章排序算法中,待排序的数据元素只有一个用于比较大小的关键字域,且该域的数据类型为 int 类型。另外,为简化叙述,后面将用比较数据元素代替比较数据元素的关键字。

任何算法的实现方法都和算法所处理数据元素的存储结构有关。计算机中典型的存储结构主要有两种：一种是顺序存储结构；另一种是链式存储结构。顺序存储结构使用数组存储数据元素。由于数组具有随机存取特性，可以很方便地存取任意位置的数组元素，且时间复杂度为 $O(1)$；而链式存储结构存储的数据元素不具有随机存取特性，存取任意一个链表结点的时间复杂度为 $O(n)$，所以，排序算法大都是基于数组设计的。

排序有非递减有序排序和非递增有序排序两种。不失一般性，本章讨论的所有排序算法均是按非递减有序设计的。

9.2　插入排序

插入排序的基本思想是：从初始有序的子集合开始，不断地把新的数据元素插入到已排列有序子集合的合适位置上，使子集合中数据元素的个数不断增多，当子集合等于集合时，插入排序算法结束。常用的插入排序有直接插入排序和希尔排序两种。

9.2.1　直接插入排序

直接插入排序的基本思想是：顺序地把待排序的数据元素按其值的大小插入到已排序数据元素子集合的适当位置。子集合的数据元素个数从只有一个数据元素开始逐次增大。当子集合大小最终和集合大小相同时排序完毕。

设待排序的 n 个数据元素存放在数组 a 中，初始时子集合 $a[0]$ 已排好序；第一次循环准备把数据元素 $a[1]$ 插入到已排好序的子集合中，这只需比较 $a[0]$ 和 $a[1]$，若 $a[0] \leqslant a[1]$，则说明序列已有序，否则将 $a[1]$ 插入到 $a[0]$ 之前，这样子集合的大小增大为 2；第二次循环准备把数据元素 $a[2]$ 插入到已排好序的子集合中，这需要先比较 $a[2]$ 和 $a[1]$ 以确定是否需要把 $a[2]$ 插入到 $a[1]$ 之前，然后比较 $a[2]$ 和 $a[0]$ 以确定是否需要把 $a[2]$ 插入到 $a[0]$ 之前；这样的循环过程一直进行到 $a[n-1]$ 插入完为止。这时数据元素集合 $a[0]$，$a[1]$，$a[2]$，…，$a[n-1]$ 就全部排好序了。

直接插入排序算法如下。

```java
public static void insertSort(int[] a){
    int i, j, temp;
    int n = a.length;

    for(i = 0; i < n - 1; i ++){
        temp = a[i + 1];
        j = i;
        while(j > - 1 && temp <= a[j]){
            a[j + 1] = a[j];
            j -- ;
        }
        a[j + 1] = temp;
    }
}
```

图 9-1 是直接插入排序的一个示例。图中标有下划线的数据元素为本次排序过程后移了一个位置的数据元素，标有符号□的数据元素为存放在临时变量 temp 中的本次过程要

插入的数据元素。由于临时变量 temp 中保存了本次要插入数据元素的副本,所以原来存放该数据元素的内存单元可以被赋予一个新的数值。

初始关键字序列:	[64]	5	7	89	6	24
第一次排序:	[5	64]	7	89	6	24
第二次排序:	[5	7	64]	89	6	24
第三次排序:	[5	7	64	89]	6	24
第四次排序:	[5	6	7	64	89]	24
第五次排序:	[5	6	7	24	64	89]

图 9-1 直接插入排序过程

直接插入排序算法的时间复杂度分析分为最好、最坏和随机三种情况。

(1) 最好情况是原始数据元素集合已全部排好序。这时算法中内层 while 循环的循环次数每次均为 0。这样,外层 for 循环中每次数据元素的比较次数均为 1,数据元素的赋值语句执行次数均为 2。因此整个排序过程中的比较次数为 $n-1$,赋值语句执行次数为 $2(n-1)$。所以直接插入排序算法最好情况下的时间复杂度为 $O(n)$。

(2) 最坏情况是原始数据元素集合反序排列。这时算法中内层 while 循环的循环次数每次均为 i。这样,整个外层 for 循环中的比较次数和赋值语句执行次数(即移动次数)计算公式如下。

$$比较次数 = \sum_{i=1}^{n-1}(i+1) = (n-1)(n+2)/2$$

$$移动次数 = \sum_{i=1}^{n-1}(i+2) = (n-1)(n+4)/2$$

因此直接插入排序算法最坏情况下的时间复杂度为 $O(n^2)$。

(3) 如果原始数据元素集合中大小的排列是随机的,则数据元素的期望比较次数和期望移动次数约为 $n^2/4$。因此,直接插入排序算法的期望时间复杂度为 $O(n^2)$。

可以证明:原始数据元素集合越接近有序,直接插入排序算法的时间效率越高,其时间效率在 $O(n) \sim O(n^2)$ 之间。这个结论是 9.2.2 节讨论的希尔排序算法成立的基础。

直接插入排序算法的空间复杂度为 $O(1)$。显然,直接插入排序算法是一种稳定的排序算法。

例 9-1 以图 9-1 所示例子为例设计测试 insertSort() 函数的测试程序。

完整的程序设计如下。

```java
public class InsertSort{
    public static void insertSort(int[] a){
        int i, j, temp;
        int n = a.length;

        for(i = 0; i < n - 1; i ++){
            temp = a[i + 1];
            j = i;
            while(j > - 1 && temp <= a[j]){
```

```
            a[j + 1] = a[j];
            j --;
        }
        a[j + 1] = temp;
    }
}

public static void main(String[] args){
    int[] test = {64, 5, 7, 89, 6, 24};
    int n = test.length;

    insertSort(test);
    for(int i = 0; i < n; i ++)
        System.out.print(test[i] + " ");
}
}
```

程序的运行结果为：

```
5  6  7  24  64  89
```

要说明的是，以下各节讨论的各种排序函数都可用上述测试程序测试，只需每次替换要测试的排序函数或测试数据即可。

9.2.2　希尔排序

希尔排序的基本思想是：把待排序的数据元素分成若干个小组，对同一小组内的数据元素用直接插入法排序；小组的个数逐次缩小；当完成了所有数据元素都在一个组内的排序后排序过程结束。希尔排序又称作缩小增量排序。

希尔排序是在分组概念上的直接插入排序，即在不断缩小组的个数时把原各小组的数据元素插入新组中的合适位置上。在 9.2.1 节讨论直接插入排序算法的时间复杂度时曾指出，原始数据元素集合越接近有序，直接插入排序算法的时间效率越高。这个结论是希尔排序算法能够成立的基础。希尔排序算法把待排序数据元素分成若干小组，在小组内用直接插入排序算法排序，当把若干个小组合并为一个小组时，组中的数据元素集合将会接近有序，这样各组内的直接插入排序算法的时间效率就很好，最终整个希尔排序算法的时间效率就很好。

希尔排序算法如下。

```
public static void shellSort(int[] a, int[] d, int numOfD){
    int i, j, k, m, span;
    int temp;
    int n = a.length;

    for(m = 0; m < numOfD; m ++){                    //共 numOfD 次循环
        span = d[m];                                 //取本次的增量值
        for(k = 0; k < span; k ++){                  //共 span 个小组
            for(i = k; i < n - span; i = i + span){
                temp = a[i + span];
```

```
        j = i;
        while(j > -1 && temp <= a[j]){
            a[j + span] = a[j];
            j = j - span;
        }
        a[j + span] = temp;
        }
    }
}
```

注意：在 span 个小组内，组内是直接插入排序。区别只是每次不是增 1 而是增 span。图 9-2 是上述希尔排序算法排序过程的一个示例。

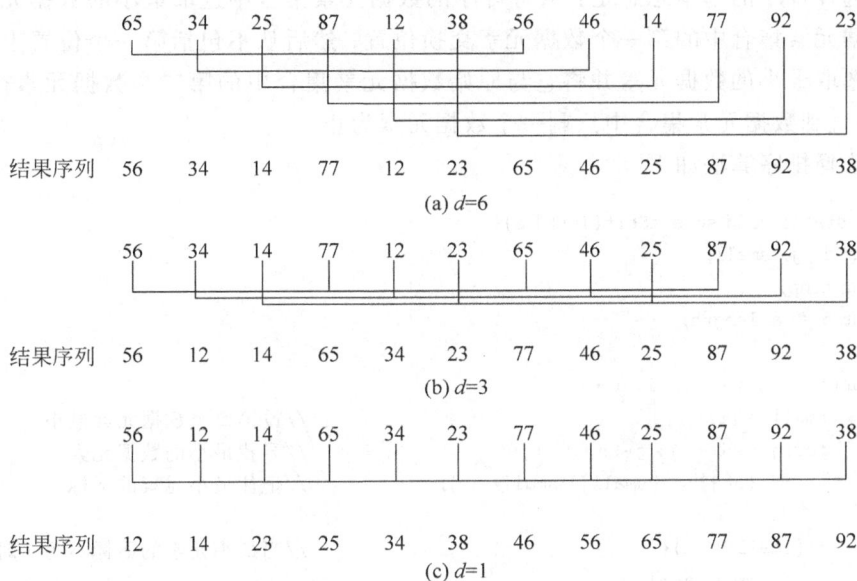

65　34　25　87　12　38　56　46　14　77　92　23

结果序列　56　34　14　77　12　23　65　46　25　87　92　38

(a) $d=6$

56　34　14　77　12　23　65　46　25　87　92　38

结果序列　56　12　14　65　34　23　77　46　25　87　92　38

(b) $d=3$

56　12　14　65　34　23　77　46　25　87　92　38

结果序列　12　14　23　25　34　38　46　56　65　77　87　92

(c) $d=1$

图 9-2　希尔排序的排序过程

在图 9-2 所示的例子中，增量分别取 6，3，1。当增量 $d[0]=6$ 时，共分了 6 个小组，每个小组内按直接插入排序算法排序，这里的直接插入排序算法和 9.2.1 节讨论的直接插入排序算法的区别只是每次不是增 1，而是增 span。当增量 $d[2]=1$ 时的排序过程结束后，整个希尔排序过程就结束了。

比较希尔排序算法和直接插入排序算法，直接插入排序算法是两重循环，希尔排序算法是四重循环，但分析希尔排序算法中四重循环的循环次数可以发现，四重循环每重的循环次数都很小，并且当增量递减、小组变大时，小组内的数据元素已基本有序，而我们知道，越接近有序的直接插入排序算法的时间效率越高。因此，希尔排序算法的时间复杂度较直接插入排序算法的时间复杂度改善很多。希尔排序算法的时间复杂度分析比较复杂，实际所需的时间取决于各次排序时增量的个数和增量的取值。研究证明，若增量的取值比较合理，希尔排序算法的时间复杂度约为 $O(n(\text{lb}n)^2)$。

希尔排序算法的空间复杂度为 $O(1)$。由于希尔排序算法是按增量分组进行的排序，两个相同的数据元素有可能分在不同的组中，所以希尔排序算法是一种不稳定的排序算法。

9.3 选择排序

选择排序的基本思想是：每次从待排序的数据元素集合中选取最小(或最大)的数据元素放到数据元素集合的最前(或最后)，数据元素集合不断缩小，当数据元素集合为空时排序过程结束。常用的选择排序有直接选择排序和堆排序两种。堆排序是一种基于完全二叉树的排序。

9.3.1 直接选择排序

直接选择排序的基本思想是：从待排序的数据元素集合中选取最小的数据元素并将它与原始数据元素集合中的第一个数据元素交换位置；然后从不包括第一个位置上数据元素的集合中选取最小的数据元素并将它与原始数据元素集合中的第二个数据元素交换位置；如此重复，直到数据元素集合中只剩一个数据元素为止。

直接选择排序算法如下。

```java
public static void selectSort(int[] a){
    int i, j, small;
    int temp;
    int n = a.length;

    for(i = 0; i < n - 1; i ++){
        small = i;                          //设第 i 个数据元素最小
        for(j = i + 1; j < n; j ++)          //寻找最小的数据元素
            if(a[j] < a[small]) small = j;   //记住最小元素的下标

        if(small != i){                      //当最小元素的下标不为 i 时交换位置
            temp = a[i];
            a[i] = a[small];
            a[small] = temp;
        }
    }
}
```

图 9-3 是上述直接选择排序算法排序过程的一个示例。

初始关键字序列：	64	5	7	89	6	24
第一次排序结果：	[5]	64	7	89	6	24
第二次排序结果：	[5	6]	7	89	64	24
第三次排序结果：	[5	6	7]	89	64	24
第四次排序结果：	[5	6	7	24]	64	89
第五次排序结果：	[5	6	7	24	64]	89
最后结果序列：	[5	6	7	24	64	89]

图 9-3 直接选择排序的排序过程

在直接选择排序中,第 1 次排序要进行 $n-1$ 次比较,第 2 次排序要进行 $n-2$ 次比较,……,第 $n-1$ 次排序要进行 1 次比较,所以总的比较次数为:

$$比较次数 = (n-1) + (n-2) + \cdots + 1 = n(n-1)/2$$

在各次排序时,数据元素的移动次数最好为 0 次,最坏为 3 次。所以总的移动次数最好为 0 次,最坏为 $3(n-1)$ 次。因此,直接选择排序算法的时间复杂度为 $O(n^2)$。

直接选择排序算法的空间复杂度为 $O(1)$。

直接选择排序算法是不稳定的排序算法。这主要是由于每次从无序记录区选出最小记录后,与无序区的第一个记录交换而引起的,因为交换可能引起相同的数据元素位置发生变化。如果在选出最小记录后,将它前面的无序记录依次后移,然后再将最小记录放在有序区的后面,这样就能保证排序算法的稳定性。

因此,稳定的直接选择排序算法如下。

```java
public static void selectSort2(int a[]){
    int i,j,small;
    int temp;
    int n = a.length;

    for(i = 0; i < n-1; i++){
        small = i;
        for(j = i+1; j < n; j++){              //寻找最小的数据元素
            if(a[j] < a[small]) small = j;     //记住最小元素的下标
        }

        if(small != i){
            temp = a[small];
            for(j = small; j > i; j--)          //把该区段尚未排序元素依次后移
                a[j] = a[j-1];
            a[i] = temp;                        //插入找出的最小元素
        }
    }
}
```

9.3.2 堆排序

在直接选择排序中,放在数组中的 n 个数据元素排成一个线性序列(即线性结构),要从有 n 个数据元素的数组中选择出一个最小的数据元素需要比较 $n-1$ 次。如果能把待排序的数据元素集合构成一个完全二叉树结构,则每次选择出一个最大(或最小)的数据元素只需比较完全二叉树的高度次,即 $\text{lb}n$ 次,则排序算法的时间复杂度就是 $O(n\text{lb}n)$。这就是堆排序的基本思想。

1. 堆的定义和性质

堆分为最大堆和最小堆两种。**最大堆**的定义如下。

设数组 a 中存放了 n 个数据元素,数组下标从 0 开始,如果当数组下标 $2i+1 < n$ 时有 $a[i] \geqslant a[2i+1]$;如果当数组下标 $2i+2 < n$ 时有 $a[i] \geqslant a[2i+2]$,则这样的数据结构称为

最大堆。

如果把有 n 个数据元素的数组 a 中的数据元素看作一棵完全二叉树,则 $a[0]$ 对应着该完全二叉树的树根,$a[1]$ 对应着树根的左孩子结点,$a[2]$ 对应着树根的右孩子结点,$a[3]$ 对应着 $a[1]$ 结点的左孩子结点,$a[4]$ 对应着 $a[1]$ 结点的右孩子结点,如此等等。在此基础上,只需再调整所有非叶结点的数组元素,使满足:$a[i] \geqslant a[2i+1]$ 和 $a[i] \geqslant a[2i+2]$,则这样的完全二叉树就是一个最大堆。

如图 9-4(a)所示是一个完全二叉树;如图 9-4(b)所示是一个最大堆。

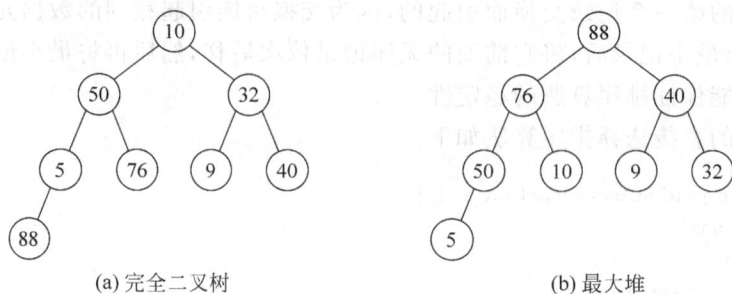

(a) 完全二叉树　　　　　　　　　　(b) 最大堆

图 9-4　完全二叉树和最大堆

类似的,**最小堆**的定义如下。

设数组 a 中存放了 n 个数据元素,数组下标从 0 开始,如果当数组下标 $2i+1<n$ 时有 $a[i] \leqslant a[2i+1]$;如果当数组下标 $2i+2<n$ 时有 $a[i] \leqslant a[2i+2]$,则这样的数据结构称为最小堆。

根据堆的定义可以推知,堆有如下两个性质。

(1) 最大堆的根结点是堆中值最大的数据元素,最小堆的根结点是堆中值最小的数据元素,称堆的根结点元素为堆顶元素。

(2) 对于最大堆,从根结点到每个叶结点的路径上,数据元素组成的序列都是递减有序的;对于最小堆,从根结点到每个叶结点的路径上,数据元素组成的序列都是递增有序的。

例如,对如图 9-4(b)所示的最大堆,根结点元素是堆中值最大的数据元素;从根结点到 4 个叶结点的路径上,数据元素组成的 4 个序列都是递减有序的。

2. 创建堆

要进行堆排序,首先要创建堆。按非递减序列排序时,要创建最大堆。设数组 a 中存放了 n 个数据元素,当把数组 a 中这 n 个数组元素看作是一棵完全二叉树的 n 个结点,则这棵有 n 个结点的完全二叉树采用了顺序存储结构。但是完全二叉树还不一定满足最大堆的定义。要让一棵完全二叉树满足最大堆的定义,需要调整数组元素,使它们满足最大堆的定义。

在一棵按顺序存储结构存储(即存储在数组中)的完全二叉树中,所有叶结点都满足最大堆的定义。对于第 1 个非叶结点 $a[i]$($i=(n-1)/2$)(注意:此处的除法符号"/"表示整除),由于其左孩子结点 $a[2i+1]$ 和右孩子结点 $a[2i+2]$ 都已是最大堆,所以只需首先找出 $a[2i+1]$ 结点和 $a[2i+2]$ 结点的较大者,然后比较这个较大者结点和 $a[i]$ 结点。如果 $a[i]$ 结点大于或等于这个较大的结点,则以 $a[i]$ 结点为根结点的完全二叉树已满足最大堆的定义;否则,交换 $a[i]$ 结点和这个较大结点的数据元素,交换后以 $a[i]$ 结点为根结点的完全二叉树就满足最大堆的定义。按照这样的方法,再调整第 2 个非叶结点 $a[i-1]$($i=(n-1)/2$),第 3 个非叶结点 $a[i-2]$,……,直至最后调整根结点。当根结点调整完后,则这棵完全二叉树就是一个最大堆了。

当要调整结点的左右孩子结点是叶结点时,上述调整过程非常简单;当要调整结点的左右孩子结点不是叶结点时,上述调整过程要稍微复杂一些。因为这时 $a[i]$ 结点的值可能很小,$a[i]$ 结点与 $a[2i+1]$ 结点和 $a[2i+2]$ 结点的较大者交换后,可能引起子完全二叉树不满足最大堆的定义,从而引起一连串的调整过程。例如,设数组 a 中存放的数据元素依次为:10,50,32,5,76,9,40,88,对应的完全二叉树如图 9-5(a)所示,其调整过程如图 9-5(b)～图 9-5(e)所示。其中,调整结点 10 时,将引起结点 88 和结点 76 的上移,结点 10 最终将存放在原结点 76 的位置。经过上述调整后,完全二叉树就变为最大堆,图 9-5(e)就是最终建立的最大堆。

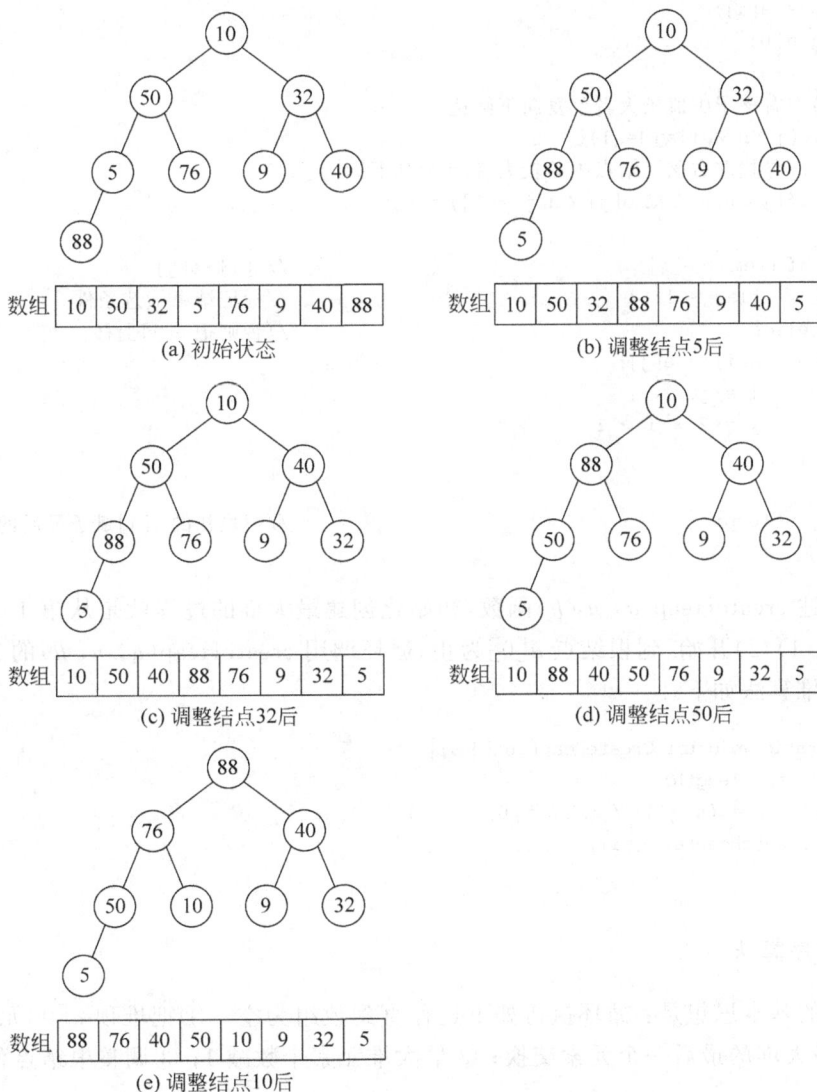

图 9-5 完全二叉树调整为最大堆的过程

因为这里所说的完全二叉树存储在数组中,把完全二叉树调整为最大堆的过程也就是把数组中的元素按照最大堆的要求进行调整的过程,所以这样的过程也称作数组的最大堆化。

上述创建最大堆过程中要多次调用如下功能的函数:调整完全二叉树中某个非叶结点$a[i]$($i=(n-1)/2$)使之满足最大堆定义,前提条件是该结点的左孩子结点$a[2i+1]$和右孩子结点$a[2i+2]$都已是最大堆。如此功能的函数设计如下。

```java
public static void createHeap(int[] a, int n, int h){
    int i, j, flag;
    int temp;

    i = h;                               //i为要建堆的二叉树根结点下标
    j = 2 * i + 1;                       //j为i结点的左孩子结点的下标
    temp = a[i];
    flag = 0;

    //沿左右孩子中值较大者重复向下筛选
    while(j < n && flag != 1){
        //寻找左右孩子结点中的较大者,j为其下标
        if(j < n - 1 && a[j] < a[j + 1]) j++;

        if (temp > a[j])                 //a[i]>a[j]
            flag = 1;                    //标记结束筛选条件
        else{                            //否则把a[j]上移
            a[i] = a[j];
            i = j;
            j = 2 * i + 1;
        }
    }
    a[i] = temp;                         //把最初的a[i]赋予最后的a[j]
}
```

利用上述 createHeap(a, n, h)函数,初始化创建最大堆的过程就是从第 1 个非叶结点$a[i]$($i=(n-1)/2$)开始、到根结点$a[0]$为止,循环调用 createHeap(a, n, h)的过程。初始化创建最大堆算法如下。

```java
public static void initCreateHeap(int[] a){
    int n = a.length;
    for(int i = (n - 1) / 2; i >= 0; i --)
        createHeap(a, n, i);
}
```

3. 堆排序算法

堆排序的基本思想是:循环执行如下过程直到数组为空。①把堆顶$a[0]$元素(最大元素)和当前最大堆的最后一个元素交换;②最大堆元素个数减 1;③调整根结点使之满足最大堆的定义。

堆排序算法如下。

```
public static void heapSort(int[] a){
    int temp;
    int n = a.length;

    initCreateHeap(a);                          //初始化创建最大堆

    for(int i = n - 1; i > 0; i -- ){           //当前最大堆个数每次递减1
        //把堆顶 a[0]元素和当前最大堆的最后一个元素交换
        temp = a[0];
        a[0] = a[i];
        a[i] = temp;

        createHeap(a, i, 0);                    //调整根结点满足最大堆
    }
}
```

图 9-6 是堆排序算法排序过程的一个示例,图 9-6(h)数组中将是最终得到的排序结果。

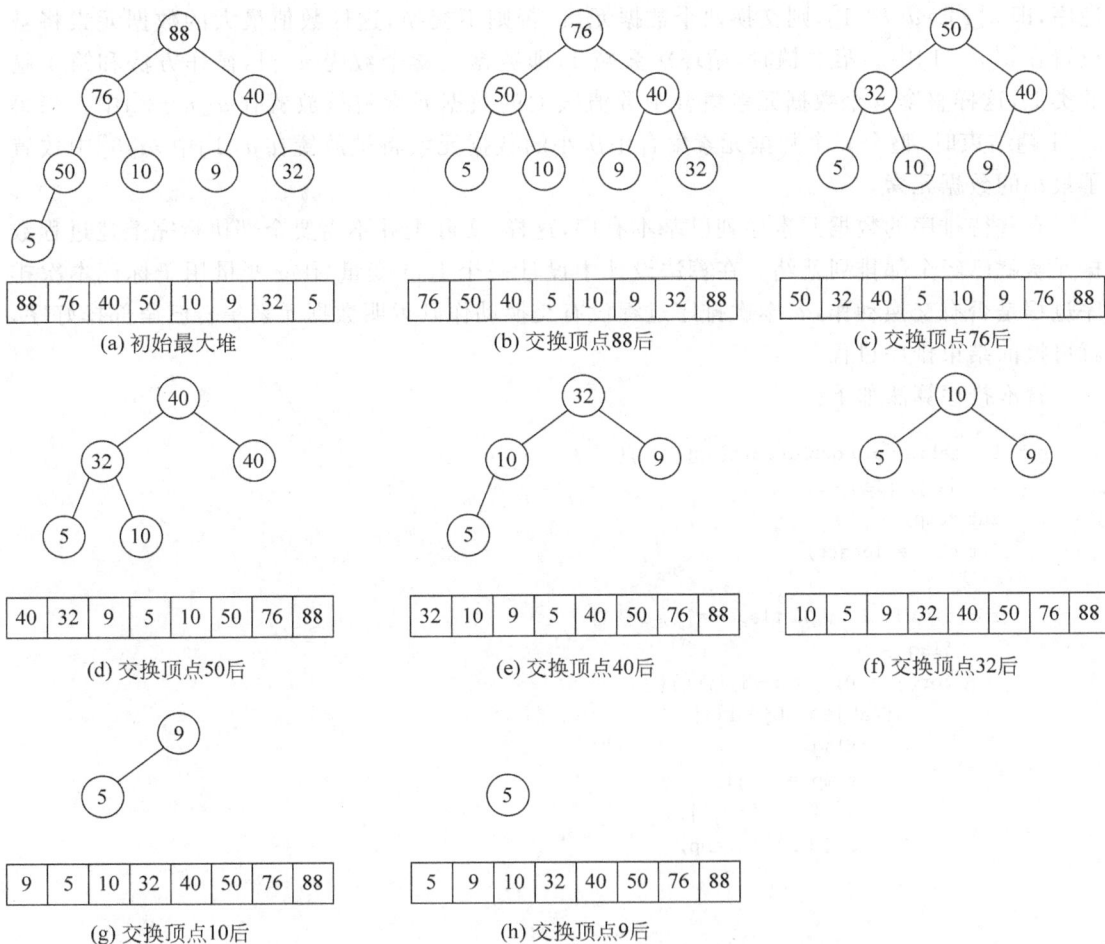

图 9-6 堆排序算法的排序过程

堆排序算法是基于完全二叉树的排序。把一个完全二叉树调整为堆,以及每次堆顶元素交换后进行调整的时间复杂度均为 $O(\mathrm{lb}n)$,所以,堆排序算法的时间复杂度为 $O(n\mathrm{lb}n)$。

堆排序算法的空间复杂度为 $O(1)$。观察例子即可发现,堆排序算法是一种不稳定的排序方法。

9.4　交换排序

利用交换数据元素的位置进行排序的方法称作交换排序。常用的交换排序方法有冒泡排序法和快速排序法。快速排序法是一种分区交换排序方法。

9.4.1　冒泡排序

冒泡排序的基本思想是:设数组 a 中存放了 n 个数据元素,循环进行 $n-1$ 趟如下的排序过程:第 1 趟时,依次比较相邻两个数据元素 $a[i]$ 和 $a[i+1]$($i=0,1,2,\cdots,n-2$),若为逆序,即 $a[i]>a[i+1]$,则交换两个数据元素,否则不交换,这样数值最大的数据元素将被放置在 $a[n-1]$ 中。第 2 趟时,循环次数减 1,即数据元素个数为 $n-1$,操作方法和第 1 趟的类似,这样整个 n 个数据元素集合中数值次大的数据元素将被放置在 $a[n-2]$ 中。当第 $n-1$ 趟结束时,整个 n 个数据元素集合中次小的数据元素将被放置在 $a[1]$ 中,$a[0]$ 中放置了最小的数据元素。

有些待排序的数据元素序列已基本有序,这样,实际上并不需要全部执行完上述过程数据元素就已经全部排列就绪。在算法设计中设计一个 flag 变量,flag 变量用于标记本次排序过程是否有交换动作,若本次排序过程没有交换动作则说明数据元素集合已全部排好序,就可提前结束排序过程。

冒泡排序算法如下。

```java
public static void dubbleSort(int[] a){
    int i, j, flag = 1;
    int temp;
    int n = a.length;

    for(i = 1; i < n && flag == 1; i++){
        flag = 0;
        for(j = 0; j < n - i; j++){
            if(a[j] > a[j + 1]){
                flag = 1;
                temp = a[j];
                a[j] = a[j + 1];
                a[j + 1] = temp;
            }
        }
    }
}
```

图 9-7 是冒泡排序算法排序过程的一个示例。

初始关键字序列:	38	5	19	26	49	97	1	66
第一次排序结果:	5	19	26	38	49	1	66	[97]
第二次排序结果:	5	19	26	38	1	49	[66	97]
第三次排序结果:	5	19	26	1	38	[49	66	97]
第四次排序结果:	5	19	1	26	[38	49	66	97]
第五次排序结果:	5	1	19	[26	38	49	66	97]
第六次排序结果:	1	5	[19	26	38	49	66	97]
第七次排序结果:	1	[5	19	26	38	49	66	97]
最后结果序列:	1	5	19	26	38	49	66	97

图 9-7 冒泡排序算法的排序过程

冒泡排序算法的最好情况是数据元素集合已全部排好序,这时循环 $n-1$ 次,每次循环都因没有交换动作而退出,因此冒泡排序算法最好情况的时间复杂度为 $O(n)$;冒泡排序算法的最坏情况是数据元素集合全部逆序存放,这时循环 $n-1$ 次,比较次数和交换移动次数共计为:

$$比较次数 = \sum_{i=n-1}^{1} i = n(n-1)/2$$

$$移动次数 = 3\sum_{i=n-1}^{1} i = 3n(n-1)/2$$

因此冒泡排序算法最坏情况的时间复杂度为 $O(n^2)$。

冒泡排序算法的空间复杂度为 $O(1)$。显然,冒泡排序算法是一种稳定的排序方法。

9.4.2 快速排序

快速排序是一种二叉树结构的交换排序方法。快速排序算法的基本思想是:设数组 a 存放了 n 个数据元素,low 为数组的低端下标,high 为数组的高端下标,从数组 a 中任取一个元素(通常取 $a[low]$)作为标准元素,以该标准元素调整数组 a 中其他各个元素的位置,使排在标准元素前面的元素均小于标准元素,排在标准元素后面的均大于或等于标准元素。这样一次排序过程结束后,一方面将标准元素放在了未来排好序的数组中该标准元素应位于的位置上,另一方面将数组中的元素以标准元素为中心分成两个子数组,位于标准元素左边子数组中的元素均小于标准元素,位于标准元素右边子数组中的元素均大于或等于标准元素。对这两个子数组中的元素分别再进行方法类似的递归快速排序。算法的递归出口条件是 low≥high。

快速排序算法如下。

```
public static void quickSort(int[] a, int low, int high){
    int i, j;
    int temp;

    i = low;
```

```
        j = high;
        temp = a[low];                          //取第一个元素为标准数据元素

        while(i < j){
            //在数组的右端扫描
            while(i < j && temp <= a[j]) j-- ;
            if(i < j){
                a[i] = a[j];
                i++;
            }

            //在数组的左端扫描
            while(i < j && a[i] < temp) i++;
            if(i < j){
                a[j] = a[i];
                j-- ;
            }
        }
        a[i] = temp;

        if(low < i) quickSort(a, low, i-1);     //对左端子集合递归
        if(i < high) quickSort(a, j+1, high);   //对右端子集合递归
}
```

快速排序算法是一个递归算法。首先看第一次递归调用的执行过程。把 $a[low]$ 作为标准元素,标准元素存放在临时变量 temp 中。把标准元素的定位过程分成两个子过程:在数组的右端扫描定位和在数组的左端扫描定位。

在数组的右端扫描定位时,从数组的右端(数组右端下标变量为 j)开始,比较标准元素和数组右端元素,若标准元素小于等于数组右端元素,则数组右端下标 j 减 1 后继续比较,否则转到在数组的左端扫描定位。

在数组的左端扫描定位时,从数组的左端(数组左端下标变量为 i)开始,比较标准元素和数组左端元素,若标准元素大于数组左端元素,则数组左端下标 i 加 1 后继续比较,否则转到在数组的右端扫描定位。

上述在数组的右端扫描定位和在数组的左端扫描定位反复进行,直到数组左端下标 i 大于或等于数组右端下标 j 时为止。这时处于标准元素左边的元素均小于标准元素,处于标准元素右边的元素均大于或等于标准元素。这样的一次过程称为一次快速排序。算法之所以要右端扫描定位和左端扫描定位轮换进行,是因为这样可以有效利用左端和右端空出来的一个数组元素空间。初始时,令 temp=$a[low]$,则左端 $a[low]$ 即可用于存放右端比较时比标准元素小的数组元素。

图 9-8 是快速排序算法一次快速排序过程的一个示例,图中最左边的元素 60 作为标准元素,初始时元素 60 存放在临时变量 temp 中,矩形框表示其中存放的数据已复制到别处,一次快速排序过程结束时矩形框位置就是标准元素应存放的位置。

对由标准元素划分的两个子数组,再分别递归调用相应区间上的快速排序算法。递归算法的出口条件是 low≥high。当某次递归调用的参数 low 和 high 满足出口条件时,整个

初始关键字序列： 60　55　48　37　10　90　84　36

(1) 36　55　48　37　10　90　84　　　　temp 60

(2) 36　55　48　37　10　90　84

(3) 36　55　48　37　10　90　84

(4) 36　55　48　37　10　90　84

(5) 36　55　48　37　10　90　84

(6) 36　55　48　37　10　90　84

(7) 36　55　48　37　10　84　90

(8) 36　55　48　37　10　60　84　90

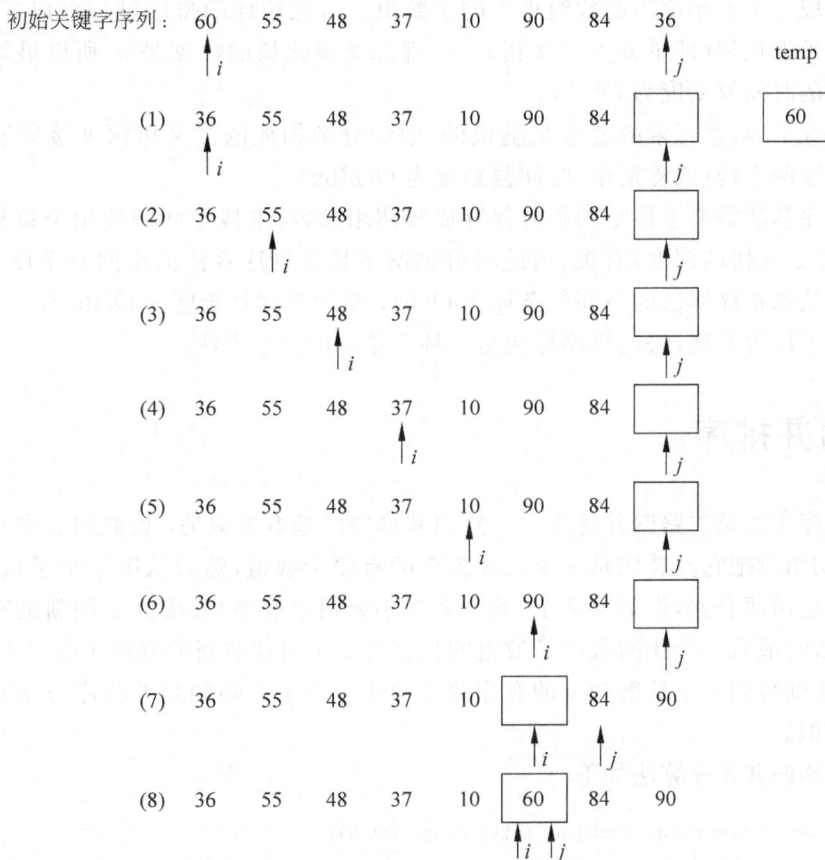

图 9-8　快速排序算法一次快速排序过程

快速排序过程结束。图 9-9 是快速排序算法各次排序过程的一个示例。图中标有下划横线的数据元素为本次快速排序选取的标准元素,括号内的数据元素序列表示尚需继续进行快速排序的序列或子序列,画在括号外的数据元素是已经排好序的数据元素。

初始关键字序列：　{60　55　48　37　10　90　84　36}

第 1 次排序后：　　{36　55　48　37　10}　60　{84　90}

第 2 次排序后：　　{10}　36　{48　37　55}　60　84　{90}

第 3 次排序后：　　{10}　36　{37}　48　{55}　60　84　90

最后结果：　　　　10　36　37　48　55　60　84　90

图 9-9　快速排序算法各次快速排序过程

　　快速排序算法的时间复杂度和各次标准数据元素的取法关系很大。如果每次选取的标准元素都能均分两个子数组的长度,这样的快速排序过程就是一个完全二叉树结构(即每次标准元素都把当前数组分成两个大小相等的子数组)。这时分解次数等于完全二叉树的深度 $\mathrm{lb}n$;每次快速排序过程无论把数组怎样划分,全部的比较次数都接近于 $n-1$ 次,所以最好情况下快速排序算法的时间复杂度为 $O(n\mathrm{lb}n)$。

　　快速排序算法的最坏情况是数据元素已全部正序或反序有序,此时每次标准元素都把当前数组分成一个大小比当前数组小 1 的子数组。若把这样的排序过程画成二叉树结构，就是一棵二叉退化树（即单分支二叉树）。一棵二叉退化树的深度是 n，所以最坏情况下快速排序算法的时间复杂度为 $O(n^2)$。

一般情况下，数据元素的分布是随机的，数组分解构成的二叉树深度接近于 $\mathrm{lb}n$，所以快速排序算法的平均（或称期望）时间复杂度为 $O(n\mathrm{lb}n)$。

快速排序算法需要堆栈空间临时保存递归调用参数，堆栈空间的使用个数和递归调用的次数（也即二叉树的深度）有关，因此最好情况下快速排序算法的空间复杂度为 $O(\mathrm{lb}n)$；最坏情况下快速排序算法的空间复杂度为 $O(n)$；平均空间复杂度为 $O(\mathrm{lb}n)$。

分析例子即可发现，快速排序算法是一种不稳定的排序方法。

9.5 归并排序

归并排序主要是二路归并排序。二路归并排序的基本思想是：设数组 a 中存放了 n 个数据元素，初始时把它们看成是 n 个长度为 1 的有序子数组，然后从第一个子数组开始，把相邻的子数组两两合并，得到 $n/2$ 个（若 $n/2$ 为小数则上取整）长度为 2 的新的有序子数组（当 n 为奇数时最后一个新的有序子数组的长度为 1）；对这些新的有序子数组再两两归并；如此重复，直到得到一个长度为 n 的有序数组为止。多于二路的归并排序方法和二路归并排序方法类似。

一次二路归并排序算法如下。

```java
public static void merge(int[] a, int[] swap, int k){
    int n = a.length;
    int m = 0, u1,l2,i,j,u2;

    int l1 = 0;                                    //第一个有序子数组下界为0
    while(l1 + k <= n-1){
        l2 = l1 + k;                               //计算第二个有序子数组下界
        u1 = l2 - 1;                               //计算第一个有序子数组上界
        u2 = (l2+k-1 <= n-1)? l2+k-1: n-1;         //计算第二个有序子数组上界

        for(i = l1, j = l2; i <= u1 && j <= u2; m ++){
            if(a[i] <= a[j]){
                swap[m] = a[i];
                i ++;
            }
            else{
                swap[m] = a[j];
                j++;
            }
        }

        //子数组 2 已归并完,将子数组 1 中剩余的元素存放到数组 swap 中
        while(i <= u1){
            swap[m] = a[i];
            m ++;
```

```
            i ++;
        }

        //子数组 1 已归并完,将子数组 2 中剩余的元素存放到数组 swap 中
        while(j <= u2){
            swap[m] = a[j];
            m ++;
            j ++;
        }

        l1 = u2 + 1;
    }

    //将原始数组中只够一组的数据元素顺序存放到数组 swap 中
    for(i = l1; i < n; i ++, m ++)
        swap[m] = a[i];
}
```

一次二路归并排序算法的目标是把若干个长度为 k 的相邻有序子数组从前向后两两进行归并,得到个数减半的长度为 $2k$ 的相邻有序子数组。算法设计中要考虑的一个问题是:若元素个数为 $2k$ 的整数倍时,两两归并正好完成 n 个数据元素的一次二路归并;若元素个数不为 $2k$ 的整数倍时,当归并到某个元素位置时,剩余的元素个数不足 $2k$ 个,这时的处理方法如下。

(1) 若剩余的元素个数大于 k 而小于 $2k$ 时,把前 k 个元素作为一个子数组,把剩余的元素作为最后一个子数组。

(2) 若剩余的元素个数小于 k 时,不用再进行两两归并排序,直接把它们依次放入临时数组 swap 即可。

二路归并排序算法如下。

```
public static void mergeSort(int[] a){
    int i;
    int n = a.length;
    int k = 1;                          //归并长度从 1 开始
    int[] swap = new int[n];

    while(k < n){
        merge(a, swap, k);              //调用函数 merge()

        for(i = 0; i < n; i++)
            a[i] = swap[i];             //将元素从临时数组 swap 放回数组 a 中

        k = 2 * k;                      //归并长度加倍
    }
}
```

图 9-10 是二路归并排序算法各次归并排序过程的一个示例。

对 n 个元素进行一次二路归并排序时,归并的次数约为 $\mathrm{lb}n$,任何一次的二路归并排序元素的比较次数都约为 $n-1$,所以,二路归并排序算法的时间复杂度为 $O(n\mathrm{lb}n)$;二路

初始关键字序列：　72　73　　71　23　　94　16　　5　68　　64

第一次归并结果：　72　73　　23　71　　16　94　　5　68　　64

第二次归并结果：　23　71　72　73　　5　16　68　94　　64

第三次归并结果：　5　16　23　68　71　72　73　94　　64

第四次归并结果：　5　16　23　64　68　71　72　73　94

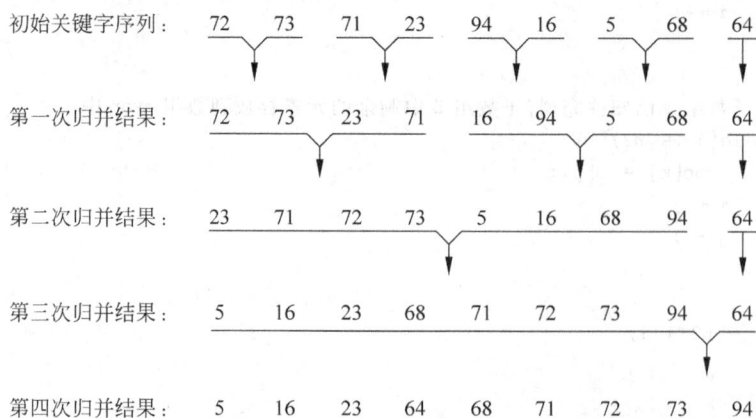

图 9-10　二路归并排序算法各次归并排序过程

归并排序时使用了 n 个临时内存空间存放数据元素，所以，二路归并排序算法的空间复杂度为 $O(n)$。

　　由于二路归并排序算法是相邻有序子表两两归并，对于相同的两个数据元素，则能够保证原来在前边的元素排序后仍在前边。因此，二路归并排序算法是一种稳定的排序算法。前边讨论过的几个时间复杂度为 $O(n \mathrm{lb} n)$ 的排序算法都是不稳定的排序算法，而二路归并排序算法不仅时间复杂度是 $O(n \mathrm{lb} n)$，而且还是一种稳定的排序算法。这一点是二路归并排序算法的最大特点。

9.6　基数排序

　　基数排序也称作桶排序，是一种当待排序数据元素为整数类型时非常高效的排序方法。

　　基数排序算法的基本思想是：设待排序的数据元素是 m 位 d 进制整数（不足 m 位的在高位补 0），设置 d 个桶，令其编号分别为 $0,1,2,\cdots,d-1$。首先按最低位（即个位）的数值依次把各数据元素放到相应的桶中，然后按照桶号从小到大和进入桶中数据元素的先后次序收集分配在各桶中的数据元素，这样就形成了数据元素集合的一个新的排列，我们称这样的一次排序过程为一次基数排序；再对一次基数排序得到的数据元素序列按次低位（即十位）的数值依次把各数据元素放到相应的桶中，然后按照桶号从小到大和进入桶中数据元素的先后次序收集分配在各桶中的数据元素；这样的过程重复进行，当完成了第 m 次基数排序后，就得到了排好序的数据元素序列。

　　设待排序的数据元素有 10 个，数据元素序列为 $\{710,342,045,686,006,841,429,134,068,264\}$。如图 9-11 所示是基数排序算法的排序过程。

　　分析基数排序算法，因为要求进出桶中的数据元素序列满足先进先出的原则，因此这里所说的桶实际就是队列。设计时可以把所需的 10 个队列设计成一个队列数组。

　　队列有顺序循环队列和链式队列。在使用链式队列的基数排序算法中，设队列数组名为 myQueue，队列数组的每个数组元素都包括两个域：front 域和 rear 域。front 域用于指示队头，rear 域用于指示队尾。当第 $i(i=0,1,2,\cdots,d-1)$ 个队列中有数据元素要放入时，

放置	710	841	342		264 134	045	006 686		068	429
	0	1	2	3	4	5	6	7	8	9

收集后的新序列： 710 841 342 134 264 045 686 006 068 429

(a) 第一次基数排序

放置	006	710	429	134	045 342 841		068 264		686	
	0	1	2	3	4	5	6	7	8	9

收集后的新序列： 006 710 429 134 841 342 045 264 068 686

(b) 第二次基数排序

放置	068 045 006	134	264	342	429		686	710	841	
	0	1	2	3	4	5	6	7	8	9

收集后的新序列： 006 045 068 134 264 342 429 686 710 841

(c) 第三次基数排序

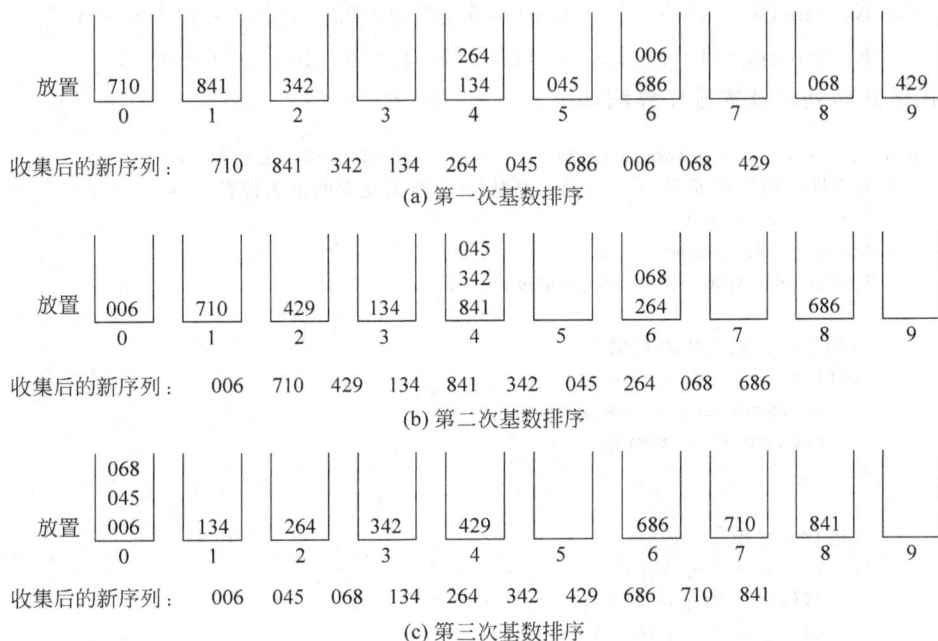

图 9-11　基数排序算法的排序过程

就在队列数组的相应元素 myQueue[i]的队尾位置插入一个结点。使用链式队列的基数排序算法的存储结构示意图如图 9-12 所示。另外，算法中还需要的一个从桶（即队列）中收集数据元素的数组在图中未画出。

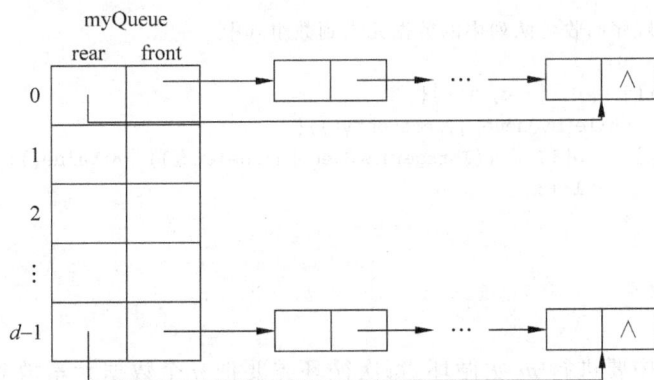

图 9-12　链式队列的基数排序算法存储结构

在进行基数排序时，需要计算数据元素 K 的第 i 位数值 K_i，一个十进制 K 的第 i 位数值 K_i 的计算公式为：

$$K_i = \mathrm{int}\left(\frac{K}{10^{i-1}}\right) - 10 \times \left[\mathrm{int}\left(\frac{K}{10^i}\right)\right] \quad (i = 1, 2, \cdots, m)$$

其中，int()函数为下取整函数，如 int(3.5)=3。

设有 $K=635$，K_1,K_2,K_3 的计算结果如下。

$$K_1 = \mathrm{int}(635/10^0) - 10 \times (\mathrm{int}(635/10^1)) = 635 - 10 \times 63 = 635 - 630 = 5$$

$$K_2=\text{int}(635/10^1)-10\times(\text{int}(635/10^2))=63-10\times6=63-60=3$$

$$K_3=\text{int}(635/10^2)-10\times(\text{int}(635/10^3))=6-10\times0=6-0=6$$

使用链式队列的基数排序算法如下。

```java
public static void radixSort(int[] a, int m, int d) throws Exception{
//a 为要排序的数据元素,d 为进制的基数,m 为数据元素的最大位数
    int n = a.length;
    int i, j, k, l, power = 1;
    LinQueue[] myQueue = new LinQueue[d];

    //创建链式队列数组对象
    for(i = 0; i < d; i++){
        LinQueue temp = new LinQueue();
        myQueue[i] = temp;
    }

    //进行 m 次排序
    for(i = 0; i < m; i++){
        if(i == 0) power = 1;
        else power = power * d;

        //依次将 n 个数据元素按第 k 位的大小放到相应的队列中
        for(j = 0; j < n; j++){
            k = a[j] / power - (a[j] / (power * d)) * d;      //计算 k 值
            myQueue[k].append(new Integer(a[j]));             // a[j]入队列 k
        }

        //顺序回收各队列中的数据元素到数组 a 中
        l = 0;
        for(j = 0; j < d; j++){
            while(myQueue[j].notEmpty()){
                a[l] = ((Integer)myQueue[j].delete()).intValue();
                l++;
            }
        }
    }
}
```

　　基数排序算法中要进行 m 次循环,每次循环先要把 n 个数据元素放到相应的队列数组中,然后再把各个队列中的数据元素依次回收到数组中。链式队列的插入算法和删除算法(无论是顺序循环队列还是链式队列)的时间复杂度均是 $O(1)$,所以,基数排序算法的时间复杂度为 $O(2mn)$,或者简写成 $O(mn)$。和数据元素个数 n 相比,数据元素的最大位数 m 通常数值很小,所以基数排序算法的时间复杂度相当低。

　　使用链式队列的基数排序算法中要创建 n 个结点对象临时存放 n 个数据元素,所以,使用链式队列的基数排序算法的空间复杂度为 $O(n)$。

　　使用顺序循环队列的基数排序算法,其时间复杂度和空间复杂度和使用链式队列的基数排序算法的基本相同。

　　分析基数排序算法的排序过程可以得出,基数排序算法是一种稳定的排序算法。

9.7 各种排序算法的性能比较

为方便读者学习,本节以表格的形式给出本章中各种排序方法主要性能的比较,如表 9-2 所示。

表 9-2 各种排序方法性能比较

排序方法	最好时间	平均时间	最坏时间	辅助空间	稳定性
直接插入排序	$O(n)$	$O(n^2)$	$O(n^2)$	$O(1)$	稳定
希尔排序		$O(n^{1.3})$		$O(1)$	不稳定
直接选择排序	$O(n^2)$	$O(n^2)$	$O(n^2)$	$O(1)$	稳定
堆排序	$O(n\text{lb}n)$	$O(n\text{lb}n)$	$O(n\text{lb}n)$	$O(1)$	不稳定
冒泡排序	$O(n)$	$O(n^2)$	$O(n^2)$	$O(1)$	稳定
快速排序	$O(n\text{lb}n)$	$O(n\text{lb}n)$	$O(n^2)$	$O(\text{lb}n)$	不稳定
归并排序	$O(n\text{lb}n)$	$O(n\text{lb}n)$	$O(n\text{lb}n)$	$O(n)$	稳定
基数排序	$O(mn)$	$O(mn)$	$O(mn)$	$O(n)$	稳定

习题

基本概念题

9-1 什么是排序关键字? 什么是主关键字? 什么是次关键字?

9-2 什么是稳定的排序算法? 什么是不稳定的排序算法? 稳定的排序算法和不稳定的排序算法哪一种更好?

9-3 什么是内部排序? 什么是外部排序?

9-4 设数据元素序列为{475,137,481,219,382,674,350,326,815,506},分别写出执行下列排序算法时,各趟排序后的数据元素序列。

(1) 直接插入排序;

(2) 直接选择排序;

(3) 冒泡排序。

9-5 设数据元素序列为{475,137,481,219,382,674,350,326,815,506},分别写出执行下列排序算法时,各趟排序后的数据元素序列。

(1) 希尔排序(增量 $d=5,3,1$);

(2) 快速排序;

(3) 堆排序;

(4) 归并排序;

(5) 基数排序。

复杂概念题

9-6 举例说明快速排序算法是不稳定的排序算法。

9-7 举例说明堆排序算法是不稳定的排序算法。

9-8　对比不稳定的直接选择排序算法和稳定的直接选择排序算法,说明稳定的直接选择排序算法是怎样改进的。

9-9　判断下列数据元素序列是否为堆,若是堆,则进一步指出是最大堆还是最小堆。

(1) (50,36,41,19,23,4,20,18,12,22);

(2) (43,5,47,1,19,11,59,15,48,41);

(3) (50,36,41,19,23,20,18,12,22);

(4) (9,13,17,21,22,31,33,24,27,23)。

9-10　设待排序的数据元素序列为{11,4,18,33,29,9,18*,21,5,19},画出堆排序时形成初始堆和第一次堆顶元素交换后堆的变化过程。

说明:18* 表示关键字和18相同的另一条记录。

*9-11　证明:当待排序数据元素序列已经为有序状态时,快速排序的时间复杂度为 $O(n^2)$。

*9-12　讨论你所知道的体育比赛的产生名次方法,并以8个竞赛者为例说明各种产生名次方法所要进行的比赛次数。

算法设计题

9-13　编写一个测试希尔排序函数 shellSort() 的测试主函数。测试数据为(43,5,47,1,19,11,59,15,48,41)。

9-14　设待排序数据元素为整数类型,编写函数实现:在 $O(n)$ 的时间复杂度内和 $O(1)$ 的空间复杂度内重排数组 a,使得将所有取负值的数据元素排在所有取非负值的数据元素之前。

9-15　编写实现单链表上的直接插入排序函数。

9-16　编写实现单链表上的直接选择排序函数。

上机实习题

9-17　排序算法比较。要求:

(1) 用随机数产生 100 000 个待排序数据元素值。

(2) 测试下列各排序函数的机器实际执行时间:

① 直接插入排序;　② 希尔排序(增量为 4,2,1);

③ 直接选择排序;　④ 堆排序;

⑤ 冒泡排序;　⑥ 快速排序;

⑦ 二路归并排序;　⑧ 基数排序。

第10章

查找

查找是在一个数据元素集合中查找关键字等于某个给定关键字数据元素的过程。查找是对数据进行操作或处理时经常使用的操作。在一个数据元素集合中进行查找的方法很多,主要有静态查找和动态查找。查找方法和数据元素的存储结构有关。查找算法的优劣对计算机软件系统的效率影响很大。

本章主要知识点

- 查找的基本概念和衡量查找算法效率的标准;
- 静态查找表,主要包括顺序查找方法和索引顺序方法;
- 动态查找表,主要包括二叉排序树和 B_树。

10.1 查找的基本概念

查找是在数据元素集合中查找是否存在关键字等于某个给定数据元素关键字的过程。查找也称作检索。

在计算机应用系统中使用查找的地方有许多,如在高考学生成绩管理系统中的高考学生成绩表中查找考生号码等于某个编码考生的成绩。在第9章中讨论过,关键字有主关键字和次关键字。**主关键**字是能够唯一区分各个不同数据元素的关键字,**次关键字**通常不能唯一区分各个不同数据元素。以主关键字进行的查找是最经常,也是最主要的查找。

在一个数据元素集合中查找等于某个给定数据元素的过程有两种结果:查找成功和查找不成功。查找成功是指在数据元素集合中找到了要查找的数据元素。查找不成功是指在数据元素集合中没有找到要查找的数据元素。

查找可分为静态查找和动态查找两大类。**静态查找**是指只在数据元素集合中查找是否存在某个给定的数据元素。**动态查找**除包括静态查找的要求外,还包括在查找过程中同时插入数据元素集合中不存在的数据元素,或者从数据元素集合中删除已存在的某个数据元素的要求。

和第9章的排序问题类似,在各种具体的查找问题中,虽然不同数据元素的数据域差别很大,但查找算法只与数据元素的关键字有关,与其他域无关。为简化问题,本章假定所有的数据元素都只有一个关键字域,且该关键字域的数据类型为 int。

衡量查找算法效率的最主要标准是平均查找长度。**平均查找长度**是指查找过程所需进行的比较次数的平均值。平均查找长度通常记作 ASL,其数学定义为:

$$ASL = \sum_{i=1}^{n} P_i C_i$$

其中，P_i 是要查找数据元素的出现概率；C_i 是查找相应数据元素需进行的比较次数。要查找数据元素出现的概率 P_i 很难通过分析给出，为简化分析，通常取 $P_i=1/n$，n 为数据元素集合中的数据元素个数。

查找成功和查找失败的平均查找长度通常不同。查找成功时的平均查找长度用 ASL$_{成功}$ 表示，查找失败时的平均查找长度用 ASL$_{失败}$ 表示。

10.2 静态查找

静态查找问题不需要考虑插入新数据元素和删除某个数据元素问题，这类问题采用顺序存储结构最为合适。所以静态查找问题数据元素的存储结构主要是顺序存储结构，即数据元素存储在数组中。

静态查找主要有无序序列、有序序列和索引结构三种情况。

10.2.1 在无序序列中查找

设一个无序序列存储在一个数组中，在一个无序序列中查找某个数据元素是否存在的算法思想是：从数组的一端开始，用给定数据元素逐个和数组中各数据元素比较，若在数组中查找到要查找的数据元素，则查找成功；否则查找失败。

在无序序列中查找某个数据元素是否存在的函数设计如下。

```java
public static int seqSeach(int[] a, int elem){
//在数组 a 中顺序查找数据元素 elem 是否存在。查找成功返回该元素的下标；失败返回 -1
    int n = a.length;
    int i = 0;
    while(i < n && a[i] != elem) i++;
    if(a[i] == elem) return i;
    else return -1;
}
```

设要查找的数据元素在数据元素集合中出现的概率均相等，则该算法查找成功时的平均查找长度 ASL$_{成功}$ 为：

$$ASL_{成功} = \sum_{i=1}^{n} P_i C_i = \sum_{i=1}^{n} \frac{1}{n} i = (n+1)/2$$

算法查找失败时的平均查找长度 ASL$_{失败}$ 为：

$$ASL_{失败} = \sum_{i=1}^{n} P_i C_i = \sum_{i=1}^{n} \frac{1}{n} n = n$$

在无序序列中查找数据元素是否存在的算法思想，可以应用到单链表等链式存储结构上数据元素的查找问题。

10.2.2　在有序序列中查找

设一个有序序列存储在一个数组中,在一个已排列有序的数组中进行查找的算法主要有两种:顺序查找和二分查找。

1. 顺序查找

在一个已排列有序的数组中进行顺序查找的算法思想和10.2.1节讨论的在无序序列中查找的算法思想类似。但此时不需要比较完所有数据元素就可判断出要查找的数据元素是否在数据元素集合中。例如,设有序数据元素序列为$\{2,4,6,8,10\}$,要查找的数据元素为5,当顺序和值为6的数据元素比较完后就可判定数据元素集合中不存在要查找的数据元素5。

有序数组中的顺序查找函数如下。

```java
public static int orderSeqSearch(int[] a, int elem){
    int n = a.length;
    int i = 0;
    while(i < n && a[i] < elem) i ++;

    if(a[i] == elem) return i;
    else return - 1;
}
```

设要查找的数据元素在数据元素集合中出现的概率均相等,则有序序列的顺序查找算法查找成功时的平均查找长度 $ASL_{成功}$ 为:

$$ASL_{成功} = \sum_{i=1}^{n} P_i C_i = \sum_{i=1}^{n} \frac{1}{n} i = (n+1)/2$$

查找失败时的平均查找长度 $ASL_{失败}$ 为:

$$ASL_{失败} = \sum_{i=1}^{n} P_i C_i = \sum_{i=1}^{n} \frac{1}{n} i = (n+1)/2$$

可见,当查找成功时,有序序列的顺序查找算法的平均查找长度和无序序列的顺序查找算法的平均查找长度相同;但当查找不成功时,有序序列的顺序查找算法的平均查找长度是无序序列的顺序查找算法平均查找长度的一半。

2. 二分查找

有序序列的二分查找算法的基本思想是:在一个查找区间中,确定出查找区间的中心下标,用待查找数据元素和中心下标上的数据元素比较,若两者相等则查找成功;否则若前者小于后者则把查找区间定为原查找区间的前半段继续这样的过程;若前者大于后者则把查找区间定为原查找区间的后半段继续这样的过程。这样的查找过程一直进行到查找区间的开始下标大于查找区间的结束下标为止。由于二分查找算法每次比较后都把查找区间折半,所以该算法也称作折半查找算法。

二分查找算法既可以设计成递归结构的算法,也可以设计成循环结构的算法。6.2节讨论了递归结构的二分查找算法,下面给出循环结构的二分查找算法。

```
public static int biSeach(int[] a, int elem){
    int n = a.length;
    int low = 0, high = n - 1, mid;

    while(low <= high){
        mid = (low + high)/2;
        if(a[mid] == elem) return mid;
        else if(a[mid] < elem) low = mid + 1;
        else high = mid - 1;
    }

    return -1;
}
```

对于一个有 n 个数据元素的有序数组,显然,二分查找算法的查找效率高。二分查找算法的查找过程对应了一棵有 n 个结点的二叉树。假设数据元素个数 n 恰好是满二叉树时的结点个数,即有:

$$n = 2^0 + 2^1 + \cdots + 2^{k-1} = 2^k - 1$$

则相应的二叉树深度为:

$$k = \mathrm{lb}(n+1)$$

这样,在二叉树的第 $i(i \geqslant 1)$ 层上总共有 2^{i-1} 个结点,查找该层上的每个结点需要进行的比较次数等于该结点所在层的深度。

因此,当每个数据元素的查找概率相等时,二分查找算法查找成功时的平均查找长度为

$$\mathrm{ASL}_{成功} = \sum_{i=1}^{n} P_i C_i = 2^{i-1} \sum_{i=1}^{k} \frac{1}{n} i = \frac{n+1}{n} \mathrm{lb}(n+1) - 1 \approx \mathrm{lb}n$$

公式中,$k = \lceil \mathrm{lb}n \rceil$,符号 $\lceil \ \rceil$ 表示上取整,例如 $\lceil 2 \cdot 1 \rceil = 3$。

二分查找算法查找失败时的平均查找长度为

$$\mathrm{ASL}_{失败} = \sum_{i=1}^{n} P_i C_i = \sum_{i=1}^{n} \frac{1}{n} \mathrm{lb}(n+1) = \mathrm{lb}(n+1)$$

10.2.3 索引

当要查找的数据元素个数非常大时,无论使用上述的哪种查找算法都需要很长的时间。此时提高查找效率的一个常用方法是给要查找的数据元素序列建立**索引**。**索引**和我们通常使用的教科书前边的目录在用途和构造方法上类似。我们把要在其上建立索引的数据元素序列(通常采用数组保存)称作**主表**。主表中存放着数据元素的全部信息,索引中只保存主表中要查找数据元素的关键字和索引信息。

图 10-1 是一个主表和一个按关键字 key 建立的索引的结构图。索引中的数据元素由两个域构成,key 域为被索引的若干个数据元素中关键字的最大值,link 域为被索引的若干个数据元素中第一个数据元素在主表中的位置。作为示意,主表中只给出了 key 域值,其他的域名和域值均未给出。

要使索引结构的查找效率高,索引中的关键字域 key 最好有序排列。这样,就可以用二分查找算法查找索引。但主表中的数据元素不一定要按关键字有序。这是因为在有些问题

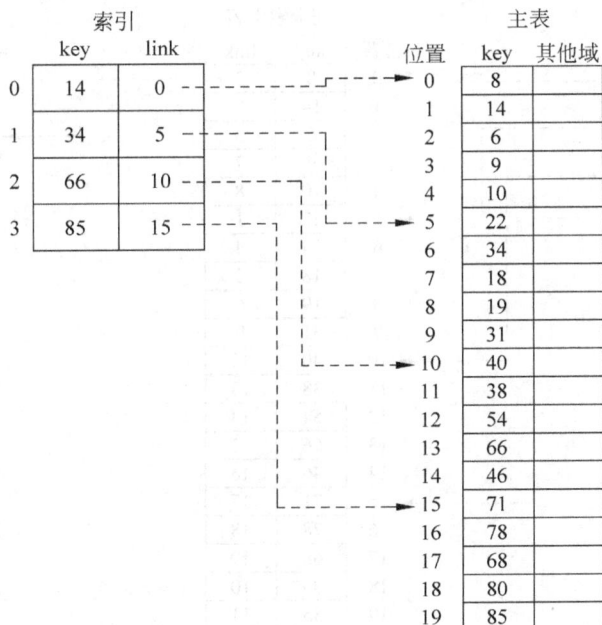

图 10-1　索引结构图

中,若要求主表中的数据元素按关键字排序需要花费较多时间。此时可以放宽要求为,主表中的数据元素按关键字分段有序,而索引中的 key 域为被索引的若干个数据元素中关键字的最大者。图 10-1 的索引结构就是一个主表中的数据元素按关键字分段有序的例子。此时虽然主表只是分段有序,但索引中的关键字 key 域却是有序排列的。

当只在主表上建立一个索引时,满足上述建立索引所要求的主表关键字分段有序不是太难。但是,当要在主表上建立若干个不同关键字的索引时,要使所有的索引都达到这样的要求就是不可能的。因为按不同关键字的排序结果是不同的。因此,在一个主表上建立多个索引的一般方法是:先在主表上建立一个和主表项完全相同,但只包含索引关键字和该数据元素在主表中位置信息的索引,再在这样的索引上建立各个索引。我们把和主表项完全相同,但只包含索引关键字和该数据元素在主表中位置信息的索引称作主表的**完全索引表**。图 10-2 给出了这种带完全索引表的索引结构图。图中完全索引表 link 域到主表位置的索引关系只象征性地画出了一条,其余的未画出。

当主表中的数据元素个数非常庞大时,索引本身的数据元素数量可能还很庞大,此时可按照建立索引的同样方法,对索引再建立索引。这样的第一级索引称作**一级索引**,第二级索引称作**二级索引**,甚至还可以有三级索引,等等。

以上给出的索引结构例子都是等长索引结构的例子。**等长索引**是指索引中的每个索引项对应主表中的数据元素个数是相等的。如图 10-1 和图 10-2 中的每个索引项都对应主表中的 5 个数据元素。索引中的索引项对应主表中的数据元素个数也可以是不相等的,这种索引结构称作**不等长索引**结构。图 10-3 是一个不等长索引的结构图。不等长索引要在索引中增加一个域,用来存放各个索引项的长度值。图 10-3 中索引的 length 域就是这样的域。

索引

	key	link
0	14	0
1	34	5
2	66	10
3	85	15

完全索引表

位置	key	link
0	8	2
1	14	0
2	6	5
3	9	7
4	10	8
5	22	1
6	34	4
7	18	3
8	19	6
9	31	9
10	40	12
11	38	13
12	54	14
13	66	15
14	46	16
15	71	17
16	78	18
17	68	19
18	80	10
19	85	11

主表

位置	key	其他域
0	14	
1	22	
2	8	
3	18	
4	34	
5	6	
6	19	
7	9	
8	10	
9	31	
10	80	
11	85	
12	40	
13	38	
14	54	
15	66	
16	46	
17	71	
18	78	
19	68	

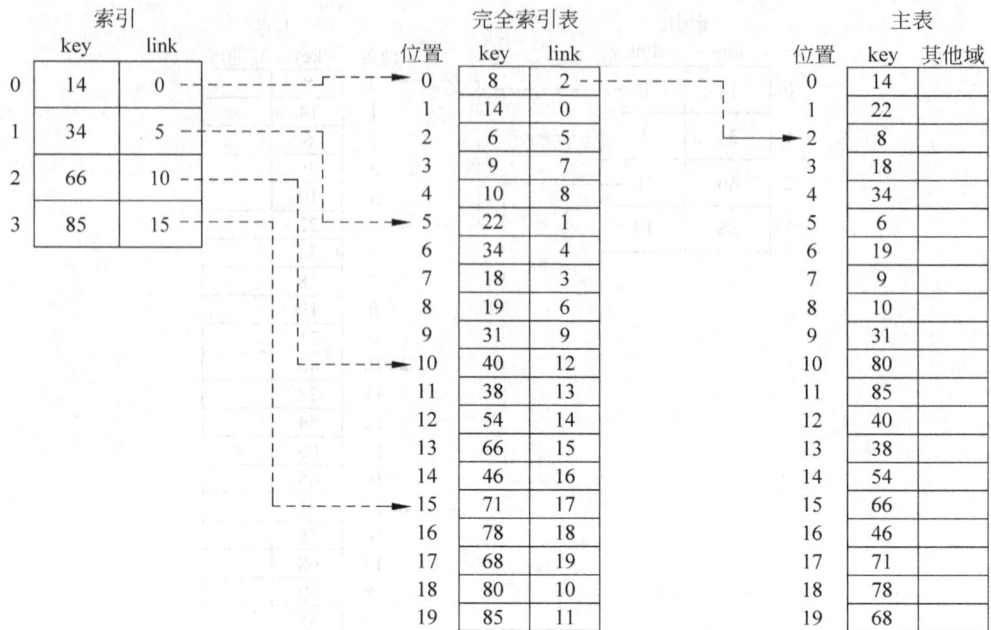

图 10-2　带完全索引表的索引表结构图

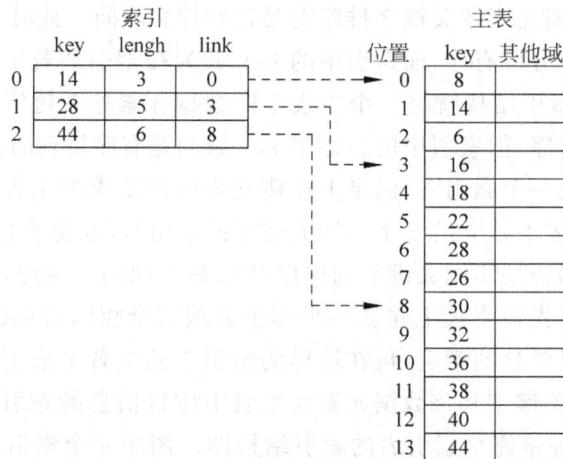

索引

	key	lengh	link
0	14	3	0
1	28	5	3
2	44	6	8

主表

位置	key	其他域
0	8	
1	14	
2	6	
3	16	
4	18	
5	22	
6	28	
7	26	
8	30	
9	32	
10	36	
11	38	
12	40	
13	44	

图 10-3　不等长索引表结构图

　　不等长索引不仅适用于静态查找问题,而且也适用于动态查找问题。这是因为不等长索引中的索引长度可随着动态插入和动态删除过程改变。

　　带索引结构的查找过程包括在索引上的查找和在主表上的查找两部分。如果索引是有序的(通常索引构造成有序的),则索引上的查找算法可采用时间效率非常高的二分查找算法。主表上的查找算法可以根据关键字是否有序选用前面所述的相应算法。

　　带索引结构的数据元素查找算法的比较次数由两部分组成:一部分是在索引上查找的比较次数;另一部分是在主表中的某个子表中进行查找的比较次数。假设索引的长度为 m,主表中每个子表的长度为 s,并假设在索引上和在主表上均采用顺序查找算法,则整个查

找算法的平均查找长度为

$$\text{ASL} = \frac{m+1}{2} + \frac{s+1}{2} = \frac{m+s}{2} + 1$$

10.3　动态查找

动态查找的结构主要有二叉树结构和树结构两种类型。二叉树结构主要有二叉排序树、平衡二叉树等。树结构主要有 B_树、B$^+$树等。本节只讨论二叉排序树和 B_树。

10.3.1　二叉排序树

1. 二叉排序树的基本概念

二叉排序树也称作二叉查找树。二叉排序树或者是一棵空树；或者是具有下列性质的二叉树。

（1）若左子树非空,则左子树上所有结点的数据元素值均小于根结点的数据元素值；

（2）若右子树非空,则右子树上所有结点的数据元素值均大于或等于根结点的数据元素值；

（3）左右子树也均为二叉排序树。

如图 10-4 所示就是一棵二叉排序树。

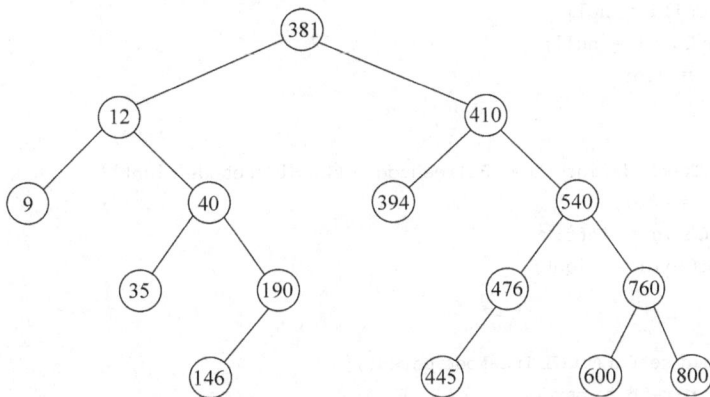

图 10-4　二叉排序树

2. 二叉排序树的结点类

显然,二叉排序树是一种结点的数据元素保持某种大小关系的特殊的二叉树。二叉排序树的存储结构可以采用 7.2.4 节讨论的链式存储结构。即每个结点可以定义为如下形式：

leftChild	data	rightChild

其中,data 是数据元素；leftChild 是左孩子结点对象引用(也称指针)；rightChild 是右孩子

结点对象引用。这种结点有两个分叉,所以也称作二叉链。二叉链结构的二叉树,对于实现双亲结点找孩子结点的操作很方便,但对于实现孩子结点找双亲结点的操作就很不方便。

考虑到二叉排序树的操作中,会用到孩子结点找双亲结点的操作,所以采用二叉链存储结构不是很方便。如果在二叉链存储结构的基础上,增加一个指向双亲结点的对象引用,就可以解决上述问题。用这样的结点构造的二叉树称为三叉链结构的二叉树。三叉链结点结构如下:

parent	leftChild	rightChild	data

三叉链结点类设计如下。

```java
public class BiTreeNode{
    private BiTreeNode leftChild;           //左孩子结点对象引用
    private BiTreeNode rightChild;          //右孩子结点对象引用
    private BiTreeNode parent;              //双亲结点对象引用
    private int data;                       //数据元素

    public BiTreeNode(){
        leftChild = null;
        rightChild = null;
    }

    public BiTreeNode(int item){
        leftChild = null;
        rightChild = null;
        data = item;
    }

    public BiTreeNode(int item, BiTreeNode left, BiTreeNode right){
        data = item;
        leftChild = left;
        rightChild = right;
    }

    public void setParent(BiTreeNode parent){
        this.parent = parent;
    }

    public BiTreeNode getParent(){
        return parent;
    }

    public void setLeftChild(BiTreeNode left){
        leftChild = left;
    }

    public void setRightChild(BiTreeNode right){
        rightChild = right;
    }
```

```
    public void setData(int data){
        this.data = data;
    }

    public BiTreeNode getLeft(){
        return leftChild;
    }

    public BiTreeNode getRight(){
        return rightChild;
    }
    public int getData(){
        return data;
    }
}
```

3. 二叉排序树类

这里,首先给出完整的二叉排序树类,然后分别详细讨论二叉排序树的三个主要操作——查找、插入、删除操作的算法思想和实现方法。

二叉排序树类设计如下。

```
public class BiSearchTree{
    private BiTreeNode root;                           //根指针

    private void inOrder(BiTreeNode t, Visit vs){      //中序遍历
        if(t != null){
            inOrder(t.getLeft(),vs);
            vs.print(new Integer(t.getData()));
            inOrder(t.getRight(),vs);
        }
    }

    private void preOrder(BiTreeNode t, Visit vs){     //前序遍历
        if(t != null){
            vs.print(new Integer(t.getData()));
            preOrder(t.getLeft(),vs);
            preOrder(t.getRight(),vs);
        }
    }

    public BiSearchTree(){                             //构造函数
        root = null;
    }

    public void setRoot(BiTreeNode t){                 //构造函数
        root = t;
    }
```

```java
    public BiTreeNode getRoot(){                          //取根指针
        return root;
    }

    public void inOrder(Visit vs){                        //中序遍历
        inOrder(root, vs);
    }

    public void preOrder(Visit vs){                       //前序遍历
        preOrder(root, vs);
    }

    public BiTreeNode getLeft(BiTreeNode current){        //取左孩子
        return current != null ? current.getLeft() : null;
    }

    public BiTreeNode getRight(BiTreeNode current){       //取右孩子
        return current != null ? current.getRight() : null;
    }

    public BiTreeNode find(int item){                     //查找
        if(root != null){
            BiTreeNode temp = root;
            while(temp != null){
                if(temp.getData() == item) return temp;

                if(temp.getData() < item)
                    temp = temp.getRight();
                else
                    temp = temp.getLeft();
            }
        }
        return null;
    }

    public void insert(BiTreeNode ptr, int item){         //插入
        if(item < ptr.getData()){
            if(ptr.getLeft() == null){
                BiTreeNode temp = new BiTreeNode(item);
                temp.setParent(ptr);
                ptr.setLeftChild(temp);
            }
            else insert(ptr.getLeft(), item);
        }
        else if(item > ptr.getData()){
            if(ptr.getRight() == null){
                BiTreeNode temp = new BiTreeNode(item);
                temp.setParent(ptr);
                ptr.setRightChild(temp);
            }
            else insert(ptr.getRight(), item);
        }
        return;
    }
```

```
public void delete(BiTreeNode ptr, int item){          //删除
    if(ptr != null){
        if(item < ptr.getData())
            delete(ptr.getLeft(), item);
        else if(item > ptr.getData())
            delete(ptr.getRight(), item);
        else if(ptr.getLeft() != null && ptr.getRight() != null){
            BiTreeNode min;
            min = ptr.getRight();
            while(min.getLeft() != null)
                min = min.getLeft();
            ptr.setData(min.getData());
            delete(ptr.getRight(), min.getData());
        }
        else{
            if(ptr.getLeft() == null && ptr.getRight() != null){
                ptr.getParent().setRightChild(ptr.getRight());
                ptr.getRight().setParent(ptr.getParent());
            }

            else if(ptr.getRight() == null && ptr.getLeft() != null){
                ptr.getParent().setLeftChild(ptr.getLeft());
                ptr.getLeft().setParent(ptr.getParent());
            }

            else{
                BiTreeNode p = ptr.getParent();
                if(p.getLeft() == ptr)
                    p.setLeftChild(null);
                else
                    p.setRightChild(null);
            }
        }
    }
}
```

二叉排序树和第 7 章讨论的二叉树在许多地方都类似。两者的主要不同是查找、插入和删除方法不同。下面分别详细讨论二叉排序树中的查找、插入和删除算法。

4. 二叉排序树的查找算法

二叉排序树上的查找过程，就是遍历二叉排序树，并在遍历过程中寻找要查找的数据元素是否存在的过程。在二叉排序树上查找某个数据元素是否存在的过程，和在有序数组中二分查找某个数据元素是否存在的过程非常相似。相应地，在二叉排序树上查找某个数据元素是否存在的算法也有循环结构算法和递归结构算法两种。这里采用循环结构的查找算法。

```
public BiTreeNode find(int item){
    if(root != null){
        BiTreeNode temp = root;
        while(temp != null){
```

```
            if(temp.getData() == item) return temp;        //查找成功

            if(temp.getData() < item)
                temp = temp.getRight();                      //在右子树继续
            else
                temp = temp.getLeft();                       //在左子树继续
        }
    }
    return null;                                             //查找失败
}
```

5. 二叉排序树的插入算法

二叉排序树上的插入操作要求首先查找数据元素是否在二叉排序树中存在,若存在则结束;若不存在,则根据要插入结点的数值,把存储该数据元素的结点,链接到在二叉排序树上查找失败时结点的左孩子上或右孩子上。因此,二叉排序树上的插入过程首先是一个查找过程。这个查找过程和前边讨论的查找算法的不同之处是:这里的查找过程要求同时记住当前结点,因为当查找不到该数据元素时,插入的过程即是把新结点插入为当前结点的左孩子结点或当前结点的右孩子结点。

```
public void insert(BiTreeNode ptr, int item){
    if(item < ptr.getData()){
        if(ptr.getLeft() == null){
            BiTreeNode temp = new BiTreeNode(item);      //生成新结点
            temp.setParent(ptr);                          //把 ptr 结点设为 temp 结点的父结点
            ptr.setLeftChild(temp);                       //把 temp 结点设为 ptr 结点的左孩子结点
        }
        else insert(ptr.getLeft(), item);                 //在左子树递归
    }
    else if(item > ptr.getData()){
        if(ptr.getRight() == null){
            BiTreeNode temp = new BiTreeNode(item);      //生成新结点
            temp.setParent(ptr);                          //把 ptr 结点设为 temp 结点的父结点
            ptr.setRightChild(temp);                      //把 temp 结点设为 ptr 结点的右孩子结点
        }
        else insert(ptr.getRight(), item);                //在右子树递归
    }
    return;
}
```

调用二叉排序树上的插入函数就可以构造出一棵二叉排序树。图 10-5 是调用上述插入函数依次插入数据元素 4,5,7,2,1,9,8,11,3 的过程。

6. 二叉排序树的删除算法

删除操作的要求是:首先查找数据元素是否在二叉排序树中存在,若不存在,则结束;若存在,则按下面 4 种情况分别进行不同的删除操作。这 4 种情况分别如下。

(1) 要删除结点无孩子结点;

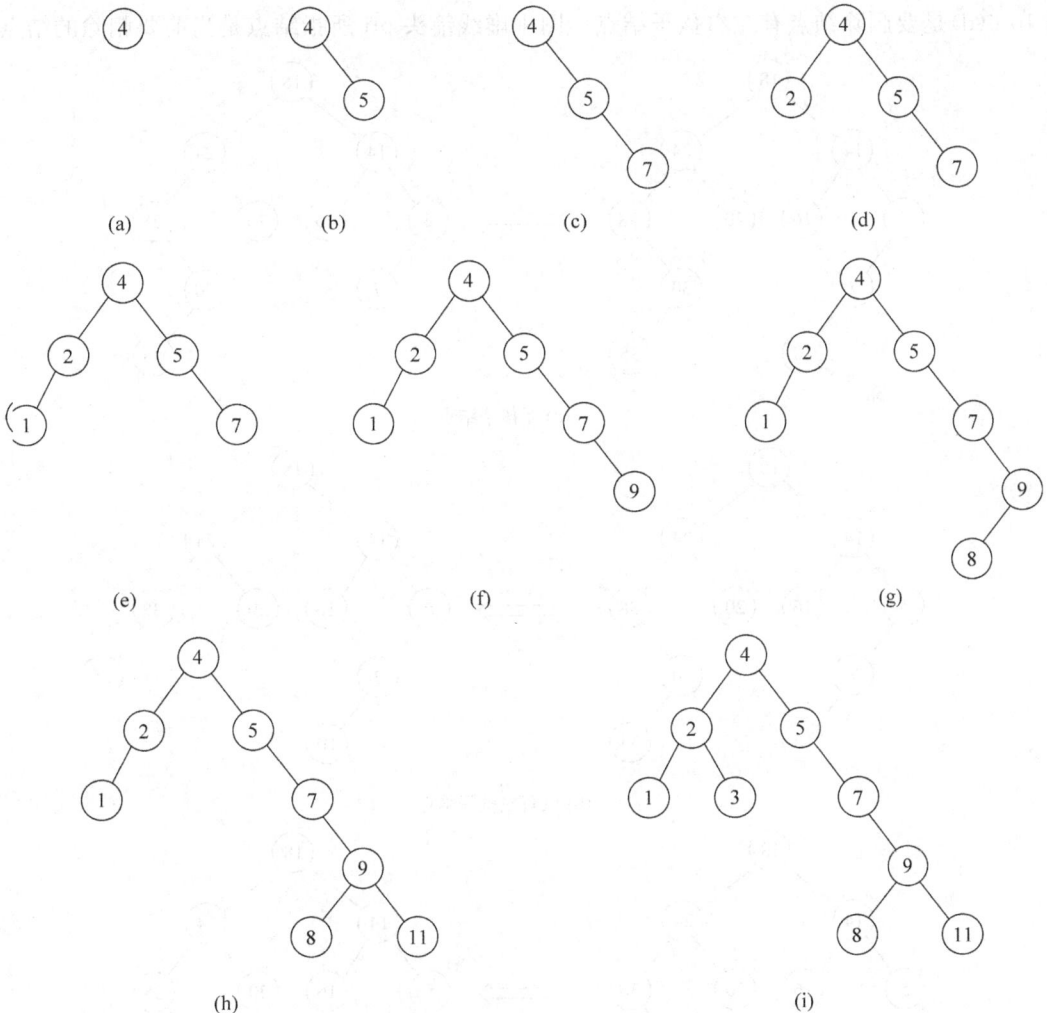

图 10-5　二叉排序树的插入过程

（2）要删除结点只有左孩子结点；

（3）要删除结点只有右孩子结点；

（4）要删除结点有左右孩子结点。

对于上述 4 种不同情况,相应的删除方法如下。

（1）要删除结点无孩子结点时,直接删除该结点。

（2）要删除结点只有左孩子结点时,删除该结点且使被删除结点的双亲结点指向被删除结点的左孩子结点。

（3）要删除结点只有右孩子结点时,删除该结点且使被删除结点的双亲结点指向被删除结点的右孩子结点。

（4）要删除结点有左右孩子结点时,分如下三步完成：首先寻找数据元素值大于要删除结点数据元素关键字的最小值,即寻找要删除结点右子树的最左结点；然后把右子树的最左结点的数据元素值复制到要删除的结点上；最后删除右子树的最左结点。

对于情况（1）、（2）、（3）、（4）的二叉排序树的删除见图 10-6,其中图 10-6（a）是要删除结点无孩子结点,图 10-6（b）是要删除结点只有左孩子结点,图 10-6（c）是要删除结点只有右孩子结点,

图 10-6(d)是要删除结点有左右孩子结点。图中虚线箭头 ptr 所指结点是当前要删除的结点。

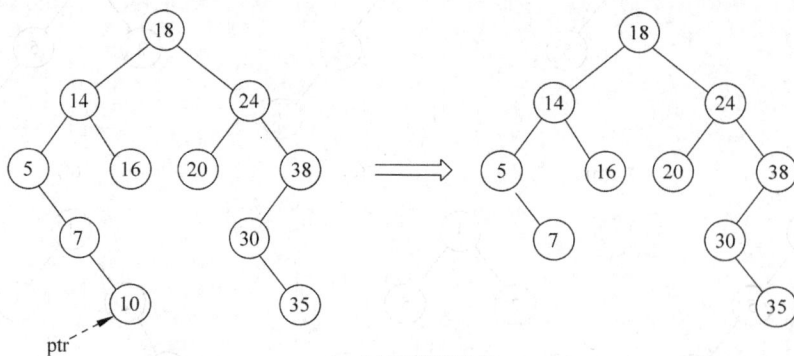

(a) 无孩子结点

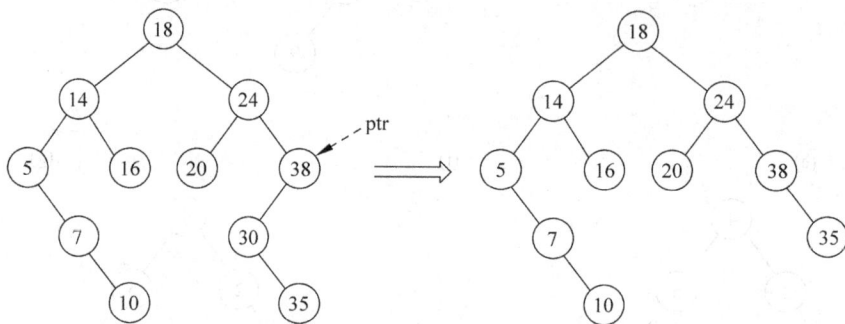

(b) 只有左孩子结点

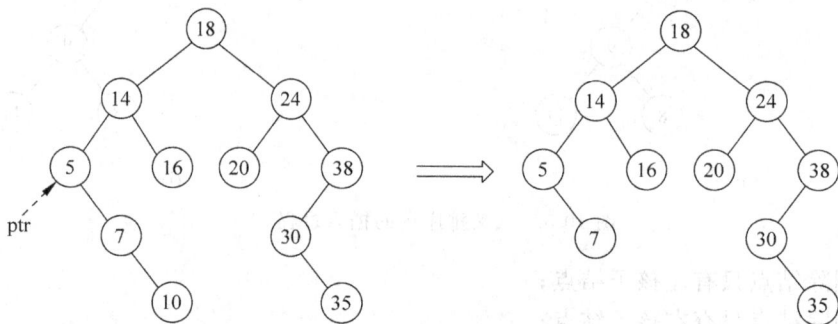

(c) 只有右孩子结点

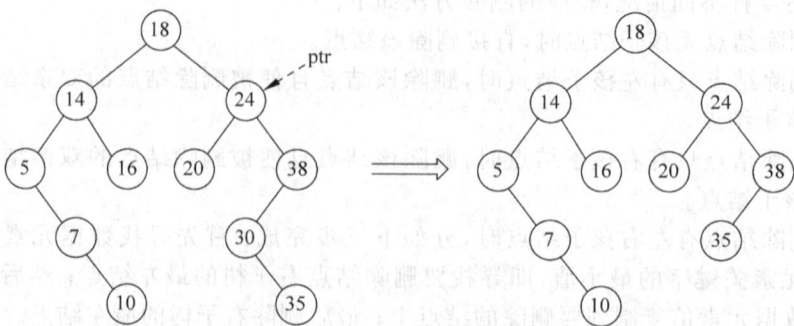

(d) 有左右孩子结点

图 10-6 二叉排序树的删除

　　由于Java语言不需要考虑结点空间的释放,所以在设计删除函数时,只需要把要删除的结点脱链就可以了,并不需要删除结点。

　　删除成员函数设计如下。

```
public void delete(BiTreeNode ptr, int item){
    if(ptr != null){
        if(item < ptr.getData())
            delete(ptr.getLeft(), item);              //在左子树递归
        else if(item > ptr.getData())
            delete(ptr.getRight(), item);             //在右子树递归
        else if(ptr.getLeft() != null && ptr.getRight() != null){
        //要删除结点寻找到,并且要删除结点左右子树均存在的情况
            BiTreeNode min;
            min = ptr.getRight();                     //取当前结点的右孩子结点
            while(min.getLeft() != null)
                min = min.getLeft();                  //min取到最左孩子结点
            ptr.setData(min.getData());               //把min的数据值赋给ptr结点
            delete(ptr.getRight(), min.getData());
                                         //在ptr结点的右子树中递归删除min结点
        }

        else{
            if(ptr.getLeft() == null && ptr.getRight() != null){
            //要删除结点寻找到,并且要删除结点只有右子树的情况
                ptr.getParent().setRightChild(ptr.getRight());
                         //让ptr双亲的右孩子指针指向ptr的右孩子结点
                ptr.getRight().setParent(ptr.getParent());
                         //让ptr右孩子的双亲指向ptr的双亲结点
            }

            else if(ptr.getRight() == null && ptr.getLeft() != null){
            //要删除结点寻找到,并且要删除结点只有左子树的情况
                ptr.getParent().setLeftChild(ptr.getLeft());
                         //让ptr双亲的左孩子结点指向ptr结点的左孩子结点
                ptr.getLeft().setParent(ptr.getParent());
                         //让ptr左孩子的双亲指向ptr的双亲结点
            }

            else{                           //要删除结点寻找到,并且要删除结点为叶结点的情况
                BiTreeNode p = ptr.getParent();
                if(p.getLeft() == ptr)              //若要删除结点在双亲的左孩子上
                    p.setLeftChild(null);           //把双亲的左孩子置空
                else                                //若要删除结点在双亲的右孩子上
                    p.setRightChild(null);          //把双亲的右孩子置空
            }
        }
    }
}
```

函数设计说明:

(1) 因为删除首先要查找到要删除结点的位置,所以此函数首先递归遍历二叉排序树,

直到找到要删除的结点或二叉排序树已全部遍历完没有找到,才结束递归遍历过程。

(2) 当要删除结点左右子树均存在时,删除的方法是:首先寻找到该结点右子树的最左孩子结点,然后把该结点右子树最左孩子结点的数值复制给该结点,最后删除该结点右子树最左孩子结点。这实际把问题转化成了删除的另外三种情况之一。

(3) 当要删除结点不是左右子树均存在的情况,而是其他三种情况时,删除方法类似于单链表的结点删除方法,即把要删除结点脱链即可。只是由于这里采用的是三叉链结构,所以要考虑把孩子结点到双亲结点的指针脱链(即把该指针值置为空)。

7. 二叉排序树的性能分析

从前边的讨论可知,插入和删除算法的主体部分是查找,因此二叉排序树上的查找效率也就表示了二叉排序树上各个操作的性能。对有 n 个结点的二叉排序树来说,若每个数据元素的查找概率相等,则二叉排序树平均查找长度是结点深度的函数,即:

$$\text{ASL}_{成功} = \frac{1}{n} \sum_{i=1}^{n} C(i)$$

若每个数据元素的查找概率相等,则二叉排序树查找成功的平均查找长度为

$$\text{ASL}_{成功} = \frac{1}{n} \sum_{i=1}^{k} (2^{i-1} \times i) \approx \text{lb}(n+1)$$

但是,当二叉排序树是一棵单分支退化树时,查找成功的平均查找长度和有序数组的平均查找长度相同,即为

$$\text{ASL}_{成功} = \frac{1}{n} \sum_{i=1}^{n} i = (n+1)/2$$

图 10-7 是共有 7 个数据元素的数据元素关键字集合相同但形态不同的两棵二叉排序树,其中,图 10-7(a)是一棵满二叉排序树,图 10-7(b)是一棵左分支退化的二叉排序树。

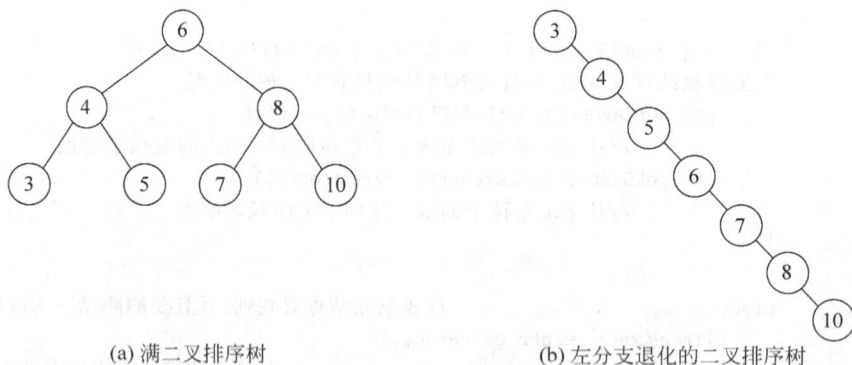

(a) 满二叉排序树　　　　　　　　(b) 左分支退化的二叉排序树

图 10-7　数据元素集合相同但形态不同的两棵二叉排序树

图 10-7(a)满二叉排序树时,$k=\text{lb}(7+1)=3$,所以查找成功的平均查找长度为

$$\text{ASL}_{成功} = \frac{1}{n} \sum_{i=1}^{k} (2^{i-1} \times i) = \frac{1}{7}(1+2 \times 2+4 \times 3) = \frac{17}{7}$$

图 10-7(b)左分支退化二叉排序树时,$k=n=7$,所以查找成功的平均查找长度为

$$\text{ASL}_{成功} = \frac{1}{n} \sum_{i=1}^{n} i = (n+1)/2 = (7+1)/2 = 4$$

造成二叉排序树形态不同的主要因素,是构造二叉排序树时数据元素的输入次序。例如,若程序运行时数据元素的输入次序为:

test[ ] = {6,4,8,3,5,7,10}

时,将构造出图 10-7(a)的完全二叉排序树;若程序运行时数据元素的输入次序为:

test[ ] = {3,4,5,6,7,8,10}

时,将构造出图 10-7(b)的左分支退化二叉排序树。

因此,在最坏情况下,二叉排序树的平均查找长度为 $O(n)$。在一般情况下,二叉排序树的平均查找长度为 $O(\text{lb}n)$。

8. 测试程序

例 10-1 设构造二叉排序树的数据元素序列为 $\{4,5,7,2,1,9,8,11,3\}$,要求:

(1) 构造这样的二叉排序树;

(2) 查找数据元素 9 是否存在;

(3) 删除数据元素为 4 的结点;

(4) 在每个操作阶段后都遍历输出该二叉排序树;

(5) 根据输出结果,分析最初构造的二叉排序树是否和如图 10-5 所示二叉排序树一样。

程序设计如下。

```java
public class Exam10_2{
    public static void main(String[] args){
        BiSearchTree searchTree = new BiSearchTree();
        int[] a = {4, 5, 7, 2, 1, 9, 8, 11, 3};
        int n = 9;
        Visit vs = new Visit();
        BiTreeNode temp = new BiTreeNode(a[0]);

        for(int i = 1; i < n; i ++){
            searchTree.insert(temp, a[i]);
        }
        searchTree.setRoot(temp);

        System.out.println("构造完成后: ");
        System.out.print("中序遍历序列为: ");
        searchTree.inOrder(vs);
        System.out.print("\n 前序遍历序列为: ");
        searchTree.preOrder(vs);
        System.out.println();

        System.out.print("查找的数据元素为: ");
        System.out.println(searchTree.find(9).getData());

        searchTree.delete(searchTree.getRoot(),4);
            searchTree.insert(temp, 1);
```

```
            System.out.println("删除结点 4 后：");
            System.out.print("中序遍历序列为：");
            searchTree.inOrder(vs);
            System.out.print("\n前序遍历序列为：");
            searchTree.preOrder(vs);
            System.out.println();
        }
    }
```

程序运行输出结果如下。

构造完成后：
中序遍历序列为：1 2 3 4 5 7 8 9 11
前序遍历序列为：4 2 1 3 5 7 9 8 11
查找的数据元素为：9
删除结点 4 后：
中序遍历序列为：1 2 3 5 7 8 9 11
前序遍历序列为：5 2 1 3 7 9 8 11

分析：7.3.2节曾指出，某些不同的遍历序列组合可以唯一确定一棵二叉树。例如，给定一棵二叉树的前序遍历序列和中序遍历序列可以唯一确定一棵二叉树的结构。所以，从程序的前序遍历序列和中序遍历序列，可以构造出该二叉排序树。所构造的二叉排序树和图 10-5(i)所示的二叉排序树完全一样。

10.3.2　B_树

和二叉排序树相比，B_树是一种平衡多叉排序树。这里说的平衡是指所有叶结点都在同一层上，从而可避免出现像二叉排序树那样的分支退化现象；多叉是指多于二叉。因此 B_树是一种动态查找效率较二叉排序树更高的树结构。

B_树中所有结点的孩子结点个数的最大值称为 B_树的阶，设 B_树的阶用 m 表示。从查找效率考虑，要求 $m \geqslant 3$。一棵 m 阶的 B_树或者是一棵空树，或者是满足下列要求的 m 阶的 B_树。

(1) 树中每个结点至多有 m 个孩子结点。

(2) 除根结点外，其他结点至少有 $\lceil m/2 \rceil$ 个孩子结点（符号"$\lceil \rceil$"表示上取整，如 $\lceil 5/2 \rceil = 3$）。

(3) 若根结点不是叶结点，则根结点至少有两个孩子结点。

(4) 每个结点的结构为：

n	P_0	K_1	P_1	K_2	P_2	$\cdots$	K_n	P_n

其中，

n 为结点中的关键字个数，除根结点外，其他所有结点要满足 $\lceil m/2 \rceil - 1 \leqslant n \leqslant m-1$；

$K_i(1 \leqslant i \leqslant n)$ 为结点的关键字，所有 K_i 满足 $K_i < K_i + 1$；

$P_i(0 \leqslant i \leqslant n)$ 为指向孩子结点的指针，所有 P_i 满足，所指结点中的所有关键字均大于等于 K_i 且小于 K_{i+1}，P_n 所指结点的所有关键字大于等于 K_n。

(5) 所有叶结点都在二叉排序树的同一层上。

图 10-8 是一棵 3 阶 B_树的示例。结点中第一个域为该结点的关键字个数,然后是一个指针,一个关键字。关键字有序,最后一个域是指针。

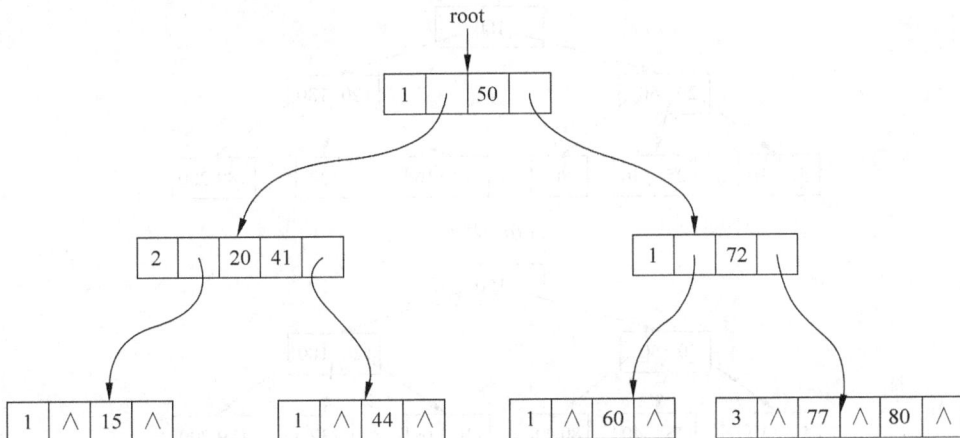

图 10-8　一棵 3 阶 B_树

由于 B_树左右子树的深度相同,所以可避免出现像二叉排序树那样的分支退化现象;另外,由于 B_树每个结点的子树一般多于两个,所以 B_树的高度较二叉排序树的高度低。因此,B_树是一种较二叉排序树动态查找效率更高的树结构。

1．B_树的查找算法

B_树的查找算法和二叉排序树的查找算法类似。在 B_树上查找数据元素(确切地说是查找数据元素的关键字)key 的方法为:将 key 与根结点的 K_i 逐个顺序比较:

(1) 若 key＝K_i,则查找成功;

(2) 若 key＜K_1,则沿着指针 P_0 所指的子树继续查找;

(3) 若 K_i＜key＜K_{i+1},则沿着指针 P_i 所指的子树继续查找;

(4) 若 key＞K_n,则沿着指针 P_n 所指的子树继续查找。

2．B_树的插入算法

将数据元素 key 插入到 B_树的过程分为以下两步完成。

(1) 利用 B_树的查找算法找出该数据元素结点应该插入的结点位置(注意 B_树的插入结点一定是叶结点)。

(2) 判断要插入的结点是否还有空位置,即判断该结点是否满足 $n<m-1$,若该结点满足 $n<m-1$,说明该结点还有空位置,直接把数据元素 key 插入到该结点的合适位置上(即插入后满足结点上的数据元素序列仍保持有序);若该结点满足 $n=m-1$,说明该结点已没有空位置,要插入就要分裂该结点。结点分裂的方法是:以中间数据元素为界把结点分为两个结点,并把中间数据元素向上插入到双亲结点上,若双亲结点未满则把它插入到双亲结点的合适位置上,若双亲结点已满则按同样的方法继续向上分裂。这个向上分裂的过程可一直进行到根结点的分裂。若最终根结点进行了分裂,则 B_树的高度将增 1。

由于 B_树的插入过程或者是直接在叶结点上插入,或者是从叶结点向上的分裂过程,所以新结点插入后仍将保持所有叶结点都在同一层上的特点。

图 10-9 是在 3 阶 B_树上进行插入操作的示例。图中省略了每个结点上的关键字个数 n。

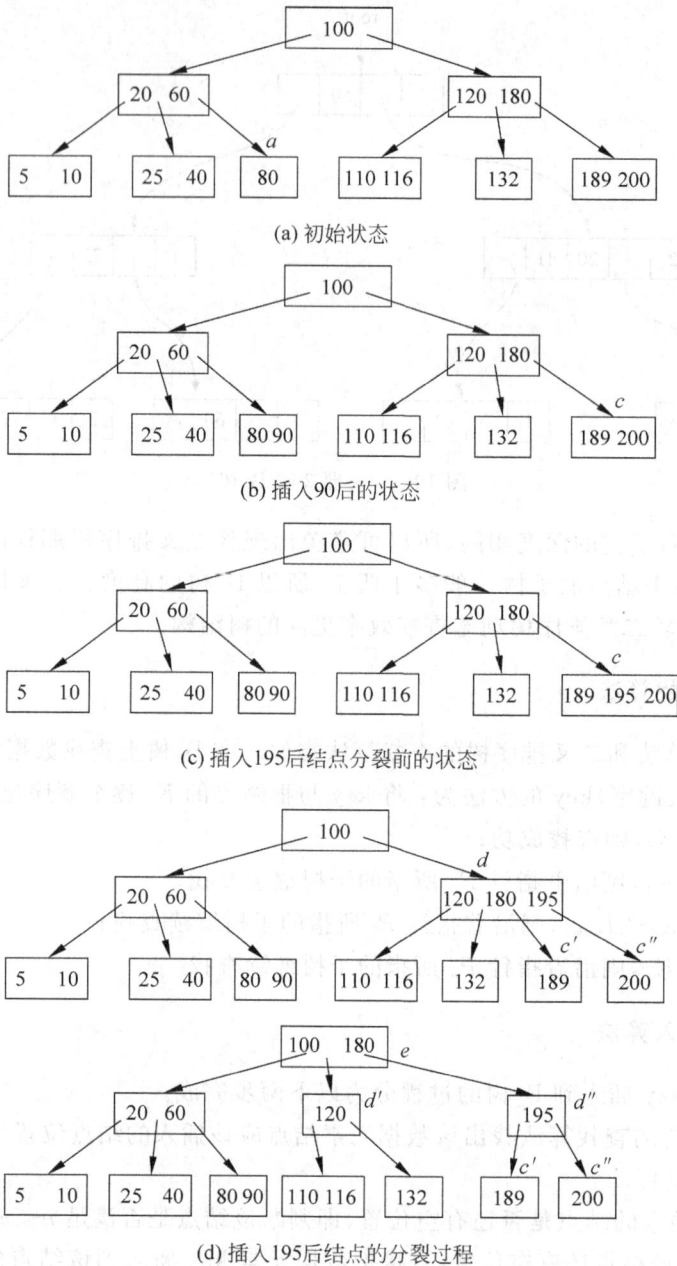

(a) 初始状态

(b) 插入90后的状态

(c) 插入195后结点分裂前的状态

(d) 插入195后结点的分裂过程

图 10-9　3 阶 B_树上的插入

说明：图中的字母符号 a, d, c, e 以及 c', c'' 等表示当前插入的结点位置,或插入后分裂生成的结点。

3. B_树的删除

在 B_树上删除数据元素 key 的过程分为以下两步完成。

（1）利用 B_树的查找算法找出该数据元素所在的结点。

（2）在结点上删除数据元素 key 分为两种情况：一种是在叶结点上删除数据元素；另一种是在非叶结点上删除数据元素。

在非叶结点上删除数据元素的算法思想为：假设要删除一个结点的数据元素 $K_i(1 \leqslant i \leqslant n)$，首先寻找该结点 P_i 所指子树中的最小数据元素 K_{min}（注意 P_i 所指子树中的最小数据元素 K_{min} 一定是在叶结点上），然后用 K_{min} 覆盖要删除的数据元素 K_i，最后再以指针 P_i 所指结点为根结点查找并删除 K_{min}（即再以 P_i 所指结点为 B_树的根结点，以 K_{min} 为要删除数据元素再次调用 B_树上的删除算法）。这样就把非叶结点上的删除问题转化成了叶结点上的删除问题。

在 B_树的叶结点上删除数据元素共有以下三种情况。

（1）假如要删除数据元素结点的数据元素个数 n 大于等于 $\lceil m/2 \rceil$（说明删去该数据元素后，该结点仍满足 B_树的定义），则可直接删去该数据元素。

（2）假如要删除数据元素结点的数据元素个数 n 等于 $\lceil m/2 \rceil - 1$（说明删去该数据元素后，该结点将不满足 B_树的定义），并且该结点的左（或右）兄弟结点中有数据元素个数 n 大于 $\lceil m/2 \rceil - 1$，则把该结点的左（或右）兄弟结点中最大（或最小）的数据元素上移到双亲结点中，同时把双亲结点中大于（或小于）上移数据元素的数据元素下移到要删除数据元素的结点中，这样删去数据元素后该结点以及它的左（或右）兄弟结点都仍旧满足 B_树的定义。

（3）假如要删除数据元素结点的数据元素个数 n 等于 $\lceil m/2 \rceil - 1$（说明删去该数据元素后，该结点将不满足 B_树的定义），并且该结点的左和右兄弟结点（如果存在）中数据元素个数 n 均等于 $\lceil m/2 \rceil - 1$，这时需把要删除数据元素的结点与其左（或右）兄弟结点以及双亲结点中分割二者的数据元素合并成一个结点。

图 10-10 是在 3 阶 B_树上进行删除操作的示例，其中，图 10-10(b)是在叶结点上删除数据元素的第一种情况；图 10-10(c)是在叶结点上删除数据元素的第二种情况；图 10-10(d)是在叶结点上删除数据元素的第三种情况；图 10-10(e)是在非叶结点上删除数据元素的情况。

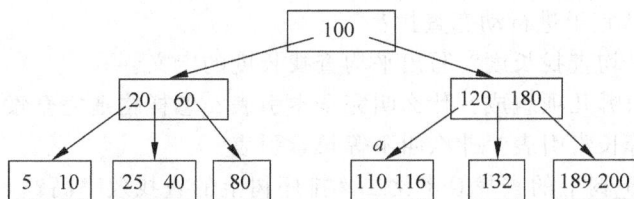

(a) 初始状态

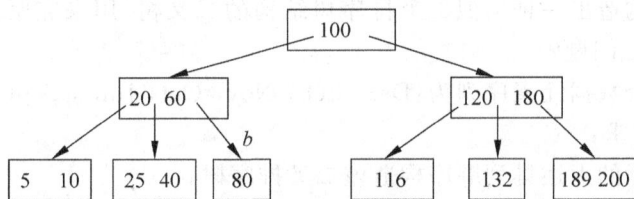

(b) 删去110后的状态

图 10-10　3 阶 B_树上的删除

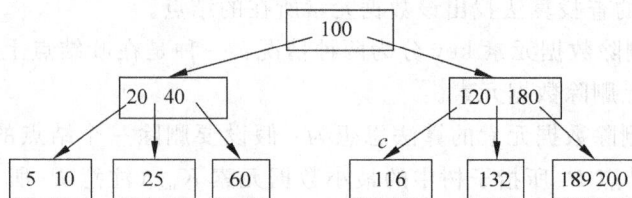

(c) 删去80后的状态

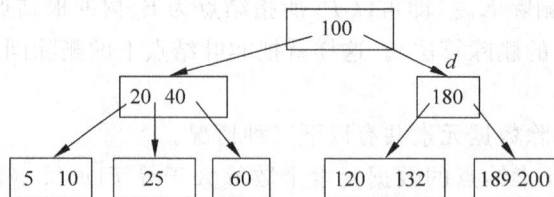

(d) 删去116后的状态

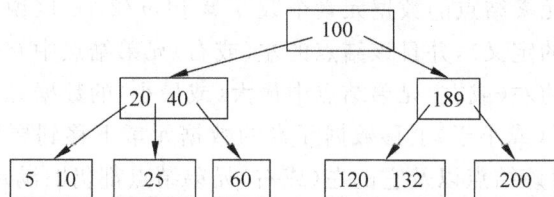

(e) 删去180后的状态

图 10-10 （续）

习题

基本概念题

10-1   什么叫静态查找？什么叫动态查找？什么样的存储结构适宜于进行静态查找？什么样的存储结构适宜于进行动态查找？

10-2   什么叫平均查找长度？写出平均查找长度的定义。

10-3   索引表由哪几项组成？什么叫完全索引表？怎样构造完全索引表？

10-4   什么叫等长索引表？什么叫不等长索引表？

10-5   为什么 B_树上的查找效率比二叉排序树上的查找效率高？

复杂概念题

10-6   你能否构造出一种类似二叉排序树结构的二叉树,用来克服二叉排序树分支退化引起的查找效率低问题？

10-7   已知一个数据元素序列为{Dec，Feb，Nov，Oct，June，Sept，Aug，Apr，May，July，Jan，Mar},要求：

(1) 按数据元素的上述排列顺序构造该二叉排序树。

(2) 设各数据元素的查找概率相等,给出该二叉排序树的平均查找长度。

(说明：字母的大小是指字母的 Unicode 码数值大小。)

10-8   对于一棵初始为空的 3 阶 B_树,要求：

（1）给出按数据元素序列{20，30，50，52，60，68，70}构造 3 阶 B_树的图示过程。

（2）给出删除关键字 50 和 68 的图示过程。

算法设计题

10-9 设计递归结构的二叉排序树查找成员函数。

10-10 设计循环结构的二叉排序树插入成员函数。

上机实习题

10-11 对二叉排序树的删除操作来说，也可以只考虑是否正确地删除了要删除的结点，以及删除后的二叉树是否满足二叉排序树的定义，不考虑新的二叉排序树是否和原二叉排序树结构一致。要求：

（1）设计二叉排序树类。除删除成员函数外，其他部分可以和教材上的完全一样，也可以按照自己的思路重新设计。

（2）设计一个上述要求的二叉排序树的删除成员函数。

（提示：首先找到要删除的结点，然后通过遍历该结点子树，把该结点子树所有结点的数据元素保存在一个数组中，最后再按照数组中保存的数据元素，从被删除结点的双亲结点开始，重新插入构造该二叉排序树。）

（3）使用和例 10-1 同样的测试数据进行测试。

（4）对比例 10-1 程序的运行结果和所设计程序的运行结果，分析两种不同删除算法的功能差别。

10-12 设计 B_树类。要求：

（1）包括查找、插入和删除成员函数。

（2）设计一个测试程序进行测试。

第11章

哈希表

哈希表是一种数据元素及其在内存中的位置之间存在某种函数关系的特殊的存储结构。如果哈希表构造得合适,则哈希表的时间效率非常高。许多应用软件都用哈希表作为数据元素的存储结构。

本章主要知识点

- 哈希表的基本概念;
- 建立哈希表的关键问题;
- 哈希函数构造方法和哈希冲突解决方法;
- 哈希表类设计方法。

11.1 哈希表的基本概念

在前边讨论的各种数据结构中,数据元素的存放位置是人为给定的,和数据元素本身没有直接关系。这样,要在一个集合中存取一个数据元素,就只有两种方法:①记住数据元素存放的位置,然后按地址直接存取;②如果没有记住数据元素的存放位置,就只有在集合中逐个查找该数据元素。

其中,第一种方法的时间效率通常很高,但在有些问题中,记住每个数据元素的存放位置并不容易。第二种方法的时间效率通常很低,因为在大多数情况下,在一个有 n 个数据元素的集合中逐个查找某个数据元素算法的时间复杂度是 $O(n)$。

顺序存储结构和链式存储结构是两种基本的存储结构,哈希表是一种特殊类型的存储结构。哈希表是一种数据元素及其在内存中的位置之间存在某种函数关系的存储结构。

如果构造一种存储结构,使数据元素的存放位置和数据元素之间存在某种对应关系,则可以直接由数据元素的值得到该数据元素的存放位置。Hash(哈希)最先提出了这种存储结构,所以这种存储结构一般称作哈希表。

哈希表主要是构造一个映射函数,该函数以数据元素为自变量,函数值即为数据元素在内存中的存储位置。通常把这样的映射函数称为哈希函数 $h(x)$。因此可以说,哈希表是通过哈希函数 $h(x)$ 来确定数据元素 x 存放位置 $h(x)$ 的一种特殊存储结构。

11.1.1 哈希表的基本构造方法

构造哈希表的方法是：设要存储的数据元素个数为 n，设置一个长度为 $m(m \geq n)$ 的连续内存单元(即数组)，分别以每个数据元素的关键字 $K_i(0 \leq i \leq n-1)$ 为自变量，以哈希函数 $h(K_i)$ 值为该数据元素在数组中的下标值存储该数据元素。

可见，哈希表是一个数组，哈希函数 $h(x)$ 给出了数据元素 x 在数组中的下标。因此，哈希函数也称作哈希地址。

构造哈希表时存在这样的问题，对于两个数据元素的关键字 K_i 和 $K_j(i \neq j)$，有 $K_i \neq K_j(i \neq j)$，但 $h(K_i)=h(K_j)$。我们把构造哈希表时 $K_i \neq K_j(i \neq j)$，但 $h(K_i)=h(K_j)$ 的现象称作**哈希冲突**。通常把这种具有不同关键字而具有相同哈希地址的数据元素称作"同义词"，由同义词引起的哈希冲突称作**同义词冲突**。在构造哈希表时，同义词冲突通常是很难避免的。

解决哈希冲突的方法有许多，其基本思想是，当存在哈希冲突时，通过哈希冲突函数(设为 $h_l(K)(l=1,2,\cdots,m-1)$) 产生一个新的哈希地址，使 $h_l(K_i) \neq h_l(K_j)$。哈希冲突函数通常是一组，这是因为哈希冲突函数产生的哈希地址仍可能有哈希冲突问题，此时再用下一个哈希冲突函数得到新的哈希地址，一直到不存在哈希冲突为止。这样，就把要存储的 n 个数据元素，通过哈希函数(或哈希冲突函数)映射到了个数为 m 的数组中，从而完成了哈希表的构造。

从哈希表的构造方法可以推知，构造哈希表时一定要使用主关键字，不能使用次关键字。

显然，一旦构造好了哈希表，在哈希表中进行查找的方法就是以要查找数据元素的关键字 K 为哈希函数的自变量、以建立哈希表时使用的同样的哈希函数 $h(K)$ 为映射函数，得到一个哈希地址(设该地址中数据元素的关键字为 K_i)。然后比较要查找关键字 K 和 K_i，如果 $K=K_i$ 则查找成功；否则，以建立哈希表时使用的同样的哈希冲突函数，得到新的哈希地址(设该地址中数据元素的关键字为 K_j)，比较要查找关键字 K 和 K_j，如果 $K=K_j$ 则查找成功；否则，以建立哈希表时使用的同样的后续哈希冲突函数，得到新的哈希地址继续查找；直到查找成功或查找完 m 次未查找到失败为止。

例 11-1 建立数据元素集合 a 的哈希表，$a=\{180,750,600,430,541,900,460\}$，并比较 m 取值不同时的哈希冲突情况。

设计分析：数据元素集合 a 中共有 7 个数据元素，数据元素的关键字为三位整数，如果取数组个数 m 为 1000，即数组下标范围为 000~999。则第一，在 m 个内存单元中可以存放下 n 个数据元素；第二，若取 $h(K)=K$，则当 $K_i \neq K_j(i \neq j)$ 时一定有 $h(K_i) \neq h(K_j)$。但是，在 1000 个内存单元中只存储 7 个数据元素其空间利用效率太低。

可适当减少数组个数，若取数组个数 m 为 13，取哈希函数 $h(K)$ 为：$h(K)=K \bmod m$，即哈希地址 $h(K)$ 为关键字 K 除 m 所得的余数，则有：

$$h(180)=11 \qquad h(750)=9$$
$$h(600)=2 \qquad h(430)=1$$
$$h(541)=8 \qquad h(900)=3$$
$$h(460)=5$$

则数据元素集合在数组(即哈希表)中的存储映像为:

0	1	2	3	4	5	6	7	8	9	10	11	12
	430	600	900		460			541	750		180	

若取数组个数 m 为 11,仍取哈希函数 $h(K)$ 为: $h(K)=K \bmod m$,则有:

$$h(180)=4 \qquad\qquad h(750)=2$$
$$h(600)=6 \qquad\qquad h(430)=1$$
$$h(541)=3 \qquad\qquad h(900)=9$$
$$h(460)=9$$

此时 $h(460)=h(900)=9$,因此存在哈希冲突。

若取第一个哈希冲突函数 $h_1(K)$ 为哈希地址加 1 后模 m,即: $h_1(K)=h(K+1)=(K+1) \bmod m$,则有:

$$h_1(460) = 10$$

则数据元素集合在数组中的存储映像为:

0	1	2	3	4	5	6	7	8	9	10
	430	750	541	180		600			900	460

11.1.2　建立哈希表的关键问题

从上面的讨论可知,如何设计一个好的哈希函数,使得尽量避免哈希冲突,以及哈希冲突发生后,如何解决哈希冲突,即为发生哈希冲突的数据元素找到一个尚未存储数据元素的数组元素下标,就成了建立哈希表的两个关键问题。

在构造哈希表时,虽然哈希冲突很难避免,但发生哈希冲突的可能性却有大有小。哈希冲突主要与以下三个因素有关。

(1) 与装填因子 α 有关。所谓**装填因子**是指哈希表要存入的数据元素个数 n 与数组个数 m 的比值,即 $\alpha=n/m$,当 α 越小时,冲突的可能性就越小, α 越大时,冲突的可能性就越大。但是, α 越小,哈希表中空闲单元的比例就越大,存储单元的利用率就越低; α 越大,哈希表中空闲单元的比例就越小,存储单元的利用率就越高。为了既兼顾减少哈希冲突的发生,又兼顾提高存储单元利用率这两个方面,通常把 α 控制在 $0.6 \sim 0.9$ 的范围内。

(2) 与所采用的哈希函数有关。若哈希函数选择得当,就可使哈希地址尽可能均匀地分布在哈希表上,从而减少冲突的发生;否则,若哈希函数选择不当,就可能使哈希地址集中于哈希表的某些区域,从而加大哈希冲突发生的可能性。

(3) 与解决哈希冲突的哈希冲突函数有关。哈希冲突函数选择的好坏也将影响随后发生哈希冲突的可能性。

11.2 哈希函数构造方法

设要存放的数据元素有 n 个,存放数据元素的数组个数为 m,哈希函数的设计目标,就是要使通过哈希函数得到的 n 个数据元素的哈希地址,尽可能均匀地分布在数组上,同时使计算过程尽可能简单,以达到尽可能高的时间效率。有许多种不同的哈希函数设计方法,这里主要讨论几种常用的整数类型关键字的哈希函数设计方法。

1. 除留余数法

除留余数法是用数据元素的关键字 K 除以哈希表长度 m 所得的余数作为哈希地址的方法。除留余数法的哈希函数 $h(K)$ 为:

$$h(K) = K \bmod m$$

除留余数法计算比较简单,适用范围广,是最经常使用的一种哈希函数。例 11-1 中的后两种方法都是除留余数法的哈希函数。

除留余数法的关键是选好数组个数 m,使得数据元素集合中的每一个关键字,通过该哈希函数映射到 m 个数组元素下标的概率相等,从而尽可能减少发生哈希冲突的可能性。例如,m 取奇数就比 m 取偶数好,因为当 m 取偶数时,偶数的关键字(除了关键字 2)将映射到哈希表的偶数区间,奇数的关键字将映射到哈希表的奇数区间。

理论研究表明,哈希函数采用除留余数法时,数组个数 m 取素数的效果最好。素数是除 1 和该数自身外,不能被任何整数整除的数。

根据前边讨论给出的装填因子 $\alpha = n/m$ 的定义和 α 的取值最好在 $0.6 \sim 0.9$ 的实践经验,可得出 m 最好取 $1.1n \sim 1.7n$ 之间的一个素数。例如,当 $n=7$ 时 m 最好取 11,13 等素数;当 $n=100$ 时 m 最好取 113,127,139,143 等素数。

2. 直接定址法

直接定址法是以数据元素的关键字 K 本身或关键字加上某个数值常量 C 作为哈希函数的方法。直接定址法的哈希函数 $h(K)$ 为:

$$h(K) = K + C$$

这种哈希函数计算简单,并且不可能有冲突发生。但是,此种哈希函数有可能造成内存单元的大量浪费。例如在例 11-1 中,若使用直接定址法的哈希函数,则因关键字为 3 位整数而需要 1000 个内存单元,而此时需存放的数据元素却只有 7 个。

3. 数字分析法

数字分析法是取数据元素关键字中某些取值较均匀的数字位构造哈希函数的方法。它只适合于所有关键字值已知的情况。由于此时所有数据元素的关键字都已知,可对关键字中每一位的取值分布情况做出分析,从而可以把一个很大的关键字取值区间转化为一个较小的关键字取值区间。

例如,要构造一个数据元素个数 $n=80$,哈希表长度 $m=100$ 的哈希表。不失一般性,这里只给出其中 8 个关键字进行分析,8 个关键字值如下所示。

$$K_1 = 61\ 317\ 602 \qquad K_2 = 61\ 326\ 875 \qquad K_3 = 62\ 739\ 628$$
$$K_4 = 61\ 343\ 634 \qquad K_5 = 62\ 706\ 816 \qquad K_6 = 62\ 774\ 638$$
$$K_7 = 61\ 381\ 262 \qquad K_8 = 61\ 394\ 220$$

分析上述 8 个关键字可知，关键字从左到右的第 1，2，3，6 位取值较集中，不宜作为哈希地址，剩余的第 4，5，7，8 位取值较均匀，可选取其中的两位作为哈希地址。设选取最后两位作为哈希地址，则这 8 个关键字的哈希地址分别为：2，75，28，34，16，38，62，20。

11.3 哈希冲突解决方法

解决哈希冲突的方法主要有开放定址法和链表法两大类。

11.3.1 开放定址法

开放定址法是一类以发生哈希冲突的哈希地址为自变量、通过某种哈希冲突函数得到一个新的空闲的哈希地址的方法。开放定址法的哈希冲突函数通常是一组。

在开放定址法中，哈希表中的空闲单元（假设其数组下标为 d）不仅允许哈希地址为 d 的同义词数据元素使用，而且也允许发生冲突的其他数据元素使用。因为这些数据元素的哈希地址不为 d，所以称为**非同义词关键字**。开放定址法的名称就是来自此方法的哈希表空闲单元既向同义词数据元素开放，也向发生冲突的非同义词数据元素开放。至于哈希表的一个地址中存放的是怎样的数据元素，要看谁先占用它，这和构造哈希表时的数据元素排列次序有关。

在开放定址法中，假设某个数据元素的哈希地址为 v，但由于发生了同义词冲突（即已有一个数据元素存放在了内存单元 v 中），该数据元素通过哈希冲突函数又映射到哈希地址为 d，并且存放在了下标为 d 的数组元素中。如果此时另有一个数据元素，该数据元素的哈希地址为 d，但由于此时下标为 d 的数组元素已被占用而无法保存，这种虽然两个关键字 $K_i \neq K_j (i \neq j)$，且 $h(K_i) \neq h(K_j)$，但由于哈希冲突函数 $h_l(K_i) = h(K_j)$ 的现象称为**非同义词冲突**。

开放定址法的方法有很多种，下面介绍常用的几种。

1. 线性探查法

线性探查法是从发生哈希冲突的地址（设为 d）开始，依次探查 d 的下一个地址（当到达地址为 $m-1$ 的哈希表表尾时，下一个探查的地址是表首地址 0），直到找到一个空闲单元为止（当 $m \geqslant n$ 时一定能找到一个空闲单元）。线性探查法的数学递推描述公式为

$$\begin{cases} d_0 = h(K) \\ d_i = (d_{i-1} + 1) \bmod m \qquad (1 \leqslant i \leqslant m-1) \end{cases}$$

例 11-1 中 $m = 11$ 时产生冲突后所使用的解决哈希冲突的方法就是线性探查法。

线性探查法容易产生堆积问题，这是由于当连续出现若干个同义词后，设第一个同义词占用单元 d，这连续的若干个同义词将占用哈希表的 $d, d+1, d+2, \cdots$ 单元，随后任何到 $d+1, d+2, \cdots$ 单元上的哈希映射，都会由于前边的堆积问题而产生同义词冲突或非同义词

冲突。

2．平方探查法

设发生哈希冲突的地址为 d，则平方探查法的探查序列为：$d+2^0$，$d+2^1$，$d+2^2$，$\cdots$。平方探查法的数学递推描述公式为

$$\begin{cases} d_0 = h(K) \\ d_i = (d_0 + 2^{i-1}) \bmod m \quad (1 \leqslant i \leqslant m-1) \end{cases}$$

由于平方探查法的探查跨步较大，所以一定程度上可避免出现堆积问题。

3．伪随机数法

设发生哈希冲突的地址为 d，则伪随机数法的探查序列为 $d+R_i$。R_i 为一伪随机数序列的第 i 个数值。伪随机数法的数学递推描述公式为

$$\begin{cases} d_0 = h(K) \\ d_i = (d_0 + R_i) \bmod m \quad (1 \leqslant i \leqslant m-1) \end{cases}$$

例如，可以取一个伪随机数序列为 $3,9,33,55,\cdots$。

由于伪随机数法的探查跨步是随机的，所以也可一定程度上避免出现堆积问题。

11.3.2　链表法

链表法解决哈希冲突的基本思想是：如果没有发生哈希冲突，则直接在该地址保存该数据元素；如果发生了哈希冲突，则把发生哈希冲突的数据元素保存在另外的单链表中。

用链表法解决哈希冲突通常有两种方法：第一种方法是为发生哈希冲突的不同的同义词建立不同的单链表；第二种方法是为所有发生哈希冲突的数据元素建立一个单链表。

显然，哈希表的存储结构或者是顺序存储结构（未采用链表法解决哈希冲突），或者是顺序存储结构和链式存储结构的结合（采用链表法解决哈希冲突）。

例 11-2　建立数据元素集合 a 的哈希表。$a = \{16,74,60,43,54,90,46,31,29,88,77,66,55\}$。要求哈希函数采用除留余数法，解决哈希冲突的方法采用为发生哈希冲突的不同的同义词建立不同的单链表。

设计分析：数据元素集合 a 中共有 13 个数据元素，取哈希表的内存单元个数 $m=13$。除留余数法的哈希函数为：$h(K)=K \bmod m$。有：

$$h(16)=3 \qquad h(74)=9 \qquad h(60)=8$$
$$h(43)=4 \qquad h(54)=2 \qquad h(90)=12$$
$$h(46)=7 \qquad h(31)=5 \qquad h(29)=3$$
$$h(88)=10 \qquad h(77)=12 \qquad h(66)=1$$
$$h(55)=3$$

建立的哈希表存储结构如图 11-1 所示。其中，link 域为相应单链表的头指针。

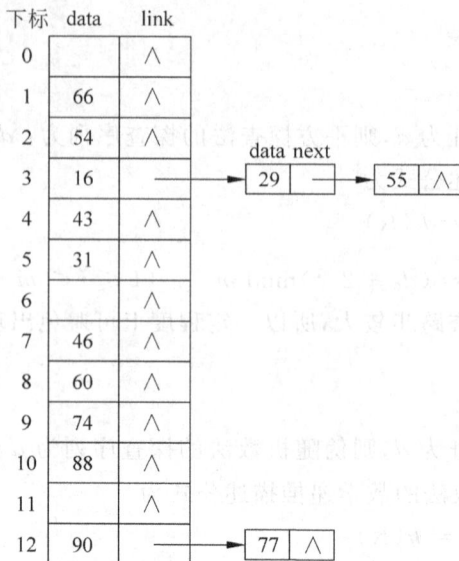

图 11-1　用链表法解决冲突的哈希表

11.4　哈希表类设计

本节讨论哈希表类的设计。从前边的分析可知,设计一个哈希表主要是要设计哈希函数和设计哈希冲突函数(或解决哈希冲突的单链表结构)。下面设计的哈希表类的哈希函数采用除留余数法,解决哈希冲突的函数采用开放定址法中的线性探查法。

11.4.1　哈希表项类

从前面的讨论可知,哈希表的基本存储结构是一个足够大的数组。每个数组元素中可以保存一个数据元素。但是,在哈希表中,哪个数组元素中保存了数据元素,哪个数组元素中还没有保存数据元素,这是没有规律可循的。因此,需要给每个数组元素设置一个标志,用来表示该数组元素的当前状态。所有数组元素的初始状态均应该是空闲状态。

如果定义标志等于 0 为空闲状态,标志等于 1 为占用状态,则可以在初始化时,初始化所有数组单元的标志等于 0。这样,若要在某个数组单元中插入一个数据元素,就可以在该数组单元中插入数据元素的同时,修改该数组单元的标志为 1。

哈希表项类设计如下。

```
class HashItem{
    int data;                            //数据元素
    int info;                            //标志

    HashItem(int i){                     //构造函数
        info = i;
    }
}
```

```
    HashItem(int d, int i){                        //构造函数
        data = d;
        info = i;
    }
}
```

说明：当前状态通常有三种情况：空闲、占用和删除。删除表示数据元素只是逻辑上被删除了,该数据元素在哈希表中还实际存放着,即实际占用着存储单元。如果要恢复只要把状态信息修改一下就可以了(实际的系统经常要做这样的考虑)。这里设计得较为简单一些,没有考虑删除状态。

11.4.2　哈希表类

哈希表类设计如下。

```
public class HashTable{
    private HashItem[] ht;                         //哈希表数组
    private int tableSize;                         //哈希表的长度
    private int currentSize;                       //当前的表项个数

    HashTable(int m){                              //构造函数
        tableSize = m;
        ht = new HashItem[tableSize];
        currentSize = 0;
    }

    public boolean isIn(int x){                    //x 是否已存在
        int i = find(x);
        if(i >= 0) return true;
        else return false;
    }

    public int getValue(int i){                    //取数据元素值
        return ht[i].data;
    }

    public int find(int x){                        //查找
        int i = x % tableSize;
        int j = i;

        if(ht[j] == null) ht[j] = new HashItem(0);
        while(ht[j].info == 1 && ht[j].data != x){ //说明存在冲突
            j = (j + 1) % tableSize;               //得到下一个哈希地址
            if(j == i) return - tableSize;         //表示已查找完了整个哈希表的数组
        }
        if(ht[j].info == 1)                        //此条件成立表示查找到
            return j;                              //返回该数据元素的下标
        else                                       //此时表示没有查找到
            return - j;                            //返回该数据元素哈希地址的负值
    }
```

```
public void insert(int x) throws Exception{        //插入
    int i = find(x);                               //查找 x 是否已存在,并返回数组下标

    if(i > 0){                                      //如果 x 存在
        throw new Exception("该数据已存在");
    }

    else if(i != - tableSize){                      //如果 x 不存在
        ht[ - i] = new HashItem(x , 1);             //在该位置插入哈希表项
        currentSize ++;                             //当前元素个数加 1
    }

    else {                                          //如果 i 等于 - tableSize,表示哈希表已满
        throw new Exception("哈希表已满无法插入");
    }
}

public void delete(int x) throws Exception{        //删除
    int i = find(x);                               //查找 x 是否已存在,并返回数组下标

    if(i >= 0){                                     //如果 x 存在
        ht[i].info = 0;                             //置为空闲状态
        currentSize -- ;                            //当前元素个数减 1
    }

    else {                                          //如果 x 不存在
        throw new Exception("该数据不存在");
    }
}
```

设计说明:

(1) 对于不同的应用问题以及相同问题的不同设计目标,哈希表的长度将不同,因此构造函数的参数 m 给出哈希表的长度 tableSize。

(2) 哈希表类的成员函数主要有查找、插入和删除。其中,插入和删除操作首先需要查找数据元素是否在哈希表中存在。查找成员函数共有三种情况:查找到,返回该数据元素哈希地址的正值(删除操作可删除该哈希地址的数据元素);未查找到,返回该数据元素哈希地址的负值(插入操作可在该返回值的绝对值位置插入数据元素);未查找到且哈希表已满,此时返回值为 $-$TableSize。

(3) 插入成员函数首先调用查找成员函数,当返回值(设为 i)为负(说明数据元素不存在)且返回值不等于 $-$TableSize(说明哈希表未满)时,在哈希表的 $-i$ 位置($-i$ 值为正)插入数据元素。

(4) 删除成员函数也是首先调用查找成员函数,当返回值(设为 i)为正(说明数据元素存在)时,把哈希表的 i 位置的标志 info 置为空闲状态(等于 0)。

11.4.3 应用程序设计举例

例 11-3 建立数据元素集合 $a = \{180, 750, 600, 430, 541, 900, 460\}$ 的哈希表，并分别测试哈希表长度 $m = 13$ 和 $m = 11$ 两种情况得到的哈希表。

程序设计如下。

```java
public class Exam11_3{
    public static void main(String[] args){
        HashTable myHashTable = new HashTable(13);
        int[] a = {180,750,600,430,541,900,460};
        int i, j, n = 7, item;

        try{
            for(i = 0; i < n; i++)
                myHashTable.insert(a[i]);

            for(i = 0; i < n; i++){
                j = myHashTable.find(a[i]);
                if(j > 0){
                    item = myHashTable.getValue(j);
                    System.out.println("j = " + j + " ht[] = " + item);
                }
            }

            if(myHashTable.isIn(430))
                System.out.println("数据元素 430 在哈希表中");
            else
                System.out.println("数据元素 430 不在哈希表中");

            myHashTable.delete(430);
            if(myHashTable.isIn(430))
                System.out.println("数据元素 430 在哈希表中");
            else
                System.out.println("数据元素 430 不在哈希表中");
        }
        catch(Exception e){
            System.out.println(e.getMessage());
        }
    }
}
```

测试程序的运行结果如下。

```
j = 11  ht[] = 180
j = 9   ht[] = 750
j = 2   ht[] = 600
j = 1   ht[] = 430
j = 8   ht[] = 541
j = 3   ht[] = 900
j = 5   ht[] = 460
数据元素 430 在哈希表中
数据元素 430 不在哈希表中
```

程序运行结果分析：

程序运行构造的哈希表和例 11-1 手工计算构造的哈希表完全一样。即数据元素集合在哈希表中的存储映像为：

0	1	2	3	4	5	6	7	8	9	10	11	12
	430	600	900		460			541	750		180	

若设计 $m=11$ 时，只要把测试程序中的哈希表对象创建语句改为

```
HashTable myHashTable = new HashTable(11);
```

即可。程序运行的结果和例 11-1 手工计算构造的哈希表也完全一样。

习题

基本概念题

11-1　什么叫哈希表？你怎样理解哈希函数？

11-2　为什么说哈希表是一种特殊的存储结构？

11-3　什么叫装填因子？装填因子通常应取怎样的数值？

11-4　有几种构造哈希函数的基本方法？怎样评价一个哈希函数构造得好还是不好？

11-5　用除留余数法构造哈希函数时，哈希表长度取偶数、奇数和素数的哪种效果最好？为什么？

11-6　什么叫哈希冲突？什么叫同义词冲突？什么叫非同义词冲突？

11-7　解决哈希冲突有几种基本方法？

11-8　在构造哈希表时，发生哈希冲突的可能性与哪些因素有关？为什么？

11-9　在哈希表中怎样查找数据元素？

11-10　比较在哈希表中查找数据元素 x 的算法和在顺序表中查找数据元素 x 的算法，说明哪种算法的时间效率高？为什么？

11-11　构造哈希表时是使用主关键字还是使用次关键字？为什么？

复杂概念题

11-12　设有数据元素序列{11,23,35,47,51,60,75,88,90,102,113,125}，用除留余数法构造哈希表，要求：

（1）设计哈希表的长度取值。

（2）画出用开放定址法的线性探查法解决哈希冲突的哈希表结构。

（3）画出用链表法解决哈希冲突的哈希表结构。

上机实习题

11-13　哈希表类设计。要求：

（1）哈希函数采用除留余数法、哈希冲突解决方法采用为发生哈希冲突的不同的同义词建立不同的单链表方法。

（2）设计一个测试程序进行测试。

附录 A

Java语言工具包实现的常用数据结构

本附录简单介绍 Java 语言工具包(java.util 包)中实现的常用数据结构。

1. 容器

顺序表、单链表、堆栈、队列、二叉树、哈希表等典型的数据结构,是各种系统软件和应用软件设计的基本数据结构。这些基本的数据结构可以设计成适用于任意类类型的通用结构,这样,这些基本的数据结构就像"容器"一样,可以承载任何类类型的对象集合。因此,Java API 把所设计的这种类称作容器(Container)类。Java API 提供的所有容器类都放在java.util 包中。

Java API 实现任意类类型的通用结构的容器类的方法,是让容器类对象集合所属的类为所有类的根类 Object。这样,面向对象支持的多态性的特点,就允许实际定义和创建的对象可以是任意类类型的对象。

这里为介绍方便,把 Java API 的容器类简单划分成线性结构容器类、非线性结构容器类、哈希容器类和集合容器类。另外,java.util 包的 Arrays 类和 Collections 类还提供了排序、查找等常用方法。

2. 线性结构容器类

Java API 对线性结构容器类的实现主要有 Vector 类、ArrayList 类、Stack 类、LinkedList 类。

上述 4 个类都提供了类似的存取数据元素的方法,而且随着数据元素的加入,可以自动加长容器的承载能力。在这一点上,这 4 个类类似于可变长数组。

Vector 类和 ArrayList 类是基于数组实现的,两者基本功能类似。这两个类都有一个Object 类类型的数组作为成员变量,存入的对象就放在数组里。当存入的对象个数达到数组的初始长度时,则重新创建一个更长的数组(其长度要么为原长度的 2 倍,要么在原长度的基础上加上一个增量(capacityIncrement)),然后把原数组里的内容复制到新数组里,原数组的内存空间则由垃圾收集器收集。

Stack 类是继承 Vector 类实现的。Stack 类在继承 Vector 类的基础上,增加了堆栈要求的成员函数。但这样的设计方法存在缺点,因为应用程序可以通过 Vector 类提供的成员函数来操作 Stack 类,这就破坏了 Stack 类要求的只允许在栈顶插入数据元素和删除数据元素的限制,使用 Stack 类时要注意这个问题。

LinkedList 类是基于链表实现的。准确地说,LinkedList 类是用双向循环链表实现的。LinkedList 类的长度可以随着数据元素的增减很容易地变化。LinkedList 类提供了线性表、堆栈、队列、双端队列等数据结构所要求的全部成员函数,例如,addFirst( )和removeFirst( )就是支持堆栈所要求的成员函数,addLast( )和 removeFirst( )就是支持队列所要求的成员函数,因此,只要配对选用合适的成员函数,就可以把 LinkedList 类作为所要的数据结构。同样地,使用 LinkedList 类时也要特别谨慎,因为如果应用程序没有慎重地做到配对使用成员函数,就会出现设计错误。

因为 ArrayList 类和 Vector 类是基于数组实现的,所以随机访问的效率较高,但插入和删除的效率较低;而 LinkedList 类是基于链表实现的,所以插入和删除的效率较高,但随机访问的效率较低。

3. 非线性结构容器类

在 java.util 包中,非线性结构的容器类有两个,一个是 TreeSet 类,另一个是 TreeMap类。这两个类实现的功能比较有限。它们都是基于红黑树原理设计的。因为本书没有介绍红黑树,所以这里也就不介绍 TreeSet 类和 TreeMap 类的功能。

java.swing 包把树实现成一个通用的树结构组件。java.swing 包里提供的树结构功能主要由三个类完成:DefaultMutableTreeNode 类、JTree 类和 DefaultTreeModel 类。

DefaultMutableTreeNode 类里提供了丰富的成员函数,利用这些成员函数,除了可以构造树外,还可以实现树的全部功能。其中几个遍历成员函数如下:

public Enumeration breadthFirstEnumeration( ):树的宽度优先遍历。

public Enumeration postorderEnumeration( ):树的后根遍历。

public EnumerationpreorderEnumeration( ):树的前根遍历。

public Enumeration pathFromAncestorEnumeration( ):寻找从祖先结点 ancestor 到当前对象结点的一条路径。

其中,树的宽度优先遍历是基于队列方法实现的;树的后根遍历是用递归方法实现的;树的前根遍历是用堆栈实现的;寻找从祖先结点到当前结点的一条路径也是基于堆栈实现的。

JTree 类的功能主要是把 DefaultMutableTreeNode 类构造的树结构用图形用户界面形式展示出来。

DefaultTreeModel 类的功能主要是维护 DefaultMutableTreeNode 类构造的树结构和JTree 类要展示的树结构之间的一致性。

4. 哈希容器类

哈希结构既不属于线性结构,也不属于非线性结构,而是一种用途很广且效率很高的特殊数据结构。Java API 中实现哈希结构的主要是两个类:Hashtable 类和 HashMap 类。

Hashtable 类和 HashMap 类实现的功能以及实现的方法基本一样。哈希结构类比较复杂,这里以 HashMap 类为例,简单介绍 HashMap 类的存入和提取成员函数的实现方法。

HashMap 类的实现方法是:存储在 HashMap 里的数据元素是一个键-值对。存入时,必须把作为值的对象和作为键的对象封装在一个 Entry 类类型的对象里存入 HashMap 里。要访问值时,必须先知道与此值对应的键,也就是通过键来取得对应的值。所以在 HashMap 里,键是唯一的(HashMap 里允许有一个键是 null,但 Hashtable 里不允许)。在存入一个键-值对时,如果该键-值对的键与 HashMap 里某个键-值对的键相同,则替换原键-值对的值。

存入键-值对的具体实现方法是:在 HashMap 类里定义了一个 Entry 类类型的数组成员变量,存入一个键-值对时,先用键作参数调用 hashCode()方法完成编码变换,然后再调用 HashMap 类的 hash()方法和 indexFor()方法实现哈希函数映射,即把键值映射成数组的下标值。如果这个下标的数组单元为空(即没有发生同义词冲突),则把该键-值对(也就是 Entry 类类型的对象)存入该单元;如果这个下标的数组单元非空(即发生了同义词冲突),则把原数组单元里的 Entry 对象链接在后面的同义词链表中,而把待插入 Entry 对象存入原数组单元中。HashMap 类用链表法解决同义词冲突。

取键-值对的具体实现方法是:先用键作参数调用 hashCode()方法完成编码变换,然后再调用 hash()方法和 indexFor()方法把键值映射成数组的下标值,再比较该键值与数组单元中的键值是否相等(调用 equals()方法实现),如果相等则直接取得,如果不相等,再沿着相应的链表挨个比较其后的键对象是否相等,直到找到或找完链表找不到为止。

所以,作为键的对象必须覆盖 Object 类的 hashCode()方法和 equals()方法。hashCode()方法把键变换成统一的编码形式,equals()方法比较两个键值是否相等。

5. 集合容器类

java.util 包里实现集合功能的类主要有两个:HashSet 类和 TreeSet 类。

HashSet 类里定义了一个 HashMap 类的成员变量。集合里的数据元素经过哈希映射存入 HashMap 里。数据元素在 HashMap 里存储的顺序已不是存入的顺序,所以数据元素在 HashMap 里是无序存储的。另外,HashMap 里存储的键具有唯一性。

TreeSet 类里定义了一个 TreeMap 类的成员变量。TreeMap 是一种有序的存储结构,存入 TreeMap 的键必须是可比较的,或者在创建 TreeMap 对象时传递一个比较器,这样存入 TreeMap 里的键-值对,就把键按正序或反序排序。所以 TreeSet 类是有序排列的集合。

6. 排序和查找

java.util 包里的 Arrays 类和 Collections 类提供了一些用于排序和查找的方法,以及求最大值、最小值、逆转等的方法。其中 Arrays 类主要用于数组,而 Collections 类主要用于容器。

附录B

上机实习内容规范和实习报告范例

B.1　上机实习内容规范

上机实习是数据结构课程教学不可或缺的重要环节。上机实习是通过编写解决简单问题的程序,达到如下训练目的。

(1) 使学生进一步理解和掌握课堂上所学各种基本抽象数据类型的逻辑结构、存储结构和操作实现算法。

(2) 使学生深入理解面向对象的概念和程序设计方法,掌握抽象数据类型(如线性表)和类(如顺序表类或单链表类)的关系。

(3) 使学生掌握软件设计的基本内容和设计方法,并培养学生进行规范化软件设计的能力。

(4) 使学生进一步熟练掌握Java程序设计语言。

为达到严格训练的目的,要求上机实习完后书写上机实习报告。规范的上机实习报告应当包括如下7部分内容。

问题描述:描述要求编程解决的问题。

基本要求:给出程序要达到的具体的要求。

测试数据:设计测试数据,要求测试数据能基本达到测试目的。

算法思想:描述解决相应问题的算法思想。

类划分:分析问题所需的类,并给出类的逻辑功能描述。

源程序:给出所有源程序清单,要求程序有充分的注释语句。

测试情况:给出程序的测试情况以及必要的说明。

在以上7个部分中,问题描述和基本要求部分通常由教师作为上机实习题目给出;有时测试数据部分也由教师给出,若教师没有给出此部分,则要求学生自己设计测试数据;其余算法思想、类划分、源程序和测试情况部分是学生上机实习的主体部分。

B.2　上机实习报告范例——约瑟夫环问题

问题描述:设编号为$1,2,\cdots,n(n>0)$个人按顺时针方向围坐一圈。先随机给出一个报数值m,然后从第一个人开始,顺时针方向自1起顺序报数,报到m时停止报数,报m的人出列；再次从出列人的下一个人开始，顺时针方向自 1 起顺序报数，报到 m 时停止报数，报 m 的人出列；如此下去，直到所有人全部出列为止。要求设计一个程序模拟此过程，并给出出列人的编号序列。

基本要求：

用不带头结点的单循环链表作数据元素的存储结构。

测试数据：

结点个数 $n=7$。即 7 个结点的编号依次为 $1,2,3,4,5,6,7$。

随机报数值 $m=2$。

算法思想：

首先，构造一个不带头结点的 n 个结点的单循环链表，用于存储编号。然后，从第一个结点开始，从 1 至 m 循环计数，数到 m 时，输出该结点的编号值，并删除该结点。随后，从该结点的下一个结点开始，重新从 1 至 m 循环计数；如此下去，直到 n 个结点全部删除为止。

按照测试数据，构造的 7 个结点的单循环链表逻辑结构图如附图 B-1 所示。

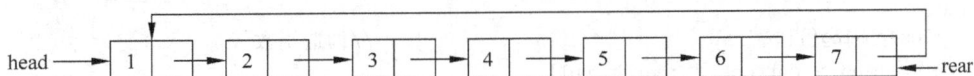

附图 B-1　单循环链表逻辑结构图

类划分：

(1) 结点类。成员变量有编号(code)和指针(next)。

(2) 约瑟夫环类。成员变量有头指针(head)、当前指针(current)和尾指针(rear)；成员函数有定位、插入和删除。另外设计一个测试主函数。

源程序：

1. 结点类 Node

```java
public class Node{
    int code;                                    //编号
    Node next;                                   //下一个结点

    public Node(int codeVal){
        code = codeVal;
        next = null;
    }

    public Node(int codeVal, Node nextVal){
        code = codeVal;
        next = nextVal;
    }

    public Node(Node nextVal){
        next = nextVal;
    }

    public boolean equlas(Node node){           //两个结点是否相等
```

```
            if(code == node.code){
                return true;
            }
            else{
                return false;
            }
        }
    }
```

2. 约瑟夫环类 JesephRing

```
public class JesephRing{
    Node head;                                    //头指针
    Node rear;                                    //尾指针
    Node current;                                 //当前指针
    int size;                                     //结点个数

    JesephRing(){                                 //构造函数
        head = current = rear = null;
    }

    public void index(int i) throws Exception{    //定位
    //定位当前指针 current 指向第 i 个结点
        if(i < -1 || i > size - 1){
            throw new Exception("参数错误!");
        }
        if(i == -1) return;
        current = head;
        int j = 0;
        while((current != null) && j < i){
            current = current.next;
            j++;
        }
    }

    public void insert(int i,Node obj) throws Exception{    //插入
    //在第 i 个结点前插入结点 obj
        if(i < 0 || i > size){
            throw new Exception("参数错误!");
        }

        index(i - 1);                             // current 定位至 i - 1
        if(size == 0){                            //第一次插入时
            head = current = rear = obj;
        }

        //新结点加入链表
        obj.next = current.next;
```

```
        current.next = obj;

        if(current.equlas(rear)){
            obj.next = head;                        //构成循环链表
            rear = obj;                             //置尾指针
        }
        else rear.next = head;                      //构成循环链表

        size ++;
    }

    public void delete(int m) throws Exception{      //删除
    //以 m 为随机计数值,逐个删除全部结点
        int i;
        current = head;
        while(size > 0){
            for(i = 1; i < m; i ++){                //寻找第 m 个
                current = current.next;
            }
            System.out.print(current.next.code + " ");   //输出被删结点编号

            current.next = current.next.next;       //被删结点脱链
            size -- ;
            current = current.next;                 //从被删结点的下一个结点开始
        }
        head = current = rear = null;
    }

    public static void main(String[] args) throws Exception{
        int m = 2;
        JesephRing lin = new JesephRing();

        lin.insert(0,new Node(1,null));
        lin.insert(1,new Node(2,null));
        lin.insert(2,new Node(3,null));
        lin.insert(3,new Node(4,null));
        lin.insert(4,new Node(5,null));
        lin.insert(5,new Node(6,null));
        lin.insert(6,new Node(7,null));

        Node curr = lin.head;
        System.out.println("测试是否构成循环链表：");
        for(int i = 0; i < lin.size * 2; i ++){
            System.out.print(curr.code + " ");
            curr = curr.next;
        }
        System.out.println();
```

```
System.out.println("依次被删结点编号为: ");
lin.delete(m);
}
}
```

测试情况:

程序运行输出结果为:

测试是否构成循环链表:
1 2 3 4 5 6 7 1 2 3 4 5 6 7
依次被删结点编号为:
3 6 2 7 5 1 4

部分习题解答

第 1 章部分习题解答

1-12

(1) 语句的执行次数为 $n-2$ 次，$T(n)=O(n)$。

(2) 语句的执行次数为 $n-1$ 次，$T(n)=O(n)$。

(3) 语句的执行次数为 n 次，$T(n)=O(n)$。

(4) 语句的执行次数约为 $n^{1/2}$ 次，$T(n)=O(n^{1/2})$。

(5) 语句的执行次数为 $(n(n-1)(n-2))/6$ 次，$T(n)=O(n^3)$。

1-13

第三种算法最可取，因比较起来，$T(n)=O(n\lg n)$ 的时间效率最高。

1-14

(1) $(2/3)^n, 2^{100}, (4/3)^n, (3/2)^n$

(2) $n^{2/3}, n, n^{3/2}, n!, n^n$

(3) $\text{lb } n, n, n\text{lb } n, n^{\text{lb } n}$

第 2 章部分习题解答

2-13 定位函数设计如下。

```
int listFind(SeqList s, int x){
    for(int i = 0; i < s.size; i++){
        if(s.list[i] == x) return i;
    }
    return -1;
}
```

一个不同于例 2-1 程序的包括顺序表类的完整程序如下。

```
public class Exec213{
    int listFind(SeqList s, int x){
        for(int i = 0; i < s.size; i++){
            if(s.list[i] == x) return i;
        }
        return -1;
    }

    public static void main(String[] args){
        Exec213 e = new Exec213();
```

```
        SeqList s = new SeqList();
        int x = 20;

        int result = e.listFind(s,x);
        System.out.println();
        System.out.println(x + " position is " + result);
    }
}

class SeqList{
    public int[] list = new int[50];
    public int size;
    public SeqList(){
        size = 0;
        for(int i = 0; i < list.length - 1; i++){
            int m = (int)(Math.random() * 100);
            if(m > 100) break;
         list[i] = m;
            size++;
            System.out.print(m + " ");
        }
    }
}
```

程序的两次运行结果如下。

(1)

69 45 91 52 64 47 12 40 34 28 50 3 1 16 85 62 63 83 91 63 87 64 38 98 24 18 99 98 62 32 35 79 21 66
97 44 78 86 11 90 92 0 8 86 75 66 83 6 26
20 position is - 1

(2)

55 73 17 41 35 27 54 68 39 46 70 62 10 29 41 49 24 20 99 11 8 5 32 31 86 73 56 54 86 7 27 82 5 97 95
60 42 40 94 8 16 46 98 81 75 69 66 66 31
20 position is 17

2-14　删除一个元素函数设计如下。

```
public int listDelete(Node head, int x){
    Node pre = head;
    Node curr,q;
    int position = - 1;
    curr = head.next;
    while(curr != null){
        position ++;
        if(curr.data == x){
            q = curr;
            curr = q.next;
            pre.next = curr;

            return position;                    //删除成功返回元素位置
```

```
        }
        else{
            pre = curr;
            curr = curr.next;
        }
    }
    return -1;                              //删除失败返回-1
}
```

一个不同于例2-3程序的包括单链表类的完整程序如下。

```
public class Exec214{
    public int listDelete(Node head, int x){
        Node pre = head;
        Node curr,q;
        int position = -1;
        curr = head.next;
        while(curr != null){
            position ++;
            if(curr.data == x){
                q = curr;
                curr = q.next;
                pre.next = curr;

                return position;
            }
            else{
                pre = curr;
                curr = curr.next;
            }
        }
        return -1;
    }

    public static void main(String[] args){
        Exec214 ex = new Exec214();
        Node head = new Node();
        Node p = head;
        for(int i = 0; i < 10; i++){
            int m = (int)(Math.random() * 100);
            Node node = new Node();
            node.data = m % 10;
            System.out.println(m % 10);
            p.next = node;
            p = p.next;
        }

        int position = ex.listDelete(head,5);
        System.out.println("element 5 deleted position is:" + position);
    }
}
```

```
class Node{
    public int data;
    public Node next;
}
```

2-15

```
public int listDeleteMore(Node head, int x){
    Node pre = head;
    Node curr, q;
    int tag = 0;
    curr = head.next;
    while(curr != null){
        if(curr.data == x){
            q = curr;
            curr = q.next;
            pre.next = curr;
            tag++;
        }
        else{
            pre = curr;
            curr = curr.next;
        }
    }
    return tag;
}
```

2-17

```
public void converse(SeqList s){
    int mid, i;
    int x;
    mid = s.size / 2;
    for(i = 0; i < mid; i++){
        x = s.list[i];
        s.list[i] = s.list[s.size - 1 - i];
        s.list[s.size - 1 - i] = x;
    }
}
```

2-18

```
public void converse(Node head){
    Node p, q;
    p = head.next;
    head.next = null;
    while(p != null){
        q = p;
        p = p.next;
        q.next = head.next;
        head.next = q;
    }
}
```

第 3 章部分习题解答

3-10

(1) 和(4)能得到,即{d, e, c, f, b, g, a}和{c, d, b, e, f, a, g}序列能得到;

(2) 和(3)序列不能得到。

3-12

(1) 可能的输出序列有:

ABCD,ABDC,ACBD,ACDB,ADCB,BACD,BADC,

BCAD,BCDA,BDCA,CBAD,CBDA,CDBA,DCBA

不可能的输出序列有:

DABC,ADBC,DACB,DBAC,BDAC,

DBCA,DCAB,CDAB,CADB,CABD

(2) 可能的输出序列个数为:

$$C_n = \frac{1}{n+1} \times \frac{(2n)!}{(n!)^2}$$

(3) 对有 n 个数据元素的序列,全部可能的排列个数为:$P_n = n!$。

所以,不可能的输出序列个数为:$P_n - C_n$。

(4) 当 $n = 4$ 时,有 $C_4 = 14$,$P_4 - C_4 = 24 - 14 = 10$,和(1)中得出的结论个数相符,说明(1)中得出的结论是正确的。

第 4 章部分习题解答

4-10

t1	a	a	a	b
j	0	1	2	3
next[j]	−1	0	1	2

t2	a	b	c	a	b	a	a
j	0	1	2	3	4	5	6
next[j]	−1	0	0	0	1	2	1

t3	a	b	c	a	a	b	b	a	b	c	a	b	a	a	c	b	a
j	0	1	2	3	4	5	6	7	8	9	10	11	12	13	14	15	16
next[j]	−1	0	0	0	1	1	2	0	1	2	3	4	2	1	1	0	0

第 5 章部分习题解答

5-10

因

$$\text{Loc}(a_{45}) = \text{Loc}(a_{00}) + (i \times n + j) \times k = 1000 + (4 \times 8 + 5) \times 4 = 1148$$

所以 $a[4][5]$ 的存储地址是 1148。

5-11

(1) 三元组线性表为:{{1,6,5},{2,4,9},{4,3,19},{6,2,22},{6,6,33}};

(2) 三元组顺序表结构见附图 C-1(a);

(3) 带头结点单链表结构见附图 C-1(b);

（4）行指针数组链表结构见附图 C-1(c)；

（5）三元组十字链表结构见附图 C-1(d)。

(a) 三元组顺序表

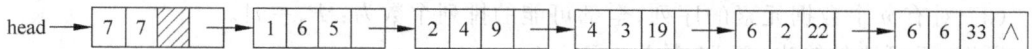

(b) 带头结点单链表

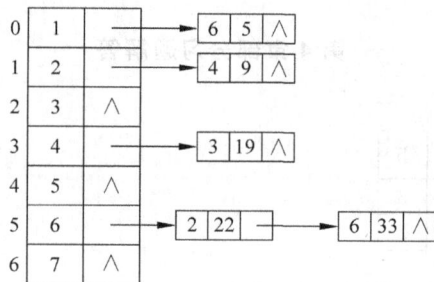

(c) 行指针数组链表

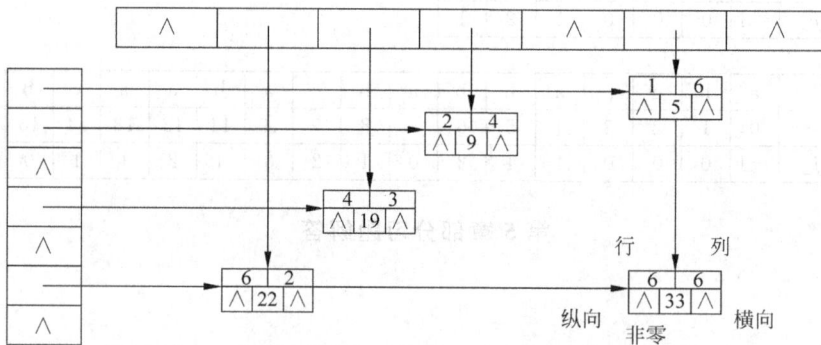

(d) 三元组十字链表

附图 C-1　稀疏矩阵的压缩存储

5-12

```
public void removeAll(){
for (int i = 0; i < elementCount; i++)
```

```
        elementData[i] = null;
    elementCount = 0;
}
```

5-16

```
public void addRow(int r){
    if(r < 0 || r >= h)
        throw new ArrayIndexOutOfBoundsException("r error " + r);
    h = h + 1;
    values.add(r,new MyVector(w));
}
```

5-21

```
public MyVector removeCol(int c){
    if(c < 0 || c >= w)
        throw new ArrayIndexOutOfBoundsException("c erorr " + c);
    w = w - 1;
    MyVector removed = new MyVector(h);
    for(int i = 0; i < h; i++){
        MyVector selrow = (MyVector)values.get(i);
        removed.add(selrow.get(c));
        selrow.remove(c);
    }
    return removed;
}
```

第 6 章部分习题解答

6-7

首先猜想出要求的公式,然后用归纳法进行证明。

猜想:设把 n 个圆盘都搬到另一个柱子所需次数为 $f(n)$,则

当 $n=1$ 时, 有 $f(1)=1$;

当 $n=2$ 时, 有 $f(2)=3$;

当 $n=3$ 时, 有 $f(3)=7$;

...

因此,猜想有 $f(n)=2^n-1$。

证明:当 $n=1$ 时,$f(1)=2^1-1=1$ 成立;假设当 $n=k$ 时,$f(k)=2^k-1$ 成立;当 $n=k+1$ 时有:

$$f(k+1)=2\times f(k)+1=2\times(2^k-1)+1=2^{k+1}-1$$

证毕。

6-9

(1) 递推公式为:

$$\text{sum}(n)\begin{cases}1 & \text{当 } n=1 \text{ 时}\\ n+\text{sum}(n-1) & \text{当 } n>1 \text{ 时}\end{cases}$$

(2) 递归算法为:

```
public static int sum(int a[],int n){
    if(n == 1) return a[n-1];
```

```
        else return a[n-1] + sum(a,n-1);
    }
```

6-11

```
public static int max(int a[], int n){
    int x;
    if(n <= 0) return -1;
    if(n == 1) return a[n-1];
    else{
        x = max(a, n-1);
        if(x > a[n-1]) return x;
        else return a[n-1];
    }
}
```

第 7 章部分习题解答

7-3

具有三个结点的树的不同形态的个数是 2,具有三个结点的二叉树的不同形态的个数是 5。

7-4

前序遍历：(a)ABDEGCFH；(b)ABCEFDGH

中序遍历：(a)DBGEAFHC；(b)ECFBGDHA

后序遍历：(a)DGEBHFCA；(b)EFCGHDBA

层序遍历：(a)ABCDEFGH；(b)ABCDEFGH

7-10

先根遍历：ABEFCGIJKDH

后根遍历：EFBIJKGCHDA

7-11

对于转换后的二叉树，

前序遍历为：ABEFCGIJKDH

中序遍历为：EFBIJKGCHDA

后序遍历为：FEKJIGHDCBA

7-17

假设初始时该树只存在一个根结点,该根结点的度为 0,此时该树的叶结点树为 1。

每增加一个度为 1 的结点时,均产生一个新叶结点,同时占去原先一个叶结点,故叶结点数不变,即此时增加了$(1-1) \times m_1 = 0$ 个叶结点。

每增加一个度为 2 的结点时,均产生两个新叶结点,同时占去原先一个叶结点,故在原先叶结点数上加 $2-1$ 个叶结点,又知存在 m_2 个度为 2 的结点,故此时增加了$(2-1) \times m_2$ 个叶结点。

以此类推,每增加一个度为 k 的结点时,均产生 k 个新叶结点,同时占去原先一个叶结点,故在原先叶结点数上加 $k-1$ 个叶结点,又知存在 m_k 个度为 k 的结点,故此时增加了$(k-1) \times m_k$ 个叶结点。

所以,总叶结点数 N 为

$$N = 1 + (1-1)m_1 + (2-1)m_2 + \cdots + (k-1)m_k = 1 + \sum_{i=1}^{k}(i-1)m_i$$

7-18

设哈夫曼树中的结点个数为 N,并设度为 0 的结点数为 n_0 个,度为 2 的结点数为 n_2 个,因哈夫曼树中只有度为 0 的结点和度为 2 的结点,所以有

$$N = n_0 + n_2 = n + n_2$$

又因为度为 2 的结点是由度为 0 的结点两两组成的,这样的组成一定满足

$$n_2 = n_0 - 1 = n - 1$$

所以有

$$N = n_0 + n_2 = n + n_0 - 1 = n + n - 1 = 2n - 1$$

7-20

```java
public static int leafNum(BiTreeNode t){
    if(t == null) return 0;
    if(t.getLeft() == null && t.getRight() == null) return 1;
    return (leafNum(t.getLeft()) + leafNum(t.getRight()));
}
```

第 8 章部分习题解答

8-1

图 G 及其邻接矩阵和邻接表如附图 C-2 所示。

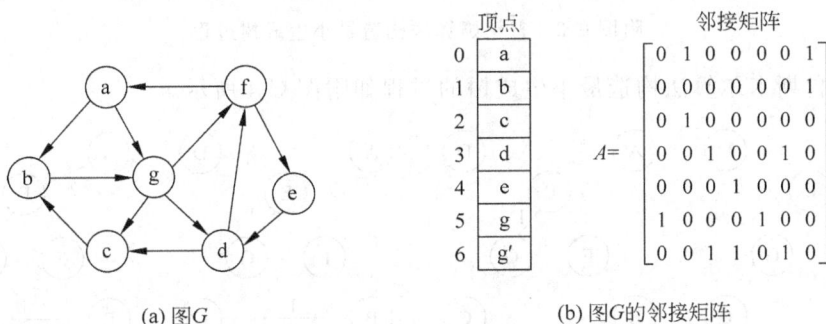

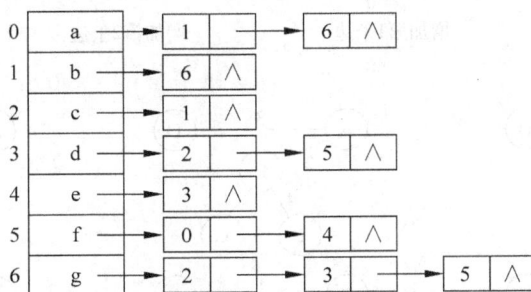

(a) 图G

(b) 图G的邻接矩阵

(c) 图G的邻接表

附图 C-2　图及其存储结构

8-2

（3）深度优先遍历时的顶点访问序列为：A，B，D，C，F，E

（4）广度优先遍历时的顶点访问序列为：A，B，D，F，C，E

8-3

（1）普里姆算法构造最小生成树的过程如附图 C-3 所示。

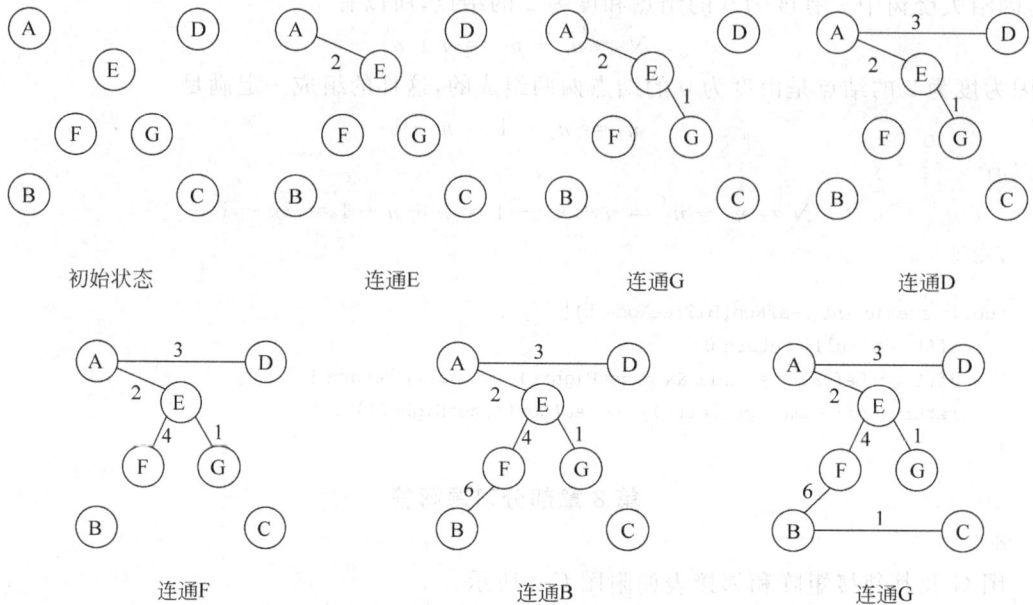

初始状态　　　　　　　连通E　　　　　　　连通G　　　　　　　连通D

连通F　　　　　　　　　连通B　　　　　　　连通G

附图 C-3　普里姆算法构造最小生成树过程

（2）克鲁斯卡尔算法构造最小生成树的过程如附图 C-4 所示。

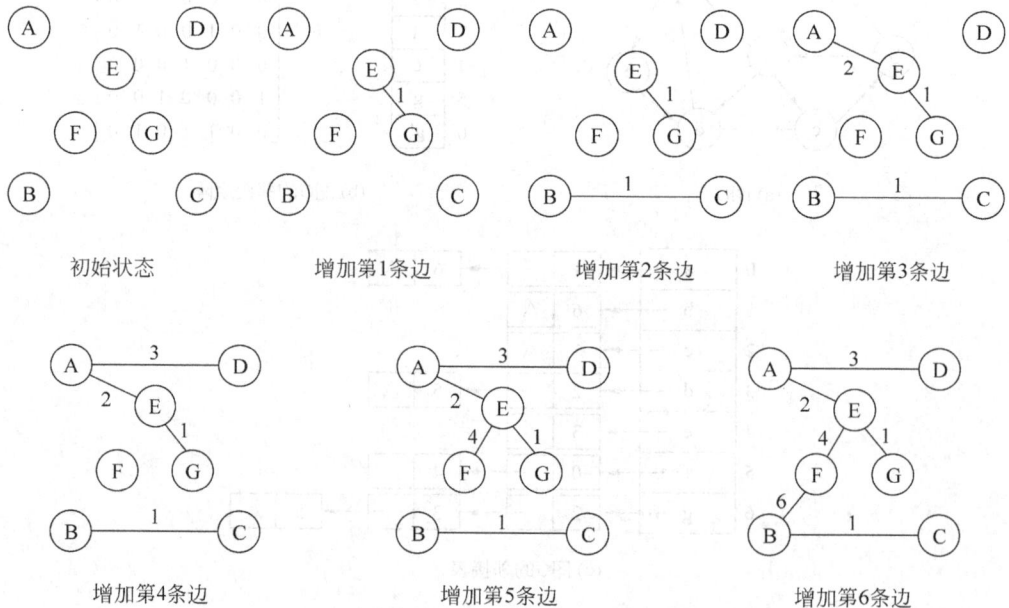

初始状态　　　　　增加第1条边　　　　　增加第2条边　　　　　增加第3条边

增加第4条边　　　　　增加第5条边　　　　　增加第6条边

附图 C-4　克鲁斯卡尔算法构造最小生成树过程

8-4

根据狄克斯特拉算法得到的从顶点 v_1 到其余各顶点的最短路径及其距离分别如下。

v_1 到 v_2：　最短路径为 (v_1, v_2)，其距离为 10

v_1 到 v_3：　最短路径为 (v_1, v_3)，其距离为 12

v_1 到 v_4：　最短路径为 (v_1, v_3, v_6, v_4)，其距离为 22

v_1 到 v_5：　最短路径为 $(v_1, v_3, v_6, v_4, v_5)$，其距离为 29

v_1 到 v_6：　最短路径为 (v_1, v_3, v_6)，其距离为 20

第 9 章部分习题解答

9-5

(1) 希尔排序（增量 $d=5, 3, 1$）

　　初始关键字：475　137　481　219　382　674　350　326　815　506

　　增量为 5 时：475　137　326　219　382　674　350　481　815　506

　　增量为 3 时：219　137　326　350　382　674　475　481　815　506

　　增量为 1 时：137　219　326　350　382　475　481　506　674　815

(2) 快速排序

　　初始关键字：475　137　481　219　382　674　350　326　815　506

　　第一趟：　　326　137　350　219　382　[475]　674　481　815　506

　　第二趟：　　219　137　[326]　350　382　[475]　506　481　[674]　815

　　第三趟：　　137　[219]　[326][350]　382　[475]　481　[506][674][815]

　　最后：　　　137　219　326　350　382　475　481　506　674　815

(3) 堆排序

　　初始关键字：475　137　481　219　382　674　350　326　815　506

　　初始建堆：　815　506　674　326　475　481　350　137　219　382

　　第一趟：　　382　506　674　326　475　481　350　137　219　[815]

　　调整堆：　　674　506　481　326　475　382　350　137　219　[815]

　　第二趟：　　219　506　481　326　475　382　350　137　[674　815]

　　调整堆：　　506　475　481　326　219　382　350　137　[674　815]

　　第三趟：　　137　475　481　326　219　382　350　[506　674　815]

　　调整堆：　　481　475　382　326　219　137　350　[506　674　815]

　　第四趟：　　350　475　382　326　219　137　[481　506　674　815]

　　调整堆：　　475　350　382　326　219　137　[481　506　674　815]

　　第五趟：　　137　350　382　326　219　[475　481　506　674　815]

　　调整堆：　　382　350　137　326　219　[475　481　506　674　815]

　　第六趟：　　219　350　137　326　[382　475　481　506　674　815]

　　调整堆：　　350　326　137　219　[382　475　481　506　674　815]

　　第七趟：　　219　326　137　[350　382　475　481　506　674　815]

　　调整堆：　　326　219　137　[350　382　475　481　506　674　815]

　　第八趟：　　137　219　[326　350　382　475　481　506　674　815]

　　调整堆：　　219　137　[326　350　382　475　481　506　674　815]

第九趟：   137 [219   326   350   382   475   481   506   674   815]

最后：   [137   219   326   350   382   475   481   506   674   815]

（4）归并排序

初始关键字：[475][137][481][219][382][674][350][326][815][506]

第一趟：   [137   475][219   481][382   674][326   350][506   815]

第二趟：   [137   219   475   481][326   350   382   674][506   815]

第三趟：   [137   219   326   350   382   475   481   674][506   815]

第四趟：   [137   219   326   350   382   475   481   506   674   815]

（5）基数排序

初始关键字： 475   137   481   219   382   674   350   326   815   506

第一趟回收后：350   481   382   674   475   815   326   506   137   219

第二趟回收后：506   815   219   326   137   350   674   475   481   382

第三趟回收后：137   219   326   350   382   475   481   506   674   815

9-9

（1）是。是最大堆

（2）不是

（3）不是

（4）是。是最小堆

第 10 章部分习题解答

10-7

（1）生成的二叉排序树见附图 C-5。

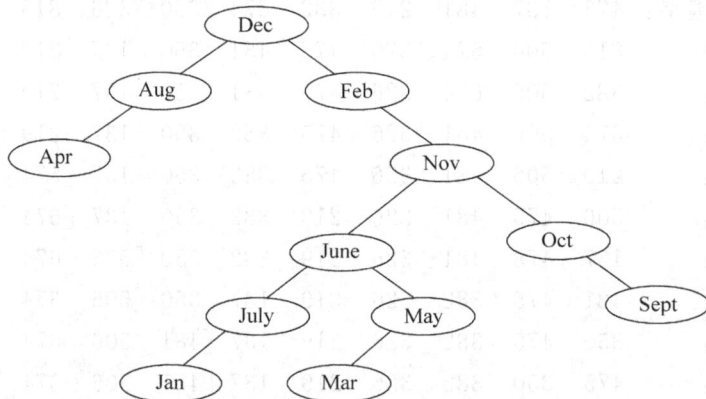

附图 C-5 二叉排序树

（2）ASL=(1×1+2×2+3×2+4×2+5×3+6×2)/12=46/12

第 11 章部分习题解答

11-12

（1）要存放的数据元素个数为 $n=12$，m 最好取 $1.1n\sim1.7n$ 之间的一个素数，所以设计哈希表的长度 $m\approx1.5n=19$。

（2）用哈希函数 $h(K)=K\bmod m=K\bmod 19$、哈希冲突函数

$$\begin{cases} d_0 = h(K) \\ d_i = (d_{i-1} + 1)\bmod 19 \qquad (1 \leqslant i \leqslant 18) \end{cases}$$

依次对数据元素进行映射,得到的哈希地址分别为:

$h(11)=11$	$h(23)=4$	$h(35)=16$	$h(47)=9$
$h(51)=13$	$h(60)=3$	$h(75)=18$	$h(88)=12$
$h(90)=14$	$h(102)=7$		

$h(113)=18(冲突)$ $h_1(113)=(18+1)\bmod 19=0$

$h(125)=11(冲突)$

$h_1(125)=(11+1)\bmod 19=12(冲突)$

$h_2(125)=(12+1)\bmod 19=13(冲突)$

$h_3(125)=(13+1)\bmod 19=14(冲突)$

$h_4(125)=(14+1)\bmod 19=15$

113			60	23			102		47		11	88	51	90	125	35		75
0	1	2	3	4	5	6	7	8	9	10	11	12	13	14	15	16	17	18

参 考 文 献

[1] 朱战立.数据结构(C++语言描述)(第 2 版).北京：高等教育出版社,2015.

[2] 朱战立.数据结构——使用 C 语言(第 5 版).北京：电子工业出版社,2014.

[3] 朱战立,张选平.数据结构学习指导和典型题解.西安：西安交通大学出版社,2002.

[4] 严蔚敏,吴伟民.数据结构(C 语言版).北京：清华大学出版社,1997.

[5] 殷人昆,等.数据结构(用面向对象方法与 C++描述).北京：清华大学出版社,1999.

[6] Clifford A Shaffer.数据结构与算法分析(Java 版).张铭,刘晓丹,译.北京：电子工业出版社,2001.

[7] William Ford,William Topp.数据结构 C++语言描述(英文版).北京：清华大学出版社 &USA：Prentice-Hall,1997.

[8] Sartaj Sahni.数据结构算法与应用——C++语言描述(英文版).北京：机械工业出版社 &USA：WCB McGraw-Hill,1999.